风景园林规划设计方法与实践

宁艳 主编

同济大学出版社·上海
TONGJI UNIVERSITY PRESS · SHANGHAI

图书在版编目(CIP)数据

风景园林规划设计方法与实践/宁艳主编. --上海：
同济大学出版社，2022.12
ISBN 978-7-5765-0493-4

Ⅰ.①风… Ⅱ.①宁… Ⅲ.①园林一规划 ②园林设计
Ⅳ.①TU986

中国版本图书馆 CIP 数据核字(2022)第 224335 号

风景园林规划设计方法与实践
宁 艳 **主编**

责任编辑 吕 炜 吴世强 **助理编辑** 邢宜君 **责任校对** 徐春莲 **封面设计** 潘向蓁

出版发行 同济大学出版社 www.tongjipress.com.cn
(地址：上海市四平路 1239 号 邮编：200092 电话：021-65985622)
经 销 全国各地新华书店
排 版 南京月叶图文制作有限公司
印 刷 上海安枫印务有限公司
开 本 787 mm×1092 mm 1/16
印 张 19
字 数 474 000
版 次 2022 年 12 月第 1 版
印 次 2022 年 12 月第 1 次印刷
书 号 ISBN 978-7-5765-0493-4

定 价 98.00 元

内容简介

本书主要讲述风景园林规划设计原理、方法及相关案例，具有一定的综合性和专业性。全书共分为3篇，第1篇为风景园林规划设计基本理论，第2篇和第3篇为风景园林规划设计应用实践。

第1篇包含第1—5章，主要为风景园林规划设计基本理论，包括风景园林概论，规划布局，设计元素、步骤和方法，园林工程项目建设程序，以及如何进行设计表达等内容。第2篇包含第6—8章，主要为城市公共园林空间规划设计应用实践，包括城市广场、城市公园和城市滨水绿地的规划设计实践。第3篇包含第9—12章，主要为其他类型园林空间规划设计应用实践，包括酒家宾馆园林、文化设施园林与商业设施园林、城市住区环境和展示园林的规划设计实践。

本书内容丰富，理论联系实际，图文并茂，包含大量实际风景园林工程项目设计内容，实用性、专业性和综合性强，可为风景园林工作者及相关专业技术人员提供参考，也可作为风景园林、环境艺术、建筑学、城乡规划等专业师生的参考资料。

作者简介

宁艳，女，毕业于同济大学风景园林专业，广州大学建筑与城市规划学院副教授、硕士生导师，广州大学建筑设计研究院有限公司园林总工程师，园林设计高级工程师，广东园林学会理事，广州市工程勘察设计行业协会风景园林专业委员会秘书长，《广东园林》杂志审稿专家。长期从事风景园林规划设计及教学工作，主持、参与多项境内外风景园林规划设计工作，设计作品先后获得广东省及广州市勘察设计园林专项奖，多次指导学生完成专业作品及课外科技竞赛并荣获国家、省、市级奖项。参与21世纪全国本科院校土木建筑类创新型应用人才培养规划教材《民用建筑场地设计》、普通高等院校风景园林专业“十一五”至“十四五”规划精品教材《园林工程》、《广州培育世界文化名城探索》等的编写工作，发表多篇论文。

编 撰 者

主　　编　宁　艳

副 主 编　程晓山　袁玉康

编　　委　潘建非　邝　充　刘俊辉　胡乔嘉　叶劲枫
　　　　　李宜斌　吴　霆　袁徐安　吴稚华

支持单位　广州普邦园林股份有限公司

前　言

中国园林是世界三大园林体系中东方园林的主体，早在原始社会末期，我国就出现了早期的造园活动。中国古典园林中有众多的世界文化遗产，例如，北京颐和园与圆明园、承德避暑山庄等皇家园林，苏州拙政园与留园、扬州个园等私家园林，它们都是我们的宝贵财富。中国现代园林也不乏优秀作品，1999 年昆明世界园艺博览会和 2019 年北京世界园艺博览会，都向全世界展示了中国园林文化的伟大成就。

本书主要论述风景园林规划设计原理、方法及相关案例，可分为三大部分。第 1 部分为风景园林规划设计基本理论，对应第 1—5 章，介绍风景园林概论，规划布局，设计元素、步骤和方法，园林工程项目建设程序，以及如何进行设计表达等内容。第 2 部分主要为城市公共园林空间规划设计应用实践，对应第 6—8 章，包括城市广场、城市公园和城市滨水绿地的规划设计实践。第 3 部分主要为其他类型园林空间规划设计应用实践，对应第 9—12 章，包括酒家宾馆园林、文化设施园林与商业设施园林、城市住区环境和展示园林的规划设计实践。

参与本书编写的人员如下：广州大学宁艳，华南农业大学程晓山、潘建非，广州城市职业学院袁玉康，广州大学建筑设计研究院有限公司刘俊辉、邝充，广州园林建筑规划设计研究总院有限公司胡乔嘉，广州普邦园林股份有限公司叶劲枫、李宜斌、吴霆、袁徐安、吴稚华。本书统稿及后期协调均由宁艳负责完成，各章写作分工如下：第 1 章由潘建非、袁玉康完成；第 2 章由刘俊辉、邝充完成；第 3 章由刘俊辉、邝充、宁艳完成；第 4 章由程晓山完成；第 5 章由宁艳、胡乔嘉完成；第 6 章主要由袁玉康完成，部分案例由李宜斌、袁徐安、吴稚华完成；第7章主要由宁艳、程晓山完成，部分案例由叶劲枫、吴霆、袁徐安完成；第8章由潘建非完成；第9章主要由袁玉康完成，部分案例由叶劲枫、吴霆、吴稚华完成；第10章主要由潘建非完成，部分案例由李宜斌、袁徐安、吴稚华完成；第11章由宁艳完成；第12章主要由宁艳、程晓山、胡乔嘉完成，部分案例由叶劲枫、吴霆、袁徐安完成。

由于编者水平有限，书中内容仍有可以完善及深化的地方，不足之处在所难免，恳请广大读者批评指正。

编者

2022年6月

目　录

第 2 篇 城市公共园林空间规划设计应用实践

第 1 篇

风景园林规划设计基本理论

1

风景园林概论

导读

风景与园林已持续存在数千年，风景园林这门现代学科是在古典造园和风景造园的基础上建立起来的新的学科范式。理解“风景园林”有必要溯本求源，从历史的角度、从世界的角度去理解和认识，再立足于当前需求、面向未来趋势去探求发展的方向和道路。本章将概述风景园林学的概念和风景园林的范畴，分析东、西方园林的审美思想，从世界园林史的角度总结归纳园林的发展历程，并结合当前社会背景，展望园林发展的前景与方向。

1.1 风景园林学的概念和风景园林的范畴

1.1.1 风景园林学的概念

“风景园林学”是主要研究规划、设计、保护、建设和管理户外自然和人工境域的学科，其核心内容是户外空间的营造，根本使命是协调人与自然之间的关系。作为人类文明的重要载体，风景与园林已持续存在数千年；作为一门现代学科，风景园林学可追溯至19世纪末、20世纪初，是在古典造园、风景造园的基础上建立起来的新的学科范式。学科的中文名称也经历了造园、园林、风景园林的演变，反映了一种扩展和包容的过程。目前，我国风景园林学主要包括风景园林历史与理论、风景园林规划与设计、大地景观规划与生态修复、风景园林遗产保护、园林植物与应用以及风景园林工程与技术等6个研究方向。

风景园林规划与设计是风景园林学的核心组成部分，其关注的焦点在于中小尺度室外游憩空间的营造。它以满足人们对各类户外活动空间与场所的需求为目标，通过场地分析、功能整合以及对相关社会经济文化因素的研究，以整体性的设计创建舒适优美的户外生活环境，并给予人们精神和审美上的愉悦。研究和实践范围具体包括公园绿地、道路绿地、居住区绿地、公共设施附属绿地、庭园、屋顶花园、室内园林、纪念性园林与景观、城市广场、街道景观、滨水景观、风景园林建筑以及景观构筑物等。

1.1.2 风景园林的范畴

风景园林的范畴是随着社会的发展而扩展的。它在国外大体经历了gardening和landscape architecture阶段，目前正在向earth-scape planning演变。在我国它也经历了3个阶段：从以前基本上是私家所有的传统园林，到后来以公共享用为主的城市绿地，再到现在扩展到国土大地的生态、功能和景观的统一规划。从现代园林发展的角度看，风景园林不仅包括各类公园、城镇绿地系统、自然保护区，还包括人类在有形环境和无形环境的活动，是集自然生态、生态恢复、风景、人文、科技、艺术于一体的为人类社会提供自然生态的文明的生存环境。

1.2 风景园林的审美思想

园林是文化艺术的自然载体，充分体现了当地人们对于美的追求和审美思想，而审美思想在一定程度上受哲学体系的影响和支配。东方文化和西方文化都有着光辉灿烂的艺术成就，对古今造园活动都产生过巨大的影响，但东、西方园林给人以完全不同的视觉美感。东方园林以中式园林为代表，给人曲折、含蓄、委婉和写意之感，具有“诗情画意”的美；西方园林却给人理性、几何、规整、写实之感，具有“气势磅礴”之美。东、西方在风景园林艺术的美学表达上迥异，其根源在于文化背景和哲学体系的差异。

1.2.1 中国古典园林的审美特征与文化背景

1. 中国古典园林的审美特征

1）本于自然、高于自然

自然风景以山、水为地貌基础，以植被作装点。山、水、植物是构成自然风景的基本要素，同时也是风景式园林的构景要素。但中国古典园林绝非一般地利用或者简单地模仿这些构景要素的原始状态，而是有意识地加以改造、调整、加工与剪裁，从而表现出一个精练概括的典型化自然。图 1.1 为无锡寄畅园，它通过借景使得园外之景仿佛园内之景，假山仿佛真山的余脉。

2）诗画的情趣

文学是时间的艺术，绘画是空间的艺术。园林的景物既需“静观”，也要“动观”，即在游动、行进中领略观赏，故园林是时空综合的艺术。中国古典园林的创作能充分把握这一特征，各个艺术门类触类旁通，熔铸诗画艺术于园林艺术中，使得园林从总体到局部都包含浓郁的诗画情趣。图 1.2 为苏州拙政园的与谁同坐轩，取自宋代文人苏轼“与谁同坐？明月清风我”的词意。

3）意境的含蕴

“意”为主观的理念、感情，“境”为客观的生活、景物，意境产生于艺术创作中二者的结合，即创作者把自己的感情、理念熔铸于客观生活与景物之中，从而引发鉴赏者类似的情感意动和理念联想。造园者通过模山范水、主题设定和“点题”等手法来表达意境，游园者则可借由多种感官的综合调动来感受园中深远的意境。

图 1.1 无锡寄畅园

图 1.2 苏州拙政园与谁同坐轩

2. 中国古典园林的文化背景

在中国文化发展历史中，儒家、道家、佛家作为中国传统文化的三大组成部分，各以自身不同的文化特征影响着中国文化。在对自然的认识上，儒、道、佛三家却是统一的，均主张顺应自然，与自然保持和谐的关系。这些崇尚自然的观念映射到传统文化艺术中，使古代艺术家多将自然美作为创作题材，在文学、美术等方面创作出大量作品，这些成果也进一步促进了中国山水园林的产生。

1）儒家思想

儒家思想是中国文化的重要组成部分，对中国文化的影响深远。在对待自然山水的态度上，儒家学派认为天、人是相通的。孔子提出“知者乐水，仁者乐山”，强调了人与自然的可比性，从而形成了“比德”思想，用自然之物的特征来象征人的道德品格、情操，赋予自然之物以道德意义，引导中国人在对自然美的欣赏中融入道德内容，人格化的园林置景手法对中国式园林产生了重要影响。

2）道家思想

道家思想是中国本土性的思想，道家奉老子为始祖，老子和庄子为道家的代表人物。道家的核心思想是“天人合一”，强调人与自然的和谐统一。老子以“道”为最高范畴，认为道创造了复杂的世间万物，“人法地，地法天，天法道，道法自然”，“道生一，一生二，二生三，三生万物”。道家同时主张：“天地以自然运，圣之以自然用，自然者，道也。”庄子继承并发展了老子“道法自然”的思想，以自然为宗，强调无为，他认为自然界本身是最美的，即“天地有大美而不言”。道家对中国古代艺术的形成产生了重要影响，引导人们崇尚自然、逍遥虚静、无为顺应、淡泊自由和浪漫隐逸等，这些思想对中国古代的造园活动以及园林美学的产生与发展起到了决定性的作用。

3）佛家思想

佛家对古代中国人的信仰和生活产生重大影响，并发展成为中国哲学思想体系的重要组成部分。中国佛家主流禅宗认为“心即是佛”。人在宇宙之中，宇宙亦在人心中，人与自然并不是彼此参与的关系，更确切地说，二者是浑然一体的，正如六祖慧能禅悟之言：“菩提本无树，明镜亦非台。本来无一物，何处惹尘埃。”禅宗美学的兴起，使审美与艺术中主体的内心体验、直觉感情等作用进一步增强。中国文人士大夫的“中隐”正是不必身处山林而逍遥自在的禅宗思想的体现。

儒、道、佛这三种中国古代的主要思想意识相互交织，都主张顺应自然、与自然和谐共处，这些观念对中国传统园林的造园活动和思想的形成起到了重要作用。

1.2.2 西方古典园林的审美特征与自然观点

1. 西方古典园林的审美特征

西方园林之所以表现出强烈的个性，是因为受到西方哲学和美学的影响。以法国古典主义园林（图 1.3）为代表的规则式园林是西方传统唯理主义哲学思想的反映，把美学建立在"唯理"的基础上。从公元前三四百年的古希腊先贤到 17 世纪的西方哲学家们都遵循理性的原则，认为美是和谐与比例。艺术家们在创作中竭力排斥感性的作用，认为只有严谨的几何构图才能确保美的实现。在他们看来，造园既然是人为的艺术创作，那么应该像其他艺术形式一样，按照美学规律来布置各种要素，力求产生激动人心的光影变幻效果，而不是精心模仿自然中的偶然性。

图 1.3 法国沃·勒·维贡特府邸花园

以英国自然式风景园林斯托海德公园为代表的不规则式园林反映了 17 世纪末产生的经验主义哲学思想。经验主义哲学家们否认几何比例在美学中的决定作用，认为感性才是认识世界的基础，艺术的真谛在于情感的流露。在自然式造园家们看来，大自然的千变万化是造园难以企及的，从而得出了园林越接近自然越美的结论。他们提倡以诗人的心灵和画家的眼光审视自然风景，要充分利用自然的活力与变化，营造出令人赏心悦目的园林景色。

2. 西方古典园林的自然观点

与自然和谐共存是人类的理想和愿望，利用自然为人类服务是园林艺术追求的最高目标。在不同的历史时期，西方人对人与自然的关系有不同的理解和认识，从而产生了不同的自然观和园林艺术形式。

规则式园林的出发点在于“自然本身是不完美的”，必须对自然进行艺术加工。只有经过艺术家的精心加工和富有勇气的艺术创新，自然才能够达到完美的程度。为此，规则式造园家将自然看作原材料，将规则式园林中常见的整形树木、造型灌木、几何形花坛和喷泉水渠等造园要素看作对自然要素的艺术化处理，并认为艺术化的自然和真实的自然之间没有任何矛盾，这样还实现了从自然到艺术的转化。自然的艺术美成为这类园林艺术追求的最高目标。

自然式风景园林的出发点在于“自然本身是完美无缺的”，自然美是艺术美难以企及的，因此自然美才是园林创作的最高目标。自然式造园家认为造园必须以自然为师，追求园林与自然的高度融合。为此，他们在园林中排除一切自然中原本不存在的人工性，从而在园林中创造出如画的自然风景。在自然式造园家看来，发现自然之美并改善自然本身是造园家的神圣职责，而规则式造园中常用的整形植物、人工喷泉等要素以及几何构图、对称布置等手法，其实体现了将人工强加于自然之上的思想，这无异于是对自然的歪曲。

1.3 风景园林的发展脉络及趋势

1.3.1 风景园林的发展脉络

世界园林可分为古典园林和现代园林，对应三大发展阶段：第一阶段对应人类社会的原始时期，园林是生产生活中的附属产品，主要满足人们的基本物质生活需要，而不是特意营造的“园林”，例如，菜园、果园、猎苑等是为了解决食物方面的问题而产生的，它们被称为园林的雏形；第二阶段大体对应漫长的奴隶社会和封建社会时期，园林的目的逐渐转变为满足政治、宗教和人的精神需要，其主要服务对象是皇室、贵族等统治阶级以及宗教人士等，这个阶段的园林逐渐重视形式美和精神层面的表达；第三阶段对应工业革命至今的时间段，随着科学和民主的进步，公众的需求逐渐代替了权贵和宗教的需求，现在园林更注重大多数人的需要，这个阶段东、西方园林的设计交流更为频繁，且随着环境问题的突显，园林生态问题也逐渐被重视。世界风景园林发展与演化脉络详见表 1.1 所列。

表 1.1 世界风景园林发展与演化脉络

内容	古典园林			现代园林	
社会发展背景	狩猎采集	农业文明		工业文明	
		原始农业	成熟农业	前工业	后工业
服务对象	生产	宗教、权贵		民众	
构建思想与方法	崇拜自然意识与原始宗教范式，改善生活条件		地域文化美学与文化美学范式（自然结合型、自然分离型）； 向往自然的环境	现代美学与新美学范式，生态思想与生态范式； 利用自然条件，保护、尊重自然与文化	可持续思想与健康范式； 修复自然与文化，理性顺应自然
服务功能	原始崇拜活动、现实生活环境		娱乐与游憩活动、观赏活动	大众户外活动、提高城市整体环境质量、自然资源保护	主动接触自然活动、人类文化资源保护、提高地球整体环境质量
空间性质	住所生活空间、原始精神空间		居住空间	城市化空间	现代精神空间、地球家园空间
演变脉络与本质	园林伴随着人居环境和文化观念的变化而演化，包括物质与精神、自然与文化、生物与非生物要素组成的人居环境等方面				

1.3.2 风景园林的发展趋势

随着经济、政治、文化和科技的不断发展，现代风景园林学科在不断进步。由于社会和人的需求趋于多元化，风景园林的形态和功能也逐渐趋向多样化，风景园林这门综合性学科的内容更加广泛和丰富。从传统造园到现代风景园林学，其发展趋势可以概括为下列 3 种拓展描述：第一，在服务对象方面，从为少数人服务拓展到为人类及其生存的生态系统服务；第二，在价值观方面，从较为单一的游憩审美价值取向拓展为生态和文化综合价值取向；第三，在实践尺度方面，从中微观尺度拓展为小至庭院、大至全球景观的全尺度。

风景园林的学科概念不断发展，涉及的专业逐渐增加，特别是在生态领域研究方面，明确提出了景观是有生命的，是环境系统的重要一环，关系到每个人的生存环境和生活质量。同时，随着人们对物质生活和精神生活追求的提高，风景园林对人性需求的关注也在不断加强。因此，风景园林必然以“生态关注”和“人性化设计”为重要的发展方向。

园林的人性化设计就是要树立“以人为本”的设计理念。园林来源于大自然，服务于大自然，同时服务于人类。园林需满足人性的需求，处处关注细节，使人们在园林中能够舒适地享受游、玩、停、赏等活动。

当今人类的生活环境日益严峻，环境问题日渐突出，从气温上升、雾霾、沙尘风暴、江河污染和水土流失等，到这些年频发的、以往几十年一遇或上百年一遇的恶劣天气、自然灾害，园林对保护环境和维护生态平衡有着不可替代的作用。园林必须要走可持续发展的生态道路，回归自然，为地球营造一个健康的环境，让人在自然中生活，让人更贴近大自然。

本章小结

本章主要讲述了风景园林学的概念和风景园林的范畴、审美思想、发展脉络及趋势。读者通过本章内容可了解风景园林的内涵，风景园林规划与设计的研究内容，风景园林与自然、人文的关系，世界园林的发展历程，以及中西方不同园林体系的区别和联系，同时思考当前园林发展遇到的问题，展望其发展前景。

2

规划布局

导 读

从古至今，世界园林风格各具特色，地域分布对园林风格产生了很大影响。传统的中国园林、日式园林、欧洲园林、伊斯兰园林等都具有各自鲜明的特色。但从园林的总体布局形式来讲，一般有三大类，即规则式、自然式和混合式。近年来，随着地球村概念的深化，世界各地文化逐渐深度交融，这更要求园林设计师从本源分析各地域园林风格的本质，以及如何在不同气候、区域、文化环境下灵活运用各种设计风格。

2.1 园林布局类型

从总体布局形式来讲，园林一般分为规则式、自然式和混合式三大类。规则式布局强调几何之美，法国古典主义园林就是规则式园林的代表；自然式园林又称为风景式园林、山水园林等，中国自然山水园林和英国风景式园林就是典型的自然式园林；混合式园林，就是规则式和自然式交错组合布局，兼有二者特征的园林。本节主要就园林的规划布局相关内容加以阐述。

2.1.1 规则式园林

规则式园林又称几何式园林，有“对称式”和“不对称式”之分，体现的是雄伟、庄严、整齐。整个园林的总体布局以及建筑物、广场、道路、水体、花草等多按照明显而有序的轴线进行几何对称式布置，追求一种均衡和谐之美。从古埃及、古希腊和古罗马至18世纪英国风景式园林产生，西方园林以规则式园林为主，其中以文艺复兴时期的意大利台地式园林和17世纪法国勒诺特平面图案式园林(图2.1)为代表。这一类型的园林以建筑空间布局作为园林景观表现的主要参照，采用规则式布局。在我国的传统园林中采用规则式布局的主要是庄严肃穆的皇家园林主体部分以及一些纪念性公园。

图2.1 法国凡尔赛宫苑

规则式园林的特点体现在以下6个方面。

1. 地形地貌

在平原地区，规则式园林由不同标高的水平面及缓坡面组成；在山地及丘陵地，规则式园林则由阶梯、大小不同的台地或倾斜坡面组成。

2. 水体设计

水体边界轮廓均为几何图形，并多采用整齐式驳岸。规则式园林水景的类型以直线形运河、规则式水池、壁泉、瀑布等为主，且常将山石、群雕及喷泉组景作为水景的主体部分。

3. 建筑布局

大规模建筑组群的布局通常采取中轴对称的手法，均衡对称设置，并以建筑群布局中的主轴和副轴展开园林设计，园林中的单体建筑也多采用中轴对称的设计。

4. 道路广场

规则式园林中的道路和广场的平面形状多为几何对称形式，如规则的广场空间和封闭式的草坪等，通过精心修剪的绿化造型营造出规则感和韵律感。园林中的道路多为直线、折线或几何曲线，构成方格状、环状或基本中轴对称的几何布局，规则式广场中或道路边常加以点缀雕塑小品等。

5. 种植设计

规则式园林中的植物种植将具象图案作为主题，以模纹花坛和花境为主。重要位置则布置成大规模的花坛群，树木配置以行列式和对称式为主，并运用大量的绿篱、绿墙来规划和区分空间。树木整形修剪以模拟构筑物造型和动物形态为主，如绿柱、绿塔、绿门、绿亭和用常绿植物修剪而成的鸟兽形态等。

6. 园林中的其他景物

除了以主体建筑群、花坛群、规则水景和喷泉为主景外，规则式园林还常将盆栽植物（树木或花卉）、雕塑或其他小品等作为局部焦点景物。例如，西方园林的雕塑题材以神像或神兽为主，基座形状规则，雕塑位置多设于轴线的起点、终点或交点上，起到聚焦、美化和强化轴线的作用。

2.1.2 自然式园林

自然式园林又称为风景式园林、山水园林等。在我国，无论是规模庞大的皇家宫苑，还是规模较小的私家园林，在总体布局上以自然式园林为主。中国古典园林从唐代开始大量传入日本，对日本园林产生深远影响；18 世纪后半叶传入英国，从而引起了欧洲对本土园林的革新。自然式布局的园林以模仿及再现自然山水为主，不追求对称的平面布局，在立体构成方面相对自由，相互关系较为含蓄和谐。这种布局形式适合营造有山、有水、有地形起伏的环境，以含蓄、幽静、意境深远见长。皇家园林中的承德避暑山庄（图 2.2），以及私家园林中的苏州拙政园、留园、网师园，都是自然式布局的代表作品。当代广州的越秀公

图 2.2 承德避暑山庄

园、流花湖公园、兰圃、西苑等也是现代城市中自然式园林的佼佼者。

自然式园林的特点体现在以下6个方面。

1. 地形地貌

在平原地带，自然式园林地形为自然起伏的平缓土坡与人工堆置的土丘相结合，其断面为和缓的曲线。在山地和丘陵地，则直接利用自然的地形地貌，除建筑和广场基地外，不做人工地形改造，只对原有凹凸不平的地形地貌进行人工整理，依山就势加以利用。

2. 水体

水体的驳岸轮廓为自然曲线，水景的类型以河流、湖泊、池沼、溪涧、自然式瀑布等为主，常以瀑布或跌水等为水景主题。

3. 建筑

自然式园林中的单体建筑为对称或不对称式布局，其建筑群和大规模建筑组群多采取不对称的布局形式。全园不以轴线控制，而是通过一条流线控制。

4. 道路广场

自然式园林中的道路布置以曲线形为主，自然流畅。道路两旁多是自然式的草地、树丛和林带，或者依地形高低起伏。园林中的建筑、景点、广场等都依靠道路相连。园林中的大小广场及铺装场地的功能、形式根据使用需求而定，平面形状繁多，铺装材料多为天然石、竹、木或砖等，图案也配合功能及主题而丰富多变。

5. 种植设计

种植方式不采用行列式，主要反映植物群落自然之美。花卉种植以自然形态花丛、花群为主，不做造型。自然草地配以独景树，不使用规则修剪的绿篱，以自然的树丛、树组群来规划和区分空间。乔木均不做整形处理，而是以树木的自然形态为主。

6. 园林中的其他景物

除了以建筑、自然山水、植物群落为主景外，自然式园林还会采用假山石、桩景、盆景、雕塑等成景，自然成趣。

2.1.3 混合式园林

所谓混合式园林，就是规则式布局和自然式布局交错组合，这样的园林一般没有控制全园的中轴线，只是局部景点或建筑中轴对称布局。在地形平缓的地方，根据需要安排规则式的布局；而在地形比较复杂的地方，如起伏不平的丘陵、山谷、洼地等，结合地形规划成自然式布局。这种园林布局更需因地制宜，不能一概而论。广州起义烈士陵园（图 2.3）就属于混合式园林，占地约 18 万 m^2，由陵、园两部分组成，是集纪念、游览、科普于一体的园林空间。通过正门门楼进入烈士陵园，陵墓大道宽阔而笔直，采用了规则式布局，显得庄严而肃穆。墓道的北端是广州起义纪念碑，碑的四周是广州起义战斗场面的浮雕，十分具有纪念意义。而园区部分采用的是自然式布局，是典型的岭南特色园林景观，曲径通幽、小桥流水、绿树成荫，成为民众休闲健身的热门地。

图 2.3 广州起义烈士陵园

2.2 传统中式园林的布局

传统中式园林，按照地理位置大致分为北方园林、江南园林和岭南园林三种类型。因地域条件的不同，这三种类型既有各自独特之处，又有其同一性。

2.2.1 北方园林

北方园林以皇家园林为代表，下面将主要介绍北方皇家园林。北方皇家园林有的是在自然山水的基础上加以修饰改造，有的则是靠人工兴建。皇家园林的规模大，气势宏伟，色彩运用丰富，且相当重视园林景致的打造，使建筑、山水、植物等巧妙地集于园中。其布局特点主要表现在轴线对称、一池三山、仿景缩景等方面。

1. 轴线对称

中心景区强调轴线对称是北方皇家园林最重要的布局特点。园林的主轴线与宫殿建筑群的轴线需保持一致，使园林成为宫殿建筑群的延伸。无论规模大小，北方皇家园林大多会在中心景区采用轴线对称的布局，在中轴线上设置重要的大门、宫殿、水池、道路等。颐和园的中轴线十分壮观，从昆明湖上的凤凰墩开始，经南湖岛，到排云殿、佛香阁、须弥灵境、北宫门等。

北海公园的对称主要表现在建筑上（图 2.4），圆明园的对称表现在仿建的西湖十景、九洲清晏的环湖九景、西洋楼景区的沿途景观上，像恭王府花园等则采用局部景点对称的布局。

图 2.4　北海公园主景轴线

图 2.5　北京颐和园南湖岛

2. 一池三山

“一池三山”是中国传统造园手法之一，始于汉武帝。汉武帝在长安建造建章宫时，在宫中开挖太液池，在池中堆筑三座岛屿，并取名为“蓬莱”“方丈”和“瀛洲”，以模拟仙境。“一池三山”是中国皇家园林的一种基本模式，并在之后各朝的皇家园林以及一些私家园林中得以继承和发展，这种布局可以丰富湖面层次，打破单调感，逐渐成为造园经典。例如，颐和园是以一湖三山仙境为造园主旨的，即以昆明湖喻东海，其中有大、小三山，大三山是南湖岛（图 2.5）、藻鉴堂、治镜阁；小三山是凤凰墩、知春亭、小西泠。现代园林仍常用“一池三山”的造园手法，意境深远。

3. 仿景缩景

仿景指的是将某一处的景或某一处的园林等比例模仿到别处，缩景则是对原景进行缩小仿建，分为完全照搬的缩仿和以取其意为主的缩仿。仿景缩景的造园手法最早始于春秋战国时期的秦国，秦国每攻占一个国家，就描绘出这个国家宫苑的图纸，在咸阳北面的山坡上仿建。受元、明、清三代都定都北京以及康、乾二帝喜爱下江南等因素影响，仿景缩景成为皇家园林中常用的手法，并于多处使用，例如北海公园、颐和园、承德避暑山庄、圆明园都有使用仿景缩景的设计手法。圆明园西湖十景的缩景就是以取其意为主，而颐和园的谐趣园就是仿景的典型代表。

颐和园东北角的谐趣园（图 2.6）是清乾隆时期仿无锡惠山脚下的寄畅园（图 2.7）建造的，是一个独立成区、具有江南园林风格的园中之园，原名惠山园。建成后,乾隆曾写《题惠山园八景》,在诗序中说“一亭一径足谐奇趣”,嘉庆时期重修改名为“谐趣园”。谐趣园在万寿山东麓,园内共有亭、台、榭等13处,并用多个游廊和五座形式不同的桥相连。园内东南角有一石桥,桥头石坊上有乾隆题写的“知鱼桥”匾额,由庄子和惠子在“秋水濠上”的争论而来。

图 2.6 颐和园谐趣园知鱼桥

图 2.7 无锡寄畅园知鱼槛

2.2.2 江南园林

江南园林所缔造的古典园林艺术是我国传统历史文化的瑰宝,其造园手法丰富巧妙,在设计立意与布局、空间的延伸、虚实对比等方面独树一帜。

1. 设计立意与布局

在古代,人们通过造园来表达自己的生活爱好、情感追求等,结合具体的自然景物与环境,将爱好与追求转化为概念化的艺术表现形式。在这个阶段中,道家思想对此产生了一定的影响。清代钱泳曾指出:“造园如作诗文,必使曲折有法,前后呼应。”这强调了中国古典造园注重的是追求诗画中的意境美,除了采用“多方胜境,咫尺山林”的手法之外,还经常将匾联题词作为造园主题,使人身处其中的时候容易产生联想,并增加园林自身的感染力,令人与景之间产生共鸣。例如,网师园中的“月到风来亭”(图 2.8)对联取自唐代著名文学家韩愈的诗句“晚年秋将至,长月送风来”。令人在这里对景待月,联想匾联之景,别有一番盎然的诗意。

在住宅布局设计方面,江南私家园林除受地形限制外,还受传统的保守、内敛等观念影响。例如,拙政园、畅园、鹤园等布局特点都是将回廊、亭榭等建筑物沿地块周边布置,所有建筑均背朝外而面向内,从而形成一个面积较大且空间集中的庭院,这样的布局更有利于在庭院里营造水体,其向心和内聚的感觉更为强烈(图 2.9)。

图 2.8　苏州网师园“月到风来亭”

图 2.9　苏州拙政园水廊

2. 空间的延伸

江南园林跟北方皇家园林相比，面积较小，为了达到以小见大的效果，空间序列的组织就变得很重要。人从城市的街道首先进入园中的建筑物，但往往几经转折才能进入园中的主体空间（图 2.10）。通常空间的延伸对于在有限的住宅空间中获得丰富的空间层次起着极为重要的作用。空间的延伸意味着在空间序列的设计上要突破场地固有形状，建筑在这里只是一个从城市到自然的过渡，从建筑进入园林后，不断营造“流动空间”。而这种“流动”主要通过对空间的分隔与联系创造。一般将功能作为分隔园林内部空间的依据，而分隔空间使用的院墙、影壁、廊桥等构筑物既可以丰富空间层次，也能作为焦点景物。此外，在部分院墙、廊桥、亭阁里设置透空门洞、窗户、窗花等，能使空间相互连通、渗透（图 2.11）。通过这些延伸、分隔与渗透的手法，使空间时而幽奥有致，时而豁然开朗，从而使空间能以小见大。

图 2.10　留园入口转折空间

图 2.11　苏州狮子林门洞

3. 虚实对比

受文化传统与审美影响，古人多偏向于通过含蓄内敛的方法把艺术之美呈现在园中，使某些精彩的景观做到欲显而隐或欲露而藏，避免开门见山、一览无余。沈复于《浮生六记》第二卷中提到园林建造的艺术规律，“又在大中见小，小中见大，虚中有实，实中有虚，或藏或露，或浅或深”，虚与实在哲学上对立与统一。

园林布局的虚实主要体现在构筑物、山、水、花木等方面。在构筑物方面，高大的山墙虽然可以开门凿牖，使空间得到“流动”，但实体的感觉还是无法消除，在墙体处形成虚实结合的空间、增加景致，才能减弱“实”的沉重。例如苏州的环秀山庄，造园者贴着园墙内增加了两层的半亭、半阁、半廊等，使平实的空间变得灵活。山一般是叠石而成，在面积较小的私家园林里，过于密集的山石会给人压迫、壅塞的感觉，所以叠石造山也需要虚实结合，在离建筑主体近的地方和某些需要开阔感的空间，就要有“留白”处理。例如，狮子林的山石分布就有明显的留白，使人即便游走在园里，也不会感到处处“碰壁”(图 2.12)。水作为园林中最灵动的一个元素，或集中或分散，既有开阔的大水面配以舫、阁，也有小桥流水的蜿蜒曲折，水体虚实结合，无限延伸。花木种植常采用遍植和点植相结合的方式。当烘托、陪衬建筑物和点缀庭院空间时，采用点植的手法，无须满栽，以免遮挡视线。但需要注意的是，无论是遍植还是点植，都要植物搭配、高低组合、疏密有致，这样空间才会丰富而有层次。

图 2.12　苏州狮子林“留白”石林

2.2.3　岭南园林

岭南园林以广东为中心，以庭园园林为代表。由于其独特的地理、气候与文化氛围，岭南园林在布局形式、空间设计、组成要素等方面都自成一派，形成一种有异于北方园林之庄严壮丽、江南园林之纤秀淡雅的岭南格调。

岭南园林的布局形式主要可分为四种类型：建筑沿园林四周布置、建筑侧园布局、前园后院布局、前院后园布局。这四种布局形式都是围绕解决功能问题及减少气候所带来的影响而形成的。

1. 建筑沿园林四周布置

这是一种围合空间的布局方法，以建筑物、构筑物或其他小品（如长廊、墙体等）围合而成。这种布局形式可以在有限的空间内布置较多的建筑，且不会给人过于拥挤和局促的感觉。例如东莞可园，园中亭台楼阁、轩榭桥廊、山水栏堤等尽在这两千多平方米之中（图 2.13）。这种空间布局多见于粤中的私家园林，建筑围合性较强，把居住空间与园林空间紧密地结合，这样能减弱强风暴雨对整体的危害，同时建筑所产生的大面积阴影区域也能减少岭南热辐射的影响，达到良好的降温效果，增加园林的使用率与实用性。

图 2.13 东莞可园

2. 建筑侧园布局

这种布局形式在粤东宅园出现较多。某些功能性建筑如书斋，兼具读书和居住功能，大多数建于住宅一侧，与住宅、庭院以墙相隔，用门洞相连接。书斋前设小庭院，布置多由天井式民居形式发展而来，但不受规整对称的布局形式限制，灵活自由，非常紧凑。采用建筑侧园布局的宅院有潮州同仁里黄宅书斋园林（俗称“猴洞”园林）、澄海樟林西塘等。

3. 前园后院布局

这种布局方式将住宅设置在后院，与园林相得益彰又各自独立，园林区和住宅区不以实墙分隔，整体疏朗开阔，似分又连。住宅区在空间布局上充分考虑岭南地区的气候特点，对建筑物的坐落朝向要求严格，非常重视通风、防晒、降温等。园林设在南面，住宅区在北面，构成前低后高、前疏后密的格局。这种格局在夏天能使南风集聚，在冬天能有效减小北风对住宅的影响，做到冬暖夏凉。例如佛山梁园，其南面设有水庭、石庭、山庭，属于前园后院的布局形式（图 2.14）。又如顺德清晖园，造园采用前疏后密、前低后高的布局。前园为一个开阔的长方形水池，后院为较为密集的住宅区，夏季的凉风不断从前园通过巷道、天井、敞厅等吹向后院，门与窗结合形成落地窗式的屏门疏导通风。而后院建筑的密集布置减少了阳光的辐射，使住宅区既遮阴又通风。

图 2.14 佛山梁园全景图(拍自梁园内的挂图)

4. 前院后园布局

前院后园布局的前院一般为多进传统天井院落式宅居,后庭是园林。以院为主的民居多采用中轴对称布局,大型住宅可能会存在多条轴线。在一些住宅的重重院落后部常会出现一些自由式布局的小庭院。

2.2.4 三类园林的同一性

北方园林、江南园林及岭南园林的同一性主要基于园林的自然适应性。

(1) 无论北方园林、江南园林、岭南园林中的哪一派,都十分注重场地的选取,造园者通过对地理环境的合理规划,巧妙组织空间。例如连廊,既具有通风、挡雨、防晒等功能,同时在景观的营造上还起到延续建筑空间、引导视线、丰富景观层次的作用,并让建筑融入自然环境,打造一种可居可游的景致,令人非常惬意。

(2) 对自然景观的意象化及对园林意境的处理多受文化和地域特色的影响,三类园林的建筑与布局等大多能反映一定的思想认知。例如,北方皇家园林颐和园的"一池三山"受道家思想所影响,皇家借助园林来满足自己追求仙境的想法。岭南园林可园位于闹市之中,更多的是对儒家"大隐隐于市"思想的推崇。园内园林营造效仿自然景观,引入较大范围的水体,既能够适当调节岭南气候带来的影响,也能使园内自然景观得以延伸和充实。因此,这些园林都兼顾了文化与功能。

2.3 传统日式园林的布局

从汉代起,日本就深受中国文化的熏陶。在 8 世纪的奈良时期,日本大量吸收中国的盛唐文化,中国文化越来越深入地影响着日本社会的各个方面。由于深受中国唐宋山水园的影响,日本在造园方面一直保持着与中国园林相近的自然式风格,同时结合他们国家的地理条件与大和民族的文化背景,在造园上形成了一套独特的风格并自成体系。日本的山水庭园十分精巧细致,在表现大自然风景方面有着别样的韵味。另外,日本园林讲究造园意匠,注重其中的诗意和哲学意味,形成了形简而意丰的"写意"艺术风格。

日式园林按时期及造园特点大致可分为枯山水庭园、池泉园、筑山庭、平庭和茶庭五种类型,下面将展开介绍。

2.3.1 枯山水庭园

枯山水是日本特有的造园手法。日本为岛国,国土面积狭小,在造园时,常采用通过禅意来表现自然山水的手法,象征性地缩微山水,其本质是无水之庭,置石块象征山峦,敷白沙象征湖海,耙线条代表水纹,因无山无水而得名枯山水。枯山水有两种寓意对象,一种是山涧的激流或瀑布,日本称之为枯泷;另一种是海岸和岛屿,通过极少的构成要素来表现极大的意韵效果,追求禅意的枯寂。枯山水需要观赏者借助想象力去感受其内涵。位于京都龙安寺方丈堂前的枯山水庭园是日本著名的枯山水庭园,5 组长着青苔的岩石分布在一片矩形的白砂地上,这些岩石不是随机摆放的,岩石之间隐含了轴对称线,有的甚至把图案抽象化隐藏其中,非常具有美感(图 2.15)。

图 2.15　日本龙安寺枯山水庭园

2.3.2 池泉园

池泉园在平安时代(794—1192 年)最为流行,是以池泉为构成中心的园林,是微缩的真山水。池泉一般是园景的中心,分为池泉周游式、池泉洄游式和池泉观赏式三种。在最古老的池泉周游式中,池泉园只有极短的园路甚至没有园路,游览路线全在水中。在水中会设溪坑石代表岛屿,与岸相连的驳岸称中岛,因位置不同分别被称为龟岛、鹤岛、蓬莱等景点,以增加游览乐趣。周边景观则环池而设,开辟园路及草地,增加景石、踏步、石灯笼,并点缀树木。位于姬路城的好古园就是池泉园的经典代表,由 9 个池泉洄游式庭园组成(图 2.16)。

图 2.16 日本好古园池泉园

2.3.3 筑山庭

筑山庭在庭园内堆土筑成假山，缀以石组、树木、飞石、石灯笼等构成元素，一般要求有较大的规模，并对自然地形进行人工修饰。由于受面积限制，日本庭院中一般有池泉，但不一定有筑山(图 2.17)。

图 2.17 日本冈山后乐园筑山庭

江户末期，根据精致程度的不同，筑山庭分成“真”“行”和“草”三类。真筑山格局正规，工程复杂，置石最多，有守护石、请造石、控石等；行筑山稍微简略，置石较少；草筑山布置简单，置石更少，风格则较柔和。

2.3.4 平庭

图 2.18 日本平安神宫平庭

平庭是对应筑山庭而言的，指在平坦的基地上造园，在平地上追求深山幽谷之玲珑、海岸岛屿之渺漫的效果。水体、岩石、植物加上石灯笼，组成多种多样的自然景色(图 2.18)。根据庭内所使用敷材的不同，平庭分为芝庭、苔庭、砂庭、石庭等。和筑山庭一样，平庭也有“真”“行”和“草”三种形式，真庭是对真山真水的全方位模仿，行庭是局部的模拟和少量的省略，草庭是大量的省略。

2.3.5 茶庭

茶庭也叫露地，把茶道融入园林之中，是与日本茶道相配的一种园林形式。一般在进入茶室前的一段空间里，布置一些围篱、水钵、灯笼、飞石、植物盆景等小景观。现今茶庭以观赏作用为主，没有过多的实际功能。茶庭式园林主要营造和、敬、清、寂的茶道氛围，具有很强的禅宗意境(图 2.19)。

图 2.19 日本茶庭

2.4 东南亚园林的布局

东南亚园林风格除了受本地区的气候及建筑风格影响外，其文化底蕴里还带有一部分中国元素和欧洲大陆的一些文化符号。由于毗邻中国，东南亚地区一直以来受到中国古代文化的影响；到了近代，东南亚国家受到欧洲列强的侵略，第二次世界大战后沦为欧洲大国的殖民地，在长久的殖民地历史背景下，欧洲的文化符号也渐渐融入这些殖民地国家的文化里，并形成了这种三方文化融合的东南亚风格。现今的东南亚风格就是以其文化兼容性为特色发展形成的一种独立风格。

东南亚风格拥有贴近自然、健康生态和休闲度假的特质，在空间划分及细节装饰方面，都体现着对大自然的尊重和对传统手工艺制作的推崇。东南亚园林最大的特点是在人工建造的基础上还原自然的风情，给人回归自然、放松自我的感觉，非常适合度假休闲(图 2.20)。东南亚地区主要以湿热天气为主，因此对遮阳、通风、采光等十分重视，在设计风格上一般都以通透和清爽为主。同时，东南亚国家比较注重对阳光和雨水的利用，从而达到充分利用自然资源以节省能源及能源再生的效果。

东南亚地区水资源丰富，因此以水作景是东南亚园林的主要特色。在园林设计布局上，水景面积通常占总园林面积的 20%以上，且偏向采用比较自然的不规则水体。水景设计崇尚自然，在立面上装饰丰富，细节明显。在水面上会种植水生植物，如浮水植物或挺水植物，并设置大小适中的雕塑点睛，韵味十足(图 2.21)。

图 2.20 东南亚度假式园林

图 2.21 园林水景结合小品造景

在东南亚园林风格中，巴厘岛式园林是比较突出的代表，以休闲度假风格为主调。巴厘岛属于印度尼西亚，是位于印度洋上的一个海岛，地处热带，气候为热带海岛型气候，植物种类极其丰富。巴厘岛主要以旅游业为支柱产业，因此岛上酒店林立，巴厘岛式园林风格也体现在酒店园林上。园林中植物种植以自然式为主，看似随意配植，但其实是经过精心设计、合理搭配及养护而成的，源于自然而优于自然。根据植物的生活习性、花色花期、造型组合等进行搭配，同时考虑游人行走过程中的色、香、味感受，营造舒适环境，使人随时可以享受一派生机盎然的自然之景。水景对于巴厘岛式园林是不可或缺的，水是热带地区湿热气候的最佳调温剂，许多酒店的中心景观就是形状各异、有着不一样风情的休闲泳池。泳池一般与层级跌水、休闲亭、花池等结合设计(图 2.22)，而建筑物常在泳池周边以半围合布置，这样更容易把水景的功能性与观赏性完美地结合，并与主体建筑相互映衬。

图 2.22 跌级水景

在酒店平面布局方面，巴厘岛式园林主张因形就势，与周边的环境紧密结合。建筑群很多时候会设天井或过渡小庭院，几株绿植加一抹阳光，又或是流水潺潺、涌泉静谧，形成了处处优美的风景。在建筑角隅，多以散置卵石、摆放雕塑小品为主，尽量做到建筑与园林之间自然过渡。由于巴厘岛是海岛，有相当一部分建筑会依水而建，引水入室或者借海为景，使人造空间与自然相互交融，打破室内外空间的界限，使开阔浩渺的太平洋和印度洋成为景观的一部分。另外，巴厘岛上大部分地方为山地，全岛山脉纵横，故很多酒店也会因山而建，景致可以更加开阔。例如，巴厘岛日航酒店就贴着 40 m 高的峭壁而建，在所有房间里推窗眺望，无垠的大海尽收眼底。又如，巴厘岛悬崖度假村峭壁上的无边泳池海天一色，令人惊叹。

2.5 欧式园林的布局

欧式园林是欧洲园林的一个统称，具体又分为多种不同的风格，其中，英国、法国、意大利的造园艺术是欧式风格的典型代表。总体上欧式园林在造园上都力求体现出严谨及理性，不偏不倚地按照几何构成和数学逻辑建立起来。欧式园林布局完整且个性鲜明，“人类力量凌驾于自然之上”成为欧洲造园艺术的基本信条。

欧式园林造园特色主要体现在设计布局及构造方面。体积庞大的建筑物成为园林的统领，矗立于园林中轴线起点或端点处，建筑物延伸出的轴线构成了整座园林的主轴及控制线，而在主轴线上，还会延展出几条与几何构成相关的副轴。在这些轴线上，通常会布置宽阔而笔直的林荫道、几何形花坛、直线形河渠、对称式水池、大体量喷泉及雕塑等。在大部分直线道路纵横交叉处会布置小型广场，并点状布置水池、喷泉和雕塑。整个园林布局展现出严格的几何图案，花木也要严格剪裁成锥体、球体、圆柱体等形状，草坪及花圃则被勾画成菱形、矩形或圆形等。水池会砌成圆形、正方形、长方形或椭圆形等规则形状，水面面积一般不会很大，水池中央放置独立或组合式人物雕塑和喷泉，形成丰富的立体景观。欧洲美学思想的奠基人亚里士多德说：“美要依靠体积和安排”，他的这种美学观点在欧洲造园手法中得到充分体现，特别是把植物修剪成规整的立体造型，就更能增加物体的体积感，而种植间距及方向的一致，也体现了设计的“安排”。这种造园手法在长久的积累和演变后，形成了自己“规整和有序”的园林艺术特色。欧洲各个国家根据自身的文化、气候等特征又会形成自己独特的景观特色，个别风格会有追求自然形态的一面，不再只拘泥于几何形的规整。下面将列举四种有代表性的欧式园林风格加以介绍。

2.5.1 法国古典主义园林

法国古典主义园林是欧式园林里的典型代表，其总体布局强调对称的轴线，突出均衡，讲究轴线的营造和延伸，注重视线开阔通达，追求“体积和安排”的形式美。对于建造者来说，这种以严谨审美、理性为主的园林，既是一种造园艺术的创新，也体现了庄严的封建君主专制统治。在法国古典主义园林中，凡尔赛宫就是典型代表。

凡尔赛宫整体的建筑规划为对称式（图 2.23），花园有着明显的东西向中轴线，大量使用缓坡地形。严格的几何式布局，在中轴线的基础上加以延伸与发展，造园手法十分考究和细腻。凡尔赛宫的水体主要以十字大运河和几何大水池为主，非常壮观，路易十四时期就在运河上安排帆船进行海战表演，还布置贡多拉（一种独具威尼斯特色的尖舟）和船夫，模仿威尼斯运河风光。在凡尔赛宫里，大大小小的水池喷泉、广场台阶、植物绿化等均按规整几何形状营造（图 2.24），显得每一处都相当严谨且等级森严，彰显王权的力量。

图 2.23 凡尔赛宫大中轴

图 2.24 凡尔赛宫几何造型绿化

2.5.2 意大利台地式园林

意大利台地式园林被认为是欧洲园林体系的鼻祖，对西方古典园林风格的形成起到了重要的作用。意大利地处欧洲南部地中海北岸，北部有阿尔卑斯山脉和土壤肥沃、农业发达的波河平原，中部有亚平宁山脉。整个意大利境内多山脉和丘陵，因此意大利园林多以台地园林为特色，即以文艺复兴时期和巴洛克时期的意大利园林为代表。意大利园林一般附属于郊外别墅，由建筑师进行统一布局设计，但意大利式园林不同于法式园林的风格，建筑物在园林中不起统率作用。主建筑物通常位于地块较高或最高的台地上，可以俯瞰全园景色，观赏四周的自然风光，这点非常符合西方人的思维。建筑物的轴线仍然作为花园的主轴，但轴线并不突出，布局规则，使园林成为建筑物的延伸。美第奇别墅、埃斯特庄园和迦兆尼别墅分别是文艺复兴时期和巴洛克时期意大利园林的经典。

美第奇别墅位于意大利托斯卡纳地区，是15—17世纪美第奇家族休闲度假的场所。这座别墅风格简朴，有中轴线但并不突出。别墅依山坡修建两层东西向狭长的台地，两层台地之间高差较大。上层植树丛，主建筑物建造在西端；下层正中是圆形水池，左右为规整的几何形树木及植坛。美第奇别墅把栖居地、花园和环境关联起来，别墅的花园与自然环境完美地融合，体现了在文艺复兴时期，人们重视人文主义，使自然美重新受到重视的特点。

埃斯特庄园（图2.25）在罗马东郊的蒂沃利，主建筑物在高地，园林则建在陡坡上，分成六层台地，上下相差50 m，由一条包含台阶、雕像和喷泉的主轴线贯穿起来，在中轴线及与其垂直或平行的路网的规整、均衡控制下，在各层台地上种满高大茂密的常绿乔木。底层花园中有著名的水风琴（图2.26），第二层中心为椭圆形的龙泉池，第三层为著名的百泉谷，并依山就势建造了水剧场，埃斯特庄园也因其丰富的水景和水声而出名。庄园尽管是规则式几何图形布局，但复杂的地形起伏不能使视线通透，这让游人在观赏过程中会不断发现令人惊叹的美景。

图2.25 意大利埃斯特庄园

图2.26 意大利埃斯特庄园水风琴

迦兆尼别墅位于意大利卢卡北郊，属于巴洛克风格。别墅花园平面轮廓由直线和曲线组合而成，虽然主要建筑物在园林外围，但布局规则而整齐，轴线突出，台地式园林的特点十分明显。园林的高处是大片丛林，中央是水台阶，景色壮观。低处是两层台地，植物被修剪成曲线图案并围绕着一对圆形水池，这两层台地的外边界由两道绿篱墙形成狭窄的小道，里层的一道绿篱墙顶部被修剪成波浪形，欧式风格较为明显。

2.5.3 英国风景式园林

英国园林也经历了从古典主义风格发展到风景式园林风格的过程。英国自然环境优美，人们也享受这种自然所带来的轻松舒适，因此英国园林在很多时候不会单一地使用规则式对称布局，这些人工痕迹明显的修剪会破坏自然原有的和谐，他们比较追求更宽阔、优美的自然形态。英式造园中，常常会通过不规则的构图和曲线形态模仿自然，并以绚丽的花卉增加园林鲜艳、明快的色调。但在主、副轴或建筑延伸的地方，会结合传统欧式的规则式布局，增加仪式感和庄严感，如图 2.27 所示的牛津大学校园。英国园林大量运用水系、喷泉、廊柱、雕塑、花架、植物迷宫等营造景观及景观中的亮点，并有机结合地块的天然高差进行景区的转换和植物高低层次的过渡，别有一番独特的英伦浪漫情调。海德公园、温莎堡及温莎公园就是其中的代表作。

图 2.27 牛津大学校园

海德公园平面布局是自然式与规则式的结合，以自然式为主，规则式为辅。在设计中，海德公园利用自然的地形与天然的水体，重视生态环境，大片绿地与天然水体成为公园环境的主要构成元素(图 2.28、图 2.29)，局部靠近建筑的地方会设计规则式水池、广场等，公园里的部分道路也呈直线形布置，增加了仪式感和通达性。公园的分区虽然看似简单，功能却是多样化的。例如，节日的庆祝活动、纪念活动及一些日常公众活动都可以在公园中进行。又如，著名的“演讲者角”是民主人士高谈阔论、慷慨陈词的绝佳场所。公园周边临街面并没有被用作商业，而是直接让景观与街道连接，弱化公园边界。

图 2.28 海德公园风景式园林(一)

图 2.29 海德公园风景式园林(二)

温莎堡(图 2.30)位于英国英格兰东南部伯克郡,其历史可以回溯到威廉一世时期,目前是英国王室温莎王朝的家族城堡。温莎堡是用砖石围合起来的大庄园。1070 年,威廉一世为了巩固伦敦以西的防御功能而选择在这个地势较高的地点建造城堡。经过后世历代君王的改造,城堡变得越来越坚固和美丽,并且成为英国王室的城堡。温莎堡内上区庭院以规则长方形大草坪为主,周边道路以直线形围绕建筑,开阔大气。中区庭院随地形设计成坡地景观,坡面上种满鲜花,宁静而自然。下区庭院位于大坡面上,布局以不规则草坪和直线道路为主,视线通透且便于行走。温莎堡向南就是温莎公园,那是一个占地 5 000 多英亩(约20 km^2)的大公园,曾经是王室的狩猎苑,园内都是自然景观,几乎没有人工建筑,以绿地和森林为主。

图 2.30 英国温莎堡主体建筑与规则式草坪

2.6 伊斯兰园林的布局

受文化影响,伊斯兰建筑布局是相对封闭的,园林面积通常较小,景观水池与节水灌溉系统结合设计，建筑与园林单体都有着精美的符号和装饰图案。伊斯兰园林中最为经典的布局方式是全园以喷泉为中心，水以十字形向四个方向流出，十字形水渠将庭园分为四部分，四个方向的水渠分别代表了《古兰经》中天堂所流出的水、乳、酒、蜜四条河流。有些庭园的水又从四方流回中心喷泉，象征来自宇宙四方的能量又返回中心。园中水渠是明暗交替的，从而分出数个几何形小庭园，每个庭园的树木相同。伊斯兰园林这种独特的格局，是在地域、气候及文化的共同影响下形成的。

对阿拉伯民族而言，水是珍贵的资源，这使得水成为伊斯兰园林的必要组成元素，在庭园中作为一个完整的体系而存在，并成为庭园的焦点。其常见的表现形式有水池、沟渠、喷泉等，沟渠贯穿庭园且明暗交替，这些水景主导着整个庭园的布局。水体除了有美化环境的作用，在热带地区还发挥着降低庭园温度、增加空气湿度和灌溉植物的功能。除了水，成行成列的绿荫树也是伊斯兰园林必不可少的，它们是阿拉伯人抵御沙漠地区恶劣气候的重要屏障。与水体一样，这些绿荫树同样具有调节温度的功能。绿荫树常沿高墙内侧成排栽植或沿主园路列植，形成整洁而宁静的林荫道。林荫道很多时候会成为庭园的主轴，因此在林荫道中布置的凉亭、喷泉就成为整个或局部庭园的焦点。伊斯兰园林的建筑、水体和花园互相贯通，人游走于庭园中，总会被它的神秘、高贵、精致和舒适宜人所吸引。

科多巴的清真寺建于 785—987 年，基址为一个 170 m × 130 m 带有围墙的矩形。清真寺本身就是建筑奇观，而寺中的橘园庭院同样令人着迷。成排列植的橘树到了开花时节，会使整个院落充满芳香。每行橘树旁都挖设一条水渠，该水渠可以作为橘树自身的灌溉系统，不仅丰富了景观，还使景观具有了实用性。

1250—1319 年，摩尔人在格拉纳达建造了阿尔罕布拉宫。阿尔罕布拉宫举世闻名，且至今仍然保存完好，其各个庭园同样出名，桃金娘中庭、狮庭等都是伊斯兰园林的经典，具有很高的历史文化研究价值。桃金娘中庭是阿尔罕布拉宫最重要的群体空间，也是外交和政治活动的中心。中庭有一长方形的水池，规则而整齐，犹如一面镜子把精致的宫殿倒影映射在平静的水面上，给人非常静谧的感觉。水池两个长边分别种植两列修剪整齐的桃金娘树篱，桃金娘中庭的名字即源于此（图 2.31）。

桃金娘中庭的东侧有一扇门，可由此通达狮庭。狮庭是一个经典的伊斯兰式庭院，是苏丹王室家庭的中心。庭院有一个中心水景，该水景由 12 只白色大理石石狮托起一个巨大水盘而成，水盘中央装置喷泉，每只石狮口中也会喷泻出细长的水柱，然后汇聚入庭院中纵横交错的两条水渠，再分别流向中庭的四条走廊。每个拱廊由精雕细琢的列柱支承，并且顶棚上都刻有精美的拼花图案，各种有序的设计组合使空间层次丰富且细腻(图 2.32)。

图 2.31　阿尔罕布拉宫桃金娘中庭

图 2.32　阿尔罕布拉宫狮庭

2.7 现代园林的布局

现代园林从二十世纪二三十年代开始形成，把现代艺术元素和现代建筑空间运用到园林设计之中，追求自由的空间与通透的布局。现代园林吸收了传统造园手法里凝练的部分，一般不直接运用具象形态，而是抽取简练的元素，并注重功能性，现代园林风格因其化繁为简且实用舒适而受到人们的广泛喜爱。在很多国家，造园家们也开始突破传统园林的布局风格，把现代风格用于新的项目建设上。其中，英国肯辛顿公园中的戴安娜王妃纪念园、英国 morelondon 商业区景观、美国纽约中央公园、美国越战纪念碑等都是杰出的作品。

2.7.1 英国伦敦戴安娜王妃纪念园

戴安娜王妃纪念园位于英国伦敦肯辛顿公园之内，东邻著名的海德公园。设计者通过一条项链形的水系，结合地形营造层级跌水、旋涡，又汇成一个宁静的小池，这象征着戴安娜王妃的优雅和亲切。这条长约 210 m 的水带由 545 块白色花岗岩砌筑而成，造型飘逸流畅。水流从顶部喷出，然后分成两股，流向不同的方向，在中途还设计了补水位，以保证整个水系的效果。设计师运用凹凸不平的岩面来处理水带东面的池底表面，营造奔流跳跃的效果；在西面则使水流平缓下来，变得宁静而安详。两股水流最后又汇集到水带地势最低处、水系最宽阔的水面之中。这样营造出的不同的水形态和水声响，诠释着戴安娜王妃跌宕起伏的人生。白色的水池石条在地形起伏的绿色草地上蜿蜒伸展，中间有道路穿插，注重功能性。整个公园非常有现代感及雕塑感，极具纪念性。

2.7.2 英国 morelondon 商业区景观

英国 morelodon 商业区景观位于泰晤士河南岸，坐落于伦敦桥和塔桥之间。整个广场景观由简练的直线与曲线拼构而成，使自然与功能优雅融合，在具有历史意义的伦敦桥和塔桥之间扮演着继往开来的角色，简约的现代风格使其与历史建筑自然过渡，没有半分突兀感。广场景观注重游人感受与实际使用需求，休闲、休憩、集会的空间结合布置，几何形长条基座和植被互相交错且连贯流畅（图 2.33）。树木密集地种植在两边，中间以稀疏种植为原则，既能表现不同的种植层次，也可以梳理主次空间。建筑的北面是喷泉聚集而成的动景，西南面则是静态的水景设计，二者由溪流相连，共同形成一个支流网络汇入河道。同时，这些水景以直线形或规整形为主，简练且富有指向性，使整个空间统一且具有延展性，充满现代感（图 2.34）。

图 2.33 英国 morelondon 商业区景观与伦敦塔桥

图 2.34 英国 morelondon 商业区景观直线水系

2.7.3 美国纽约中央公园

美国曾经是英国的殖民地，也是一个移民国家，多文化的融合是其重要特点之一，这也影响着美国园林景观的发展。作为曾经的欧洲国家殖民地，美式园林固然以欧式园林风格为主调。美国国土辽阔，自然资源和地理条件优越，同时随着大量欧洲移民流入，各民族文化互相交融渗透，加上美国社会的自由观念和高度发达的科学技术，使美国社会、经济、文化等都高速发展。在综合因素作用下，美国在建筑园林等方面逐渐形成自己的独特风格。

美式园林由于重视自由的观念，因此一开始就注重与大自然的融合，几乎摈弃了那种受条条框框限制的规则式布局。设计上以自由起伏的线条为特点，园林中的道路和水体形状多为自然形曲线。在植物种植设计方面，美式园林也采用自然式布局，只在建筑物周围运用规则式绿篱或半自然式的花径作为过渡。跟英国、法国等园林相比，美国园林由于文化的开放与融合，更具有现代气息。

1857 年，弗雷德里克·劳·奥姆斯特德和弗克斯设计了纽约中央公园，开创了美国园林发展的新时代。在 19 世纪 20—50 年代，随着城市的发展，人口不断膨胀，城市变得嘈杂而混乱，这使很多人意识到需要在城市里建造一座大型户外公园，为人们忙碌紧张的生活提供一个悠闲场所。纽约中央公园的规划和建设借鉴了英国海德公园等的设计理念，强调“田园式、风景式”。公园整体呈长方形，由西南向东北展开，层次鲜明，绿地覆盖率非常高。设计师充分利用原有地形，将沼泽地上的水塘挖深，使其成为可以泛舟的湖(图 2.35)，在平坦的地面上种植草坪，在宽阔的道路两旁栽植大树遮阴。而公园内曲径幽深的林荫小路引导游客通向四面八方，既可增加游人的私密空间，也能让人流分散，使公园内部不会产生拥挤的感觉。在行走路线及交通疏导上，设计者根据地块的地形高差，运用立交方式把四条东西向的城市干道安排在地下穿过，这样保证了公园景观的完整性和人在公园内游览行走的安全性(图 2.36)。中央公园四季皆美，春天嫣红嫩绿生机勃勃，夏天阳光璀璨绿草飘香，秋天清爽枫叶红似火，冬天银白萧索片片宁静。

图 2.35　美国纽约中央公园湖景

图 2.36　美国纽约中央公园立交园路

2.7.4　美国越战纪念碑

越战纪念碑位于美国首都华盛顿中心区，由美籍华裔建筑师林璎设计，碑体由黑色光面花岗岩砌成的长 500 ft（约 152 m）的 V 形薄墙构成，造型显得非常锐利，V 形墙向两侧各延伸约 200 ft（约 61 m），分别指向林肯纪念堂和华盛顿纪念碑。V 形墙交汇处有 3 m 深，然后逐渐向两端倾斜，直到消失于地面，墙身上整齐地刻满了阵亡人员和失踪者的名字。这种表达形式让人觉得墙体是无限延伸的，传递了人们对越战士兵的无尽哀思。越战纪念碑整体设计非常简洁，却饱含深意，大地被撕裂的设计意向象征越战所带来的伤痛，使人们深刻反思战争的残酷，并表达了人们对死者深深的悼念。

本章小结

本章主要讲述园林规划布局的类型，以及世界范围内各种典型的园林风格及案例。读者通过本章内容可了解传统园林的布局特色，以及东西方不同园林体系的区别和联系。在园林设计中，各种风格的设计及造园手法都具有地域性、不同的文化内涵及形成的必然性，各有所长，没有优劣之分，只有适合与否，我们在规划设计时不能盲从跟风，而要根据地域与实际地块特征进行风格的选择和布局。

3

设计元素、步骤和方法

导 读

风景园林规划设计过程必然涉及设计元素、步骤和方法。设计元素主要有物质元素和非物质元素两大类，而设计步骤与方法是指设计师在设计过程中的工作程序及方式。这些都是风景园林设计师在设计过程中必须了解和应用的重要内容。风景园林规划设计通常要经历了解项目、研究项目、设计过程、设计跟进、总结回访5个阶段。随着时代的变迁，科技水平不断提高，设计元素极大丰富，设计师需要不断自我更新，在熟悉传统设计元素的基础上，结合新时代的设计理念与手法，开拓新的设计思路。

3.1 设计元素

设计元素主要分为物质元素与非物质元素两大类，这两类元素不可或缺，同时贯穿于设计中。物质元素主要包含山石、水、植物、建筑、小品等，非物质元素主要指时空因素、社会生活、风俗民情、文化差异、个人爱好等。物质元素与非物质元素相互影响，缺一不可，即使是同一种物质元素也会因为地域文化、社会生活等非物质元素的不同，在不同环境下的设计中呈现出各式各样的差异。

3.1.1　物质元素

物质元素主要指设计中所涉及的实际存在的物体，如山石、水、植物、建筑等。

1. 山石

园林中对山石的运用通常有两种：一种是直接将真实山脉纳入园林，将其作为园林景观的组成部分；另一种是将形态优美或奇特的石头堆砌成山的形状（图 3.1）。在现代园林的设计手法里，有时也会将经过人工或机器加工、尺寸各异的石块或石片排列成山形，象征性地表达山脉意象。

图 3.1　山石

图 3.2　水

2. 水

水，可静可动，灵动自由，可塑性强。水元素的表现形式多种多样，可以是湖泊、溪流、瀑布、涌泉、跌水等自然状态，也可以是辅以人工元素的旱喷、喷水雕塑、音乐喷泉等。水元素能完美融入不同的设计风格中，是最常用的设计元素之一（图 3.2）。

3. 植物

植物是最基础的设计元素，无论哪种风格的设计，都少不了绿植的搭配。植物本身是一种怡人的景色，同时可以调节小气候、软化周边硬质景观、增加设计层次，此外，植物景观还能随季节变化（图 3.3）。

图 3.3　植物

与山、水元素不同，植物具有更强的地域性，结合不同的设计风格，利用不同的植物品种及造型体现地域特征。因此在设计时，注重设计风格的同时还要调研植物的生长习性，尽可能地使用乡土树种，以保证植物的持续生长及良好的生态循环。

4. 园林建筑

园林建筑是设计的重要部分，通常起着统领全局的作用，设计师需要根据场地大小、周边环境及设计布局在地块中合理布置建筑。周边式建筑通常临街而建，可以围合出一个安静且空间较大的庭院。中国传统私家园林多采用周边式的建筑布局，既节约用地，又可围合成大小不一的丰富空间，因地制宜，且每座建筑都能获得良好的通风。传统园林建筑类型有楼阁、亭、廊、榭、塔等，体现出古人造园的智慧。在现代风景区、公园等公共园林设计中，游客中心、公园管理室、茶室（咖啡厅）、小剧场、小卖部、公共卫生间等都属极具特色的园林建筑（图 3.4）。

5. 园林小品

园林中的小品丰富多样、品种繁多，有园路、园灯、休息座椅、指示牌、饮水器、洗手台、垃圾桶，还有雕塑、各类艺术品等（图 3.5）。随着新技术、新工艺与新材料的诞生，园林小品的创新为设计师提供了更大的空间。

图 3.4 园林建筑

图 3.5 园林小品

3.1.2 非物质元素

非物质元素与物质元素相对应，是指非实体的设计元素，如各种文化及其表现形式（语言、艺术、音乐、戏曲、传统技艺、传统礼仪、节庆等民俗）、时空因素等。不同地方有着截然不同的社会生活、风俗民情和文化差异，这也造就了不同的设计风格。从世界范围来看，东、西方有着截然不同的生活方式和文化背景，这使得东、西方园林有着不一样的符号特征、设计风格及空间布局。

非物质元素虽然不以实体形式存在，却以实体为载体表现出来。在园林设计中，非物质元素所反映的文化内涵是设计的灵魂所在。多种多样的非物质元素在园林中常通过匾额楹联（图 3.6）、雕塑、铺地图案（图 3.7）、绘画、盆景、戏曲表演、场景再现等形式展现出来。我国地域宽广，各地地理、气候、生活习惯、自然资源、风土人情等不同，体现在园林上就形成各地独特的园林风格。

图 3.6 匾额

图 3.7 铺地图案

3.2 设计步骤

园林设计师在规划设计过程中，运用正确的设计方法及设计步骤，会起到事半功倍的效果。在此仅针对风景园林规划设计项目，介绍常见的设计步骤，希望对园林设计师有所帮助。园林规划设计，通常包括了解项目、研究项目、设计过程、设计跟进和总结回访 5 个阶段。

3.2.1 了解项目

在着手设计前，设计师必须先对项目进行全面了解。一般情况下，设计师需要了解以下 5 个方面的内容。

1. 地理位置

在设计一个项目之前，设计师首先要了解该项目所在地块的地理位置信息，包括纬度、气候、海拔、昼夜时长、季节温度、地形、周边是否有水系（溪流、湖、海）等，这是最基础的项目设计依据，是设计能否落地的关键。

2. 现场情况

在拿到项目相关规划资料等之后，设计师需要亲自到项目现场勘察现阶段地块的地形，与周边道路、人行道的衔接，周边商业发展程度、人口密度以及公共配套设施配置情况等，以便更好地把必要的使用功能优先纳入设计的考虑范围。

3. 客户接受程度及喜好

这主要包括客户对建筑及园林销售价格的接受范围、对风水或树种的特殊要求，以及生活习惯等。设计师还可以通过策划公司或业主方了解客户对园林的喜好，例如，小区是否需要水系及泳池，客户对各类活动空间的需求等。

4. 工程造价

设计师根据业主方投资预算制订出符合业主及购买客户需求的设计方案，因地制宜，量体裁衣。

5. 设计风格

设计风格可以与建筑风格一致，或者设计师与业主、策划公司等探讨其风格定位。风格定位一般取决于以下方面：时下潮流、地区民俗、造价限制、地块大小等。例如，当园林属于建筑或规划项目的配套设施时，就必须考虑项目设计风格与已有建筑及规划设计风格的融合。

3.2.2 研究项目

在对项目进行初步了解以后，设计师还必须对项目的其他方面进行研究，主要内容如下。

（1）解读上位规划，寻找设计依据。已经具有法律效力的上位规划是重要的设计依据，必须认真解读，仔细研究。

（2）查阅与项目地域及内容有关的各种资料，包括历史、地理、风土人情、人文景观等内容，为设计做好充分准备。

（3）对同类型项目进行案例研究，这样有助于博采众长、扬长避短。

（4）注意设计范围本身及周边环境因素给设计带来的限制，包括标高、土质、环保、周边景观状况（有无对景或借景）等。

（5）严格遵循国家、地方相关法规及设计规范，严格把关设计。

在对项目进行充分细致的研究之后，设计师就基本明确了项目设计的方向。

3.2.3 设计过程

园林景观设计过程大致分为三个阶段：方案设计阶段、初步设计阶段、施工图设计阶段，具体内容详见第 4 章。

在方案设计阶段中，值得重视的是设计草图。设计师将构思好的想法以手绘的形式在纸上进行演绎展示（图 3.8），让人从草图中初步了解设计构思及空间构成，并以此与建设单位进行想法的沟通，使双方统一设计方向及内容。传统手绘设计草图是最常用也是最有效的方法。

图 3.8 设计草图

3.2.4 设计跟进

施工过程中的质量控制会极大影响最初设计理念的落地及项目最终的实施效果，所以设计跟进阶段更需要一群有经验的设计师及时发现问题并尽快和业主及施工方沟通解决。

3.2.5 总结回访

对工程项目进行使用中的设计回访，有利于设计人员总结经验和提高设计水平。每个工程项目在投入使用和营运后，在自然因素、住户使用等影响下，设计中的某些缺陷和不足会暴露出来。设计师从使用角度出发，采用现场观察和听取住户想法等方法，从多个层面总结经验，提高设计质量并增强实际应用的效果。

3.3 设计方法

园林有多种设计方法，一百名设计师可以有一百种设计方法，每一名设计师还可能有自己喜爱并常用的多种方法。园林设计讲究“构园有法，法无定式”，即造园千变万化，设计师在构园时根据不同情况灵活运用一定的设计方法以达到理想的效果，“法”是没有固定模式的。因此对设计师来讲，更需要因地制宜，灵活运用适宜的设计方法和手段，不能千篇一律。

常见的设计方法有模型辅助、方案比较等。设计师可以在不同的设计步骤和设计阶段选用不同的设计方法，每一种设计方法又对应相同或不同的设计步骤和设计阶段。此外，设计师在不断地学习和设计实践中，发现更多适合自己并与项目相吻合的设计方法。

初学者更希望找到一种实用且简单易行的方法来面对不同的设计项目，而不至于手足无措。下面所提及的设计方法，与设计过程相对应，告诉初学者应该如何着手设计，不针对某一种具体的设计手段，简单易学，非常实用，希望对初学者有所帮助，也为设计师们提供参考。

1. 进行全面细致的调研分析

大多数的园林规划设计项目在开始时没有很详尽的任务书，甚至有的都没有任务书，只有业主的一些简单要求，这可能会令设计师感到茫然。这时设计师应该做的就是调研，这也是最有效的办法。调研的内容除前述设计步骤涉及的内容外，还包括发现潜在的客户或客户潜在的需求，这就要求设计师在调研前不能先入为主，想当然地制订调研计划或内容，而是要反复到现场及周边地区进行调研，通过观察、访谈、问卷调查、参与活动等方式获取第一手资料，并通过对系列资料的归纳总结，准确地找出设计所要解决的问题。

2. 明确设计定位及思路

在全面分析调研结果、准确找出设计所要解决问题的基础上，设计师应明确设计定位，即确定整个设计服务人群类型及特点，以及最终希望实现的目标。设计师需要理清设计思路，找到实现目标的途径，确定好设计主题及设计风格等内容后，就可以开始动手设计了。

3. 进行合理的功能布局

合理的功能布局是项目成功的重要前提，对场地布局的把握一定要从总体入手。对于初学者来讲，可能一开始对功能布局无所适从，这时可以从场地出入口着手。对场地进行全面分析，基本确定场地的出入口数量及位置，分清主次，再根据场地的具体情况，因地制宜地布置各功能区，通过道路系统相互连接，贯穿全园，完成场地的总体布局。

具体操作时，可以采用一些常用且有效的方法，例如，当确定各功能区时，可以先列出清单；当进行功能分区布置时，可以采用传统的气泡图方法，初步确定各功能区的相互关系及在场地中的大致位置。另外，当进行总体功能布局时，有时会有多种选择，需要通过比较多种方案，权衡各方案的利弊，综合考虑后得出最佳的设计方案。

4. 完善空间效果

场地条件的千变万化为设计师的创造提供了可能。设计师在合理进行功能布局的基础上，根据各场地的位置、地形等不同条件，因地制宜地完善及深化设计方案。设计师可以根据项目目的、设计主题及设计风格，确定是否采用轴线，塑造何种空间，以及如何联系交通、处理节点、丰富景观等。

5. 选用恰当的设计元素

园林设计涉及的元素丰富多样，有物质元素，也有非物质元素，恰如其分地选择各种设计元素是设计成功的重要保证。物质元素以实物形式出现，而非物质元素通过实物展现出来，其深刻的文化内涵是设计的灵魂所在。以亭廊建筑为例，亭廊为游人提供休憩空间，有其实在的功能，设计师需要考虑的问题有很多，如选址、朝向、风格、材料等，也要考虑如何让游人通过景名、匾额、对联、诗词书画等感悟其文化内涵和诗情画意。

6. 设计表达清晰完整

图纸是设计师的语言，设计师通过图纸表达对项目的认识及设计意图。设计师需要通过多种手段，采用书面及语言方式，清晰完整地将自己的设计表达出来。

设计既有感性成分，又有理性成分，设计的过程就是通过分析、研究、推理等方法不断完善方案、不断解决问题的过程。从初学设计到成为成熟的设计师，设计者需要一个历练的过程。在经历了一定的设计实践，积累了相对丰富的设计经验后，设计师可能会找到一套适合自己的设计思路和方法，也能够自如运用多种设计方法。值得注意的是，仅有好的设计方法远远不够，好的设计师还必须拥有良好的职业道德、优秀的专业素质、独特的思维方式、较强的沟通能力和团队合作精神。

本章小结

本章主要讲述园林规划设计的设计元素、步骤和方法。读者通过本章内容可了解园林中设计元素的种类及特点，以及园林设计的步骤与常见设计方法等。设计元素主要分为物质元素与非物质元素两大类，物质元素主要包含山、水、植物、建筑、小品等，非物质元素主要指社会生活、风俗民情、个人爱好等。此外，初学者还应了解园林规划设计通常包括了解项目、研究项目、设计过程、设计跟进、总结回访 5 个阶段，并初步掌握与此相对应的最基本的设计方法。

园林工程项目建设程序

导读

项目是管理对象在一定约束条件下完成的具有明确目标的一次性任务。工程项目需要投入一定量的资金和实物资产，有预期的经济与社会目标，在一定的约束条件下，经过研究决策和实施等一系列程序而形成固定资产。工程项目需要一定量的投资，以形成固定资产为明确目标，按照一定程序，在一定时间内完成符合质量要求的项目。工程项目建设包含多个阶段和环节，各项工作之间存在固有的规律性，项目建设根据这种规律按照一定的阶段和步骤依次展开。工程项目建设程序包括工程建设项目投资的意向、选择、评估、决策、设计、施工、竣工验收、投产使用的整改建设过程等工作程序，是工程项目建设客观规律的反映，体现了工程项目发展的内部联系和过程，不可随意改变。园林工程项目作为城市工程项目中的一类，其建设程序与城市工程项目基本相同，包括前期策划、规划设计、建设准备、工程施工和运营维护 5 个阶段。本章将介绍园林工程项目建设程序的全过程。

 前期策划

在园林工程项目中，由政府投资的公益性项目（如风景区、森林公园、城市公园、城市广场等公共绿地建设）作为工程项目中的一个类别，同样遵循国家和地方相关建设程序。一个建设项目首先要从前期策划开始，只有通过科学的选址、论证、评价和预测，充分酝酿，并听取多方面意见，才能保证建设项目的正确决策和资金投入的合理性，保证整个项目运作不会发生偏差。项目的可行性研究是在项目前期策划阶段，通过对与项目有关的工程、技术、经济等各方面条件和情况进行调查、研究和分析，对各种可能的建设方案进行比较论证，并对项目建成后的经济效益进行预测和评价的一种科学分析，着重评价项目技术上的先进性和适用性，经济上的营利性和合理性，以及建设上的可能性和可行性。

园林工程项目建设的前期策划主要是可行性研究，园林工程项目可行性研究着重解决项目建设的必要性和可行性问题，并通过对建设项目历史与现状的调查研究和基础资料汇总分析，确定规划的指导思想。项目可行性研究最终形成项目建议书和可行性研究报告，可行性研究报告经有关部门批准，就标志着建设项目的正式确立，俗称立项。

4.1.1 项目建议书

项目建议书是根据当地的国民经济发展和社会发展的总体规划或行业规划等要求，经过调查、预测分析后提出的。它是投资建设决策前对拟建设项目的轮廓设想，主要说明该项目立项的必要性、条件的可行性、获取效益的可能性，以供上一级机构进行决策使用。

园林工程项目建议书内容一般包括：

（1）建设项目的必要性和依据。

（2）拟建设项目的规模、地点以及自然资源、人文资源情况。

（3）投资估算以及资金筹措来源。

（4）社会效益、经济效益的估算。

按现行规定，凡属大中型或限额以上的项目建议书，首先要报送行业归口主管部门，同时抄送中华人民共和国国家发展和改革委员会（以下简称“发改委”），行业

归口主管部门初审后再由国家发改委审批。而小型和限额以下项目的项目建议书应按项目隶属关系由部门或地方发改委审批。

4.1.2 可行性研究报告

项目建议书一经批准,即可着手进行可行性研究,其基本内容如下。

1. 项目概况和项目背景

项目概况指项目的一些基本情况介绍,包括项目名称、项目性质、选址和建设范围、建设单位、主要建设条件、项目总投资、主要经济技术指标等。项目背景主要阐述项目提出的背景和依据、建设目标、可行性研究报告编制的依据等。

2. 需求分析和建设规模

这部分主要阐述项目建设的必要性,提出项目定位、拟建项目的建设内容、建设规模和市场预测的依据等。园林绿地项目建设的必要性还可以从城市公共绿地现状、区域公共绿地现状以及绿地系统规划等方面进行分析,或从生态平衡、环境建设、社会需求等多角度进行分析。

3. 建设条件和现状分析

建设条件包括自然条件、基础设施条件,以及人文历史情况。现状分析指对项目建设位置、当地自然资源与人文资源状况的分析。场地现状情况可通过现状图纸及照片进行补充说明。

4. 工程建设方案

工程建设方案主要是项目规划总体方案,具体包括工程建设内容和规模、总体规划(设计定位、设计依据、设计原则、设计目标、设计理念,以及竖向设计、功能分区、交通组织、管线规划、植物景观、重点景点、园建小品等方面的设想,规划方案可附图说明)。可行性研究阶段提出的规划方案着重关注项目的定位和理念,提出概念方案即可,项目可研审批立项之后仍须对场地进行进一步的细化方案设计。

5. 环境影响评价

分析项目场址环境现状、项目建设期及运营期对环境的影响,提出对策措施。由于园林工程项目建设的目的就是要改善环境质量,因此,园林工程项目在运营期对环境的影响主要是正面的。在运营期间项目会产生少量污水、废气、噪声和固体废物等,应当予以重视并采取解决措施。项目在建设期会对环境产生一定的影响,如噪声、废气、污水、扬尘等,必须提出减小影响的措施。

6. 节能分析

针对拟建项目的具体情况，分析项目建设和生产过程中能源消耗的种类和数量、项目所在地能源供应状况，提出项目建设和生产过程中拟采取的节能措施，并对节能效果进行分析和评价。

7. 劳动安全卫生与消防

分析项目实施过程中可能存在的危害因素及危害程度，提出劳动安全卫生管理对策和预防措施、消防安全措施。

8. 组织机构与人员配置

这部分内容包括项目建设期间组织机构及项目运营期间组织机构与人力资源配置。

9. 项目实施进度安排及招标情况

这部分内容包括项目实施的管理机构、项目实施进度和工期估算。提出项目投资建设期的计划，即项目立项阶段（编制、报批可行性研究报告）、项目准备阶段（代业主、监理、勘察设计招标等）、设计阶段（方案、初步设计、施工图设计和评审）、施工招标阶段、施工阶段、安装调试阶段、竣工验收阶段的进度计划安排。为确保项目按计划顺利完成，项目进度安排力求科学合理，相互衔接，尽量缩短建设周期。项目进度安排可通过图表（如横道图）表示。招标情况需提出拟建项目的招标内容和范围，如勘察、设计、监理、建安工程等，按照国家有关规定进行招标。提出招标的组织形式及方式，根据有关规定提出对投标方的要求（资质与业绩等）。

10. 投资估算和资金筹措

投资估算包括编制范围、编制依据、编制说明和投资估算表。资金筹措方式包括国家投资、外资合营、自筹资金等，同时应列出项目投资使用计划。

11. 经济效益、社会效益和生态效益评价

经济效益通过财务分析进行评价，由于园林绿化项目大多属于非经营性的社会公益项目，故财务分析主要针对其财务生存能力。财务分析包括编制范围、编制依据、运营成本和收入估算，并由此得出经济效益评价结论。社会效益评价，包括项目社会影响分析、项目与所在地互适性分析、社会风险及对策分析，由此得出社会效益评价结论。生态效益评价是针对该园林工程项目建成后对其所在地区生态环境带来的影响进行评价。园林工程项目经济效益、社会效益和生态效益的评价是建设项目能否立项的重要依据。

12. 研究结论与建议

根据以上的分析和评价得出该项目可行性研究的结论(即项目是否可行),并提出项目建设的建议。

13. 附件、附图

例如,该建设项目所在地区财政投资基本建设项目立项计划、涉及本项目的政府文件、会议纪要等背景资料,建设项目及周边土地规划性质、项目四至图、地形图、管线图、规划平面图、分区平面图、交通规划图等图纸。

可行性研究报告是可行性研究成果的真实反映,是客观的总结,通过认真的分析和科学的推理,得出合理的结论,以作为投资活动的依据和项目实现的目标。

4.2 规划设计

项目审批立项之后,就要着手建设,首先要进行规划设计。规划设计是对拟建工程在技术上和经济上所进行的全面而详尽的安排。园林工程项目规划设计包含对风景资源的评价、保护和风景区的设计,城市园林绿地系统、园林绿地、景园景点、城市景观环境设计,园林植物、园林建筑、园林道路、园林种植设计及与之配套的景观照明设计,等等。

依据国家行业管理规定,园林工程项目的规划设计工作必须由具有相应设计资质的设计机构承担。风景园林工程设计专项资质设甲、乙两个级别,甲级承担风景园林工程专项设计的类型和规模不受限制,乙级可承担中型以下规模风景园林工程项目和投资额在 2 000 万元以下的大型风景园林工程项目设计。

园林工程项目规划设计可分为以下 4 个阶段:前期调研和勘察阶段、方案设计阶段、初步设计阶段、施工图设计阶段。

4.2.1 前期调研和勘察阶段

优秀的设计必须建立在充分的调查研究的基础之上,设计师应当把握基地的现状和未来的发展,需要掌握的资料包括:

(1) 委托方对设计任务的要求及基地历史状况。

(2) 城市绿地总体规划与本项目的关系,以及本项目在设计上的要求。

(3) 周围的环境关系、环境的特点、未来发展情况,例如,周围有无名胜古迹、人文资源等。

(4) 周围城市景观，例如，建筑的形式、体量、色彩，基地与周围市政的交通联系。

(5) 场地人员活动情况、人流集散方向、周围居民的类型与社会结构，例如，基地是否属于厂矿区、文教区或商业区等。

(6) 该地段的能源情况，电源、水源、排污、排水情况，周围是否有污染源(如有毒有害的厂矿企业、传染病医院等)。

(7) 规划用地的水文、地质、地形、气象等方面的资料。例如，地下水位、年降雨量与月降雨量，年最高/最低温度的分布时间、年最高/最低湿度及其分布时间，年季风风向、最大风力、风速以及冰冻线深度，重要或大型园林建筑规划位置以及所需的地质勘查资料。

(8) 植物状况。了解和掌握地区内原有的植物种类、生态、群落组成，主要树木的年龄、观赏特点等。

(9) 建园所需主要材料的来源与施工情况，如苗木、山石、建材等情况。

(10) 委托方要求的园林设计标准及投资额度。

1. 熟悉设计任务及要求

在接到设计任务时，设计师首先要了解委托方的意图，包括对设计任务的具体要求、设计标准、投资额度等。常规的做法是委托方下达设计任务书。如果是招标项目，设计任务书就是招标文件，设计任务书中重点阐明的设计要点即委托方对拟建设任务的初步设想，这是进行园林规划设计的指导性文件。

设计任务书的内容包括：

(1) 项目的性质和定位(项目的级别、使用功能、作用和任务、服务半径等)。

(2) 园林项目布局在风格上的要求、特点。

(3) 用地范围、面积等。

(4) 项目范围内需保留的地貌、植被及原有设施。

(5) 拟建的政治、文化、宗教、娱乐、体育活动等大型设施项目的内容。

(6) 项目范围内建筑物的功能、面积、朝向、材料及造型风格要求。

(7) 地形处理和种植设计要求。

(8) 项目建设近、远期的投资计划和分期实施的程序。

(9) 规划设计进度和完成日期要求。

当委托方在项目立项之初尚未十分明确项目建设的要求或要求有不合理之处

时，设计方要通过咨询、讨论等形式了解、掌握甚至启发委托方的要求和意图，以便达成共识。

2. 了解环境及资源状况

通过工程勘察、现场踏勘和资料收集，尽可能全面地了解项目基址、周边范围以及所在区域或城市的相关资料，掌握自然条件、环境状况及历史沿革。

1）工程勘察

工程勘察是指研究和查明工程建设场地的地质、地理环境特征的与工程建设相关的综合性应用科学。工程勘察通过对地形、地质及水文等要素的测绘、勘察、测试及综合评定，提供建设所需的基础资料，它是基本建设的首要环节。园林工程项目的勘察主要是地形测绘与地质钻探。对于场地中需要保留的建筑物和植物，应测绘标注其位置和标高于地形图中，以便为下一步的设计提供可靠的依据。地质钻探资料为园林工程项目中的建筑物、构筑物以及园路广场等园林设施的结构设计提供了设计依据。承担工程勘察的单位须具有相应的工程勘察资质。

2）搜集图纸和文字资料

设计者尽可能搜集与项目相关的图纸及文字资料，并将其作为设计依据。设计者可要求甲方提供项目前期策划的项目建议书和可行性研究报告，涉及本项目立项的政府文件和会议纪要，用地红线图、项目所在地区修建性详细规划图、地形图、总平面图、局部放大图、主要建筑物的平/立面图、现状树木位置图、地下管线图、水文地质气象资料等。设计者还可以通过查阅资料、文献等，搜集与项目有关的历史文化资料，如地方志等。

3）现场踏勘

无论面积大小、设计项目难易，设计者都必须到现场认真进行踏勘。现场踏勘的内容包括：地形、植被、水体、土壤、动物、建筑物、构筑物、道路、广场、地上设施线路（如电缆、电杆）、地下线路（如给排水管道）、场地与外围的关系、基地视觉质量、噪声状况、人员活动情况等。现场踏勘的重要意义在于：

（1）通常现场实际情况与图纸资料会有出入，必须通过现场核对确认，确保设计条件的准确无误，保证工作的严谨性。

（2）设计必须结合场地来进行，才能做到因地制宜，合理利用资源，发现可利用、可借景的景物，遮挡、剔除不利或影响景观的物体，在规划过程中分别加以适当处理（嘉则收之，俗则屏之）。

（3）设计者到现场，实地了解人们的需求，获得亲身感受，寻找设计灵感，进行艺术构思。

现场踏勘的同时，拍摄一定数量的环境现状照片，以供进行总体设计时参考。现场踏勘并不需要将所有的内容一个不漏地调查清楚，应根据场地的特征和使用目的分清主次，主要的应详细调查，次要的可简要了解，较大规模的基地应分项调查。针对基地的使用目的和基地特征，还要做特殊的专项调查。例如植物调查，对规模较大、组成复杂的林地，采用林业调查方法，将林地划分成网格状，抽样调查一些单位网格林地中占主导的、丰富的、常见的、偶尔可见的和稀少的植物种类，最后画出标有林地范围、植物组成、水平与垂直分布、郁闭度、林龄、林内环境等内容的调查图。

3. 相关案例搜集和研究

根据项目性质、设计定位、设计内容、场地特征、人文特点等，分析研究相关案例，学习借鉴。

4.2.2 方案设计阶段

园林工程项目的规划设计是从方案设计开始的。方案设计就是在综合、分析、研究所有资料后，提出全面的规划设计原则及规划草图。方案设计阶段主要是提出项目的设计定位、设计理念，并对项目的总体布局、分区、地形设计、道路交通、绿化规划等进行表述。表述的方式包括设计说明书和图纸，图纸包括平面图、立面图、效果图、分析图等。方案设计文件应满足编制初步设计文件的需要，以及方案审批或报批的需要。

1. 设计说明书

（1）项目概况。介绍项目名称、位置、面积、性质、定位等，分析基地现状情况。

（2）项目建设条件。根据搜集调查到的资料，结合上位规划，研究分析该项目的规划条件、自然条件、人文条件等。

（3）相关案例分析。根据项目的性质、设计定位、设计内容、场地特征、人文特点等，分析研究相关案例，向其学习借鉴。应明确相关案例可取或可以借鉴的部分，不必完全一致。

（4）设计理念。说明项目的立意构思、设计所要表达的理念。

（5）设计依据。

① 国家有关的法律法规，国家、地方和行业等颁布的国家标准、地方标准和行业标准。

② 上位规划,项目所在地区的修建性详细规划。

③ 委托方提供的总图、地形图、管线图等图纸。

(6) 设计原则。

(7) 总体规划设计说明,包括功能分区、道路交通组织、竖向设计等方面的规划说明。

(8) 各景区景点设计说明。介绍各景区、景点和重点地段的设计构思,以及主要的园林建筑小品的设计风格、布局等。

(9) 绿化规划说明。例如,植物配置原则,植物造景分区及各区特色,植物配置风格,骨干树种、基调树种的选择。

(10) 综合管线设计说明,包括园区内给排水、强弱电等管线的综合布置说明。

(11) 其他说明。其他需说明的内容应根据项目的实际情况而定,如服务设施规划、城市家具设计、节能环保措施、设计及建设工期计划等说明。工期计划可用表格或横道图表示。

(12) 经济技术指标。统计建设项目的各项重要指标,如陆地面积、水体面积、绿化用地面积、建筑占地面积、园路及铺装场地用地面积、其他用地面积等,并且统计各分项占总面积或陆地面积的比例。经济技术指标可以衡量规划方案中各项指标比例是否合理,是否满足国家地方有关法律和规范要求。

(13) 投资估算。根据项目规划方案所列的单项及其规模、面积等参数进行项目投资估算。

2. 方案设计图纸

方案设计图纸主要包括:

(1) 区位图。

(2) 现状图。

(3) 总平面图及鸟瞰图。

(4) 功能分区图。

(5) 道路交通图。

(6) 竖向设计图(含地形剖面图)。

(7) 分析图(如主要景点分析、视线分析等)。

(8) 景区景点设计图(分区平面图、局部效果图)。

(9) 主要园林建筑方案设计图(平面图、立面图、效果图等)。

(10) 绿化规划图。

（11）综合管线图。

（12）其他图纸（如服务设施分布、城市家具设计、环保节能设计等）。

重大或重点项目，在方案设计之前，还可先进行概念性方案设计。概念性方案设计重点是解决重大项目在规划设计理念、风格、布局等方面的方向性问题，使重大项目在前期经过充分酝酿讨论，明确方向后再进行细化方案设计。

4.2.3　初步设计阶段

初步设计是在方案设计的基础上，对项目的具体实施做出深化设计，目的是阐明在指定地点、时间和投资控制数额内，拟建项目在技术上的可能性和经济上的合理性，并通过对工程项目做出基本的技术经济规定，编制项目总概算。初步设计文件是根据可行性研究报告、设计任务书、设计方案和可靠的设计基础资料进行编制的。初步设计文件应满足编制施工招标文件、主要设备材料订货和编制施工图设计文件的需要。初步设计和总概算经批准后，是确定建设项目的投资额，编制固定资产的投资计划，签订建设工程总承包合同、贷款总合同，实行投资包干，控制建设工程拨款，组织主要设备的订货，进行施工准备以及编制技术设计文件等的依据。

初步设计文件由设计说明书（包括设计总说明和各专业设计说明书）、设计图纸、主要设备及材料表、设计概算等四部分内容组成。在初步设计阶段，各专业应对本专业内容的设计方案或重大技术问题的解决方案进行综合技术经济分析，论证技术上的适用性、可靠性和经济上的合理性，并将其主要内容写进本专业的初步设计说明书中。初步设计文件应满足的初步设计审批要求如下：

（1）应符合已审定的设计方案。

（2）能明确主要设备及材料。

（3）应提供工程设计概算，作为审批确定项目投资的依据。

（4）能满足编制施工图设计文件的需要。

初步设计文件编制深度可执行最新版《建筑工程设计文件编制深度规定》。

1. 初步设计说明

初步设计说明应包括：设计依据（各种法规、文件、地理和气候条件）、工程概况、工程设计的范围及规模、设计的特点及指导思想、交通组织、园林绿化布置、主要经济技术指标等。

2. 设计图纸

（1）图纸目录。

（2）总平面图。

（3）竖向设计图。

（4）铺装平面图。

（5）绿化平面图及苗木表。

（6）建筑及园林小品初步设计图（平面图、立面图、剖面图）。

（7）给排水初步设计图。

（8）电气初步设计图。

3. 主要设备及材料表

列出主要设备名称、性能参数、单位和数量等。在园林工程项目中，此项通常还包括道路广场铺装材料的种类、规格和数量，园林植物的苗木规格和数量，等等。以上内容如已经包含在图纸中，则不必单独列出。

4. 设计概算

建设项目设计概算是初步设计文件的重要组成部分。设计概算文件应单独成册，由封面、签署页（扉页）、编制说明、建设项目总概算表、其他费用表、单项工程综合概算表、单位工程概算书等内容组成。

为了保证初步设计符合国家和当地有关技术标准、规范、规程及法规规定，概算应完整准确，初步设计文件必须进行审批。工程建设项目初步设计审查是一项国家规定，旨在促进设计进步，提高投资效益，完善项目使用功能和提高城市环境水平。根据国家有关部门规定，工程建设项目的初步设计必须经国家有关部门和地方建设主管部门审批。初步设计经批准后，项目方可列入年度计划。

4.2.4 施工图设计阶段

施工图设计是完整地表现构成设计项目的所有子项的外形、内部空间分割、结构体系、构造状况以及与周围环境的配合等，包含详细的位置、外形及构造尺寸信息，还包括各种运输、通信、管道系统、建筑设备等的设计。施工图有明确的材料和设备的型号、规格、尺寸等，以及非标准设施的制造加工方式。施工图设计文件应满足设备材料采购、非标准设备制作和施工的需要，并执行国家、行业和地方设计标准。园林工程项目的施工图设计，就是要在初步设计的基础上，完整地表达工程项目的所有实施内容、具体做法大样以及材料设备的选用和安装方式等，设计深度执行最新版《建筑工程设计文件编制深度规定》，应满足设备材料采购、非标准设备制作和施工的需要。

重要的园林工程项目还须经专业的施工图审查机构进行施工图审查。施工图设计文件审查是指国务院建设行政主管部门和省、自治区、直辖市人民政府建设行政主管部门依法认定的设计审查机构，根据国家的法律、法规、技术标准与规范，对施工图设计文件进行结构安全和强制性标准、规范执行等情况进行的独立审查。施工图设计文件包含施工图设计说明、施工图纸、工程预算三部分。

1. 施工图设计说明

施工图设计说明通常按专业分别附在相关图纸中，包括建筑设计说明、结构设计说明、种植设计说明、给排水设计说明、电气设计说明等。例如，种植设计说明的内容为以文字和通用图表的形式明确植物种植的要求，包括地形、种植土、肥泥、苗木规格、形态、种植方式、管养、验收等方面的要求。

2. 施工图纸

(1) 图纸目录。

(2) 总平面图。

(3) 总平面索引图。

(4) 放线平面图。

(5) 竖向设计图。

(6) 铺装平面图及大样。

(7) 绿化平面图、苗木表、种植说明。

(8) 建筑及园林小品施工图(含相应结构、水电等专业设计图)。

(9) 给排水设计施工图。

(10) 电气设计施工图。

3. 工程预算

工程预算是根据设计图纸、工程预算定额、费用定额(即间接费定额)、材料预算价格以及与其配套使用的有关规定等，预先计算和确定工程项目所需要的全部费用的技术经济文件。工程造价包括直接费、间接费、利润和税金。预算文件应单独成册，由封面、签署页(扉页)、目录、编制说明、建设项目总预算表、单项工程综合预算表、单位工程预算书等内容组成。工程预算是确定工程造价及进行工程招投标报价的依据，也是政府主管部门对建设工程勘察设计质量监督管理的重要环节。

4.3 建设准备

项目在开工建设前要切实做好各项准备工作，主要内容包括：

（1）征地、拆迁、平整场地。拆迁是一件政策性很强的工作，应在当地政府及有关部门的协助下完成此项工作。

（2）办理施工许可证等审批工作。

（3）完成施工所用的供电、供水、道路设施工程。

（4）组织设备及材料的订货等准备工作。

（5）选定施工单位和工程监理单位，组织施工。根据《中华人民共和国招标投标法》规定，当项目投资额超过一定数量时，必须进行公平、公正、公开的招投标程序，参加投标的单位须符合招标文件中规定的要求。

工程施工

设计阶段完成并通过图纸审批程序，工程管理方完成了建设的各项准备工作，项目就可以进入施工阶段。在施工阶段，设计师需要提供现场服务。现场服务包含以下内容。

1. 参加图纸会审，进行技术交底

工程开工之前，各参建单位（建设单位、监理单位和施工单位）对图纸进行全面细致的熟悉，核对出施工图中存在的问题及不合理情况，并提交设计单位进行处理。图纸会审通常由监理单位负责组织并记录；如果没有监理单位，则由建设单位负责。图纸会审可以使各参建单位特别是施工单位熟悉设计图纸，领会设计意图，掌握工程特点及难点，找出需要解决的技术难题并拟定解决方案，从而将因设计缺陷而产生的问题消灭在施工之前。在项目开工之前或分项工程开始之前，设计人员须进行技术交底，提出设计施工的难点、重点及需要特别注意的地方，补充说明图纸中未能详尽表达的要点。

2. 参加工地例会

项目施工当中，由监理单位组织召开工地例会，建设单位、设计单位、施工单位共同解决施工中遇到的问题。各专业的设计人员参加工地例会，现场处理设计和施工的衔接问题，如遇现场实际情况变化致使设计变更的，设计人员须充分了解情况，合理变更图纸。

3. 材料定板和现场指导

由于园林工程项目的特殊性，如饰面材料（特别是天然石材）、主要苗木、景石等差异性较大，设计人员须亲自看板定样。对于特殊的园林施工工艺，如地形塑造、堆砌假山、置石、园路定点放线、主要苗木种植或迁移等，设计人员须参与关键步骤。

4. 参与竣工验收

竣工验收是各建设单位、施工单位的项目验收委员会以项目批准的可行性研究报告、设计文件（如施工图）以及国家或地方相关部门、行业发布的施工验收规范和质量检验标准为依据，按照一定的程序和手续，在项目建成后，对工程项目的总体进行检验和认证的活动。竣工验收阶段是全面考核园林建设成果、检验设计和工程质量的重要步骤，也是园林建设转入开放及使用的标志。由验收单位组织相应的人员进行审查、验收、做出评价，对不合格的工程则不予验收，对工程的遗留问题提出具体意见，限期整改完成。设计人员参与竣工验收，核对工程是否按规范、按图施工，工程质量是否符合安全要求，艺术性是否符合设计要求。竣工验收须由建设单位、监理单位、设计单位以及质检单位签字盖章方可通过。工程项目经竣工验收合格后，便可办理工程交接手续，即将工程项目的所有权移交给建设单位。

4.5 运营维护

项目竣工验收后，移交给经营管理部门经营使用管理，这一阶段被称为运营维护阶段。设计师应在规划之初就充分考虑项目的运营和维护方面的问题。建设项目要具有耐久性，易于管理，并且管理运营成本要低。尽量避免耐用性差、高能耗的设计，并保证景观的持续性。

工程项目竣工并使用一段时间后，需对园林工程项目进行总结评价，这是对立项决策、设计、施工、竣工使用等全过程进行系统评价的一种技术经济活动，是固定资产投资管理的一项重要内容，也是固定资产管理的最后一个环节。通过建设项目的后评价，达到肯定成绩、总结经验、研究问题、吸取教训、提出建议、改进工作、不断提高项目决策水平和优化投资效果的目的。

目前我国开展建设项目的竣工后总结评价，一般要按三个层次组织实施，即项目单位的自我评价、行业评价、主要投资方或各级主管部门的评价。

4.6 EPC项目管理模式

近年来，我国在工程建设和管理方面一直不断尝试，“设计—采购—施工”（Engineering-Procurement-Construction，EPC）项目管理模式得到广泛应用。与传统的分阶段项目管理模式相比，其一体化的管理模式具有显著的特点。

EPC模式即总承包商按照合同约定，负责工程设计、材料采购、施工、试运行（养护）全过程服务，并对工程的质量、进度、安全和造价全面负责的项目管理模式。EPC总承包商负责整个项目设计、采购、施工的实施过程，并可将设计、采购、施工分别分包。总承包商向业主负责，分包商直接向总承包商负责。对业主而言，EPC模式较传统管理模式更单一。EPC模式为总价固定合同，工程实施过程中业主几乎不用再支付索赔及追加项目费用，也不再全程管理设计、采购和施工各个阶段。业主减少了项目管理中对各专业分包的协调工作，业主只需对总承包商进行管理，总承包商对各专业分包进行管理，工作指令清晰，避免不必要的推诿和扯皮。EPC模式对总承包商的综合实力要求更高，总承包商作为项目设计与施工、工期、质量、成本的总控，在项目实施过程中处于核心地位，必须具有很强的综合实力。

EPC模式更多侧重于“设计—采购—施工”一体化的总承包模式，设计与施工协同，通过早期介入、深度衔接，保证项目质量，缩短工程周期，控制投资，提高项目建设效率。

4.7 园林工程项目建设程序总结

园林工程项目建设程序与城市建设项目程序基本相同，建设项目从设想、策划、选择、评估、决策，进入设计、施工，再到竣工验收、投入使用，发挥社会效益与经济效益，整个过程中的各项工作必须遵循一定的先后次序，符合国家建设法律法规及当地建设主管部门要求的程序。建设程序大致总结如下：

(1) 根据地区发展的需要,提出项目建议书。

(2) 在踏勘、现场调研的基础上,提出可行性研究报告。

(3) 有关部门(如建委、发改委等)进行项目立项。

(4) 根据可行性研究报告编制设计文件,进行方案设计。

(5) 方案确定后,进行初步设计,并编制项目投资概算。

(6) 初步设计批准后可进行施工图设计,并编制项目投资预算。

(7) 施工图经审查通过后,做好施工前的准备工作。

(8) 组织施工,竣工后经验收可交付使用。

(9) 经过一段时间的运行,进行项目使用后评价。

本章小结

本章主要介绍工程项目的定义及园林工程项目建设程序的全过程。园林工程项目建设程序包括前期策划、规划设计、建设准备、工程施工和运营维护5个阶段,本章着重介绍了园林规划设计程序,对规划设计的前期调研和勘察阶段、方案设计阶段、初步设计阶段、施工图设计阶段均进行了详细介绍。

5

设计表达

导 读

园林设计师所进行的园林设计，均需通过设计语言来表达，对园林设计师来讲，设计语言表达尤为重要。对具体项目而言，设计表达的效果直接影响设计和建设的质量高低以及成功与否。根据园林设计中设计阶段及设计深度要求的不同，设计师可灵活选用各种表达方式，例如，在方案设计阶段可选择使用手绘表达，或使用 SketchUp、3D Max 及 Rhino 等建模软件，结合 Lumion 渲染及 Photoshop 成图；在初步设计、扩大初步设计及施工图设计阶段多选用 AutoCAD 表达。各个阶段的汇报或成果展示一般采用幻灯片、文本、展板和模型等。本章将对各设计阶段常用的表达方式及内容进行分别论述。

5.1 方案设计阶段的设计表达

方案设计是园林规划设计的最初阶段，是在分析和研究项目各种背景资料以及对项目进行综合分析后得出项目初步设想和构思的过程。对于某些重要或较为复杂的项目，在进行完整的方案设计前应先进行概念设计。概念设计就是设计师在对项目进行周密的调查与策划的基础上，根据客户的具体要求及目的意图，对项目做出的总体性、概括性的规划设计。概念设计一经审查通过，将成为下一步方案设计的依据和指导性文件。

概念设计及方案设计通常通过手绘草图，或使用 SketchUp、3D Max 及 Rhino 等建模软件，结合 Lumion 渲染及 Photoshop 成图来表达，通过文本及幻灯片展示，用文字及意向性的图片加以说明。这种做法对前期的方案设计来讲，工作量相对较小，更有利于设计师集中精力对项目本身进行方向性的研究。

5.1.1 利用手绘草图表达方案设计

手绘草图能快速反映设计师的设计构思，方便其与客户进行沟通，也能反映出设计师的专业功底和设计表达能力。在概念设计的过程中，这种手绘草图的表达尤为重要。手绘草图有多种表现形式，可用普通铅笔、钢笔、针管笔、美工笔等勾勒成形，也可结合彩色铅笔、水彩、马克笔和计算机后期处理等形式增强表现力。手绘草图在图面及内容表达上也有多种风格，可以速写，也可以细致描绘，实际运用时根据设计需要及设计师的个人风格而定。手绘草图可以表达较小尺度的细部设计，直接展示出空间处理及材质变化，必要时也可以结合电脑软件技术或其他辅助手段来表达。图 5.1 所示为用手绘草图表现的建筑环境景观设计方案。

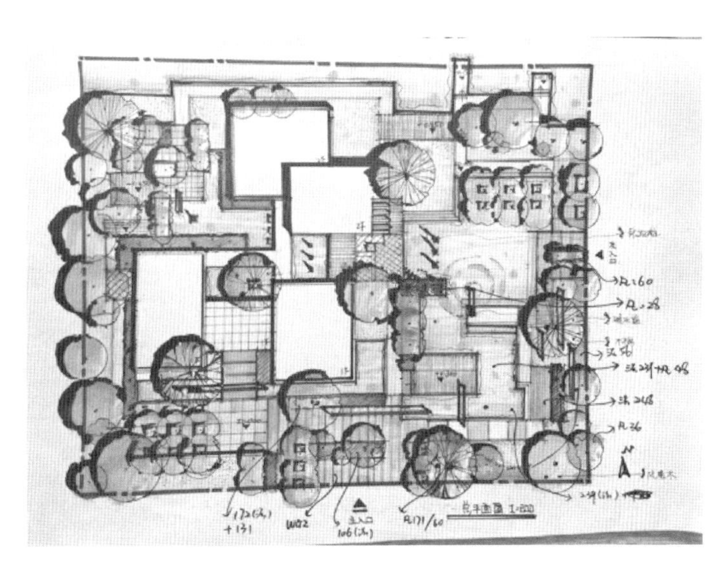

图 5.1 利用手绘草图表现的景观设计方案

5.1.2 利用计算机效果图表达方案设计

用效果图表达设计方案，通常需要在 AutoCAD 图的基础上使用 SketchUp、3D Max 或 Rhino 等建模软件，再结合 Lumion 软件渲染，最后利用 Photoshop 辅助成图。效果图的精细程度视需要而定，可以用上述的某一款软件表达，也可以多款结合，完美表达。SketchUp、Rhino 等建模平台还可结合 Enscape 渲染器，操作简便且快速出图，深受广大设计师的喜爱。下面介绍几款常见的效果图绘制软件。

1. SketchUp

SketchUp 又名“草图大师”，是可用于创建、共享和展示 3D 模型的软件，主要是平面建模，通过一个简单而详尽的颜色、线条和文本提示指导系统，不必键入坐标就能跟踪位置和完成相关建模操作。它不仅能让设计师直接在电脑上进行直观的构思，充分表达设计师的思想，而且还能满足其与客户即时交流的需要。通过对该软件的熟练运用，设计师可以借助其简便的操作和丰富的功能完成城市、建筑、室内和环境等多项设计。此外，SketchUp 还可与 AutoCAD、3D Max 等多种绘图软件衔接，实现协同工作。图 5.2 为利用 SketchUp 表现的广州南沙横沥岛城中央黄金水岸设计方案。

图 5.2 利用 SketchUp 表达的景观设计方案

2. 3D Max

3D Max也被称为3ds Max或MAX,是集造型、渲染和制作动画于一身的三维动画渲染和制作软件。所谓三维动画,就是利用计算机进行动画的设计与创作,产生真实的立体场景与动画,可以制作出3D模型。该软件可以用于场景设置、建筑材质设计、场景动画设置、运动路径设置、动画长度计算、创建摄像机并调节动画,还可模拟自然界,做到真实、自然。图5.3所示为利用3D Max表达的广州南沙横沥岛城中央黄金水岸设计方案。

图5.3 利用3D Max表达的景观设计方案

3. Rhino

Rhino也被称为犀牛软件,是一个广受设计师喜爱的高级建模软件。它对设备运行环境要求不高,可谓"麻雀虽小,五脏俱全",尤其是在引入Flamingo及BMRT等渲染器后,其图像品质已非常接近高端渲染器的渲染结果。Rhino还可用于工业设计,为各种卡通设计、场景制作及广告片头打造出优良的模型。Rhino是具有特殊实用价值的建模软件,配合某些参数化建模插件,可以快速做出带有各种优美曲面的建筑造型,其简单的操作方法、可视化的操作界面深受广大设计师的欢迎。图5.4所示为利用Rhino表达的广州南沙横沥岛城中央黄金水岸设计方案。

图 5.4 利用 Rhino 表达的景观设计方案

4. Lumion

Lumion 是一个实时的 3D 可视化工具软件，被用来制作电影和静帧作品，涉及领域包括建筑、规划等，其最大优点在于可视化，这方便人们直接预览并且节省时间和精力。Lumion 本身有一个庞大而丰富的内容库，包含各种人物、动物、建筑、汽车、街景饰物、植物场景等，还有多种人物动画、动物、植物、环境、灯光插件。Lumion 主要用于模型渲染，可用于给模型贴材质，表达质感；也可营造合适的灯光环境，并调节色温、色相、季节、天空环境等。图 5.5 为利用 Lumion 表达的广州南沙横沥岛城中央黄金水岸设计方案。

图 5.5 利用 Lumion 表达的景观设计方案

5. Photoshop

Photoshop 简称“PS”，属于图像处理软件。Photoshop 专长于图像处理，应用领域广泛，主要处理以像素所构成的数字图像，设计师通过使用众多的编修与绘图工具，更有效地进行图片编辑工作。在园林设计的方案阶段，可用 Photoshop 完成平面彩图的制作和表达。图 5.6 为用 Photoshop 表达的山东青州金科集美嘉悦展示区环境设计方案。此外，Photoshop 也可用于修饰或辅助其他表现手段，完成方案设计与展示。

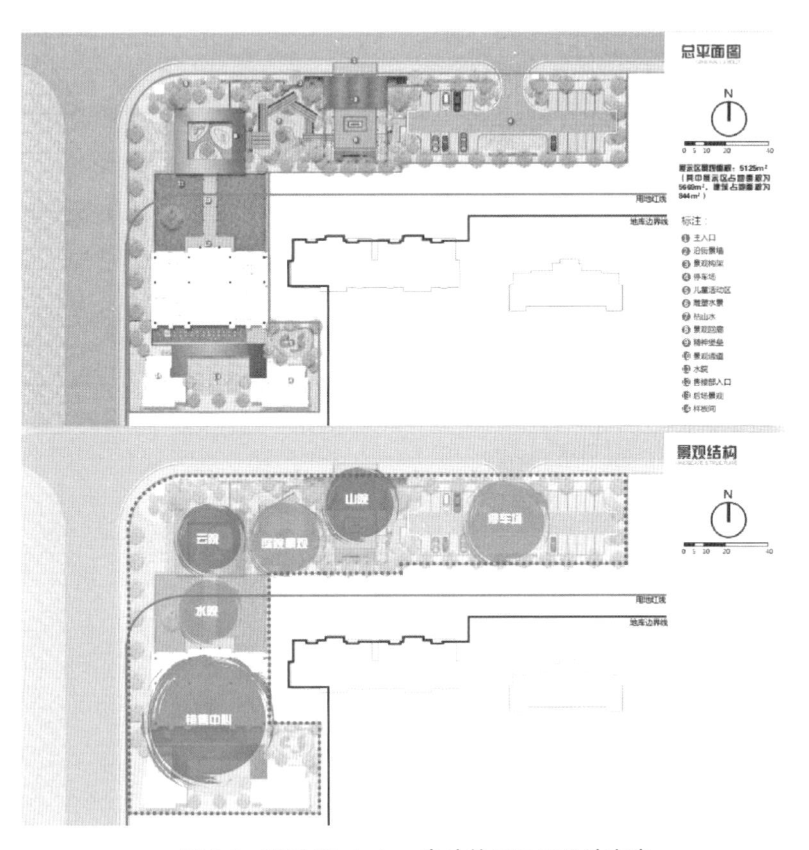

图 5.6 利用 Photoshop 表达的展示区设计方案

5.2 初步设计和扩大初步设计阶段的设计表达

一般来说，初步设计和扩大初步设计阶段，是介于方案设计及施工图设计之间的设计阶段。对于园林项目，初步设计必须以方案设计为依据，在方案设计的基础上，对设计方案进行合理的深化和调整，进一步完善总体规划布局，综合考虑各专业相互配合可能产生的问题，进行各建筑单体、园林小品、园林植物等的外形及空间设计等内容。扩大初步设计是以初步设计为依据，在初步设计基础上进行的深化设计，但设计深度尚未达到施工图的要求。小型园林工程可不必经过这个阶段而直接进入施工图设计。与初步设计相比，扩大初步设计中技术设计的含量更高，主要通过计算机辅助设计来表达。

计算机辅助设计指利用计算机及其图形设备帮助设计人员进行设计工作。设计人员通常从草图开始设计，通过计算机将草图变为工作图，由计算机自动产生的设计结果，可以使设计人员及时做出判断和修改，设计人员利用计算机可以进行图形的编辑、放大、缩小、平移和旋转等图形数据加工工作。此阶段常用表达手段为AutoCAD，该软件还允许用户定制菜单和工具栏，用户可根据需要进行二次开发，实现比原系统本身更完善的功能。图 5.7 为利用 AutoCAD 表达的扩大初步设计方案。

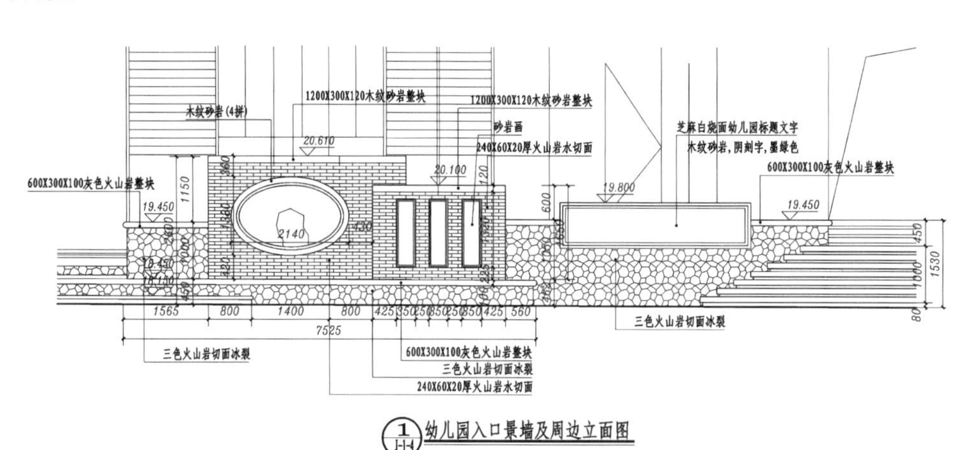

图 5.7　利用 AutoCAD 表达的扩大初步设计方案

5.3 施工图设计阶段的设计表达

园林施工图设计阶段主要是为园林施工做准备，为园林工程施工所包含的各部分内容提供准确的定位、使用的材料及各个细部的构造方法等。园林施工图一般分为总体部分的施工图和各分区施工图两大部分，内容包括园林工程所涉各专业的施工图，具体包括各专业的设计说明、总平面图、放线图、竖向设计图、绿化布置图、管线布置图等，以及道路、广场、园林建筑、水池、假山、绿化及其他园林小品施工图。园林施工图主要通过计算机辅助设计来完成。图 5.8 为用 AutoCAD 表达的园林建筑施工图。

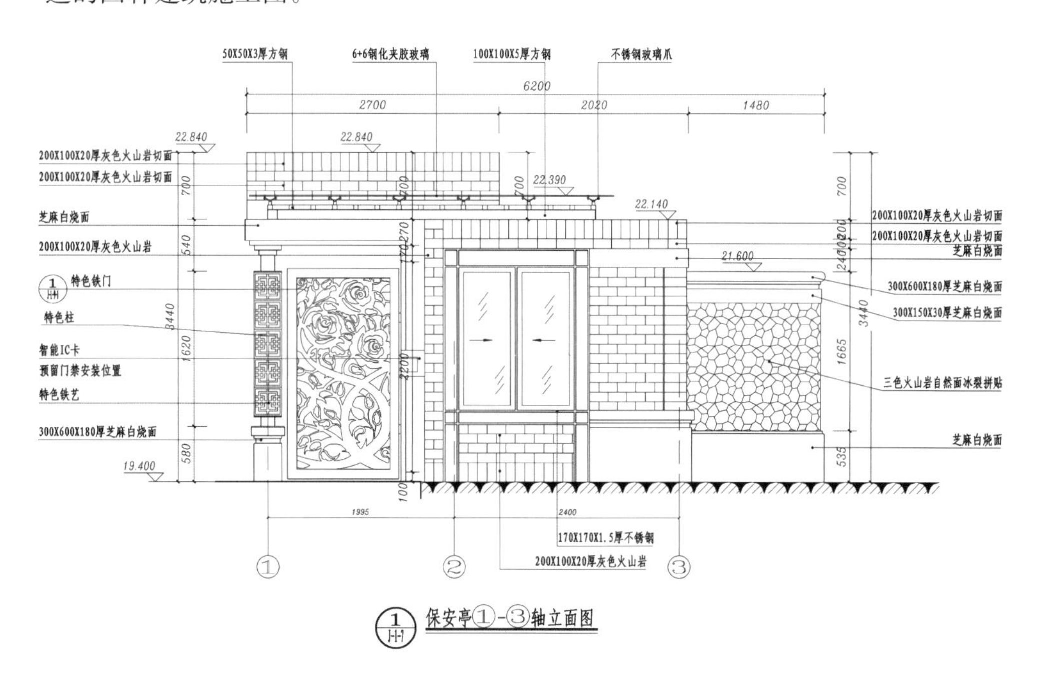

图 5.8 利用 AutoCAD 表达的园林建筑施工图

5.4 设计展示

在园林项目的规划设计中，不论是方案设计、初步设计、扩大初步设计，还是施工图设计，设计师通常都需要与业主进行交流与沟通，有时也要通过一定的方式向领导或公众汇报展示设计成果。随着网络技术的普及以及政务公开的要求，重大项目或关系国计民生的项目也需要在不同阶段将设计方案向公众进行公示或公布，展示设计成果并征求公众意见。园林设计师的设计成果可以通过多种方式展示出来，常见的展示方式有幻灯片演示、文本展示、图板展示、模型及实物展示等。

5.4.1 幻灯片演示

幻灯片演示常采用 PPT 文件。PPT 全称为 PowerPoint，主要用于制作幻灯片。PowerPoint 是一种演示文稿图形程序，功能强大，利用该软件制作的文稿可以通过不同方式播放，也可将演示文稿打印成幻灯片文稿，方便查看和创建高品质的演示文稿。图 5.9 是用 PPT 演示文稿来展示设计。

图 5.9　利用 PPT 演示文稿展示设计

5.4.2　文本展示

文本展示，即将各种设计文件按一定顺序装订成册，方便展示及查阅。文本中可包含 Word 文件、Excel 文件、PPT 文件、JPG 文件、PDF 文件、DWG 文件，以及手绘草图（或扫描件）、模型照片等文件。

设计文本常用 A3 或 A4 规格图纸。部分需要较大尺幅才能表达清楚的图面内容，可以选用加长版面或更大版面规格纸质折叠装订。文本装订时可根据内容多少、重要程度及打印成本等因素选用不同外观或风格的装订形式。

5.4.3　图板展示

图板展示常用于设计成果评审或展览，因此需要较大版面，设计评审常用 A2、A1 或 A0 版面；如用于成果展览，展板材料通常采用 KT 板。KT 板是一种发泡板芯经过表面覆膜压合而成，不易变形、轻巧方便，其规格有 0.9 m×2.4 m 和 1.2 m×2.4 m 等。图 5.10 是用 A0 图幅展示的 2021 年广州园林博览会小园圃竞赛方案。

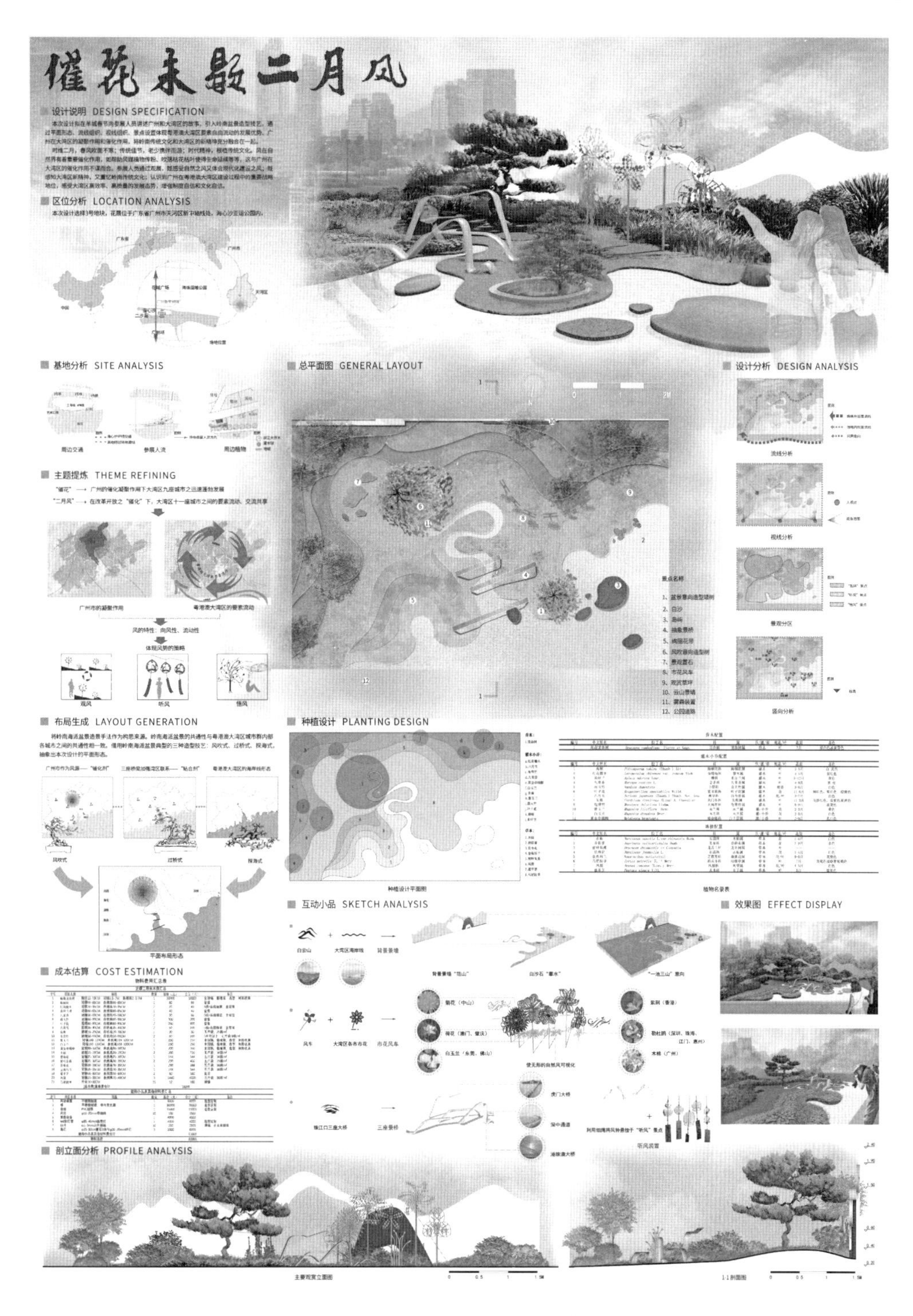

图 5.10 利用 A0 图幅展示竞赛方案

5.4.4 模型展示

模型是在设计中用以表现建筑物或建筑群的整体面貌和空间关系的一种手段，是使用易于加工的材料依照设计图样或设计构想，按一定比例制成的实体样品，形象地表现出设计方案的空间效果。园林项目的模型是一种三维的立体模式，有助于设计创作的推敲，可以更直观地体现设计意图，弥补图纸在表现形式上的局限性。它既是设计师自我推敲和完善设计的过程，也是设计的一种表现形式。不同的设计阶段有不同的模型制作方式及成果。

在园林项目方案设计阶段，设计师可以通过工作模型来表达设计构思。工作模型主要用于推敲和完善设计方案，表达方案设计的总体构思及空间结构，在制作上较为简略，以大体块为主，便于拆卸和完善，通常选用油泥、硬纸板、泡沫塑料等易于加工和表现的材料。模型的设计重点可以采用专业模型材料表达。图 5.11 和图 5.12 为广东环境保护工程职业学院大门设计方案的工作模型及细部表达。

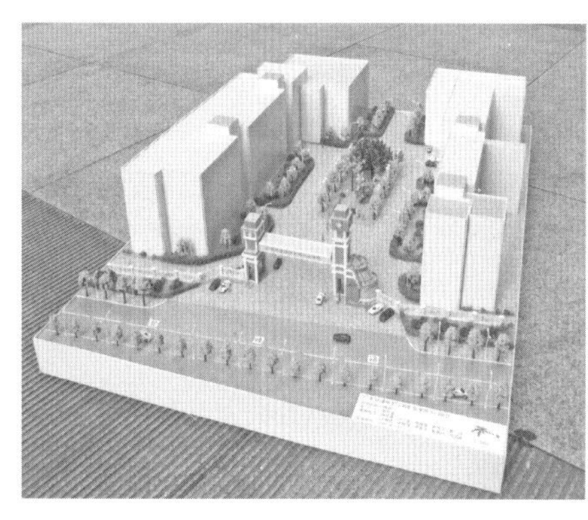

图 5.11 大门及环境设计工作模型

图 5.12 大门及环境设计细部展示

对于有展示要求的园林项目，可以制作较为精致的模型。这种模型通常按适当比例制作，可以直观地体现方案设计意图，展示出园林空间的变化、园林环境中各种材料的质地和色彩，以及整体园林植物景观，弥补设计图纸和其他设计文件在表现形式上的局限性。

模型材料丰富多彩，一般用木板、胶合板、塑料板、有机玻璃或金属薄板等材料作为骨架，配合一些能反映材料质感、充分表达或展示设计意图的特殊材料，再结合灯光、音响等辅助设施，增强感染力。以模型配合建筑、环境实物及样板房的展示是目前房地产销售中相当普遍的做法，展示效果更为真实直观，能够在展示开发商和设计师实力的同时，增强消费者的信心。图 5.13 为一座城市公园的展示模型。

图 5.13　城市公园展示模型

以上所提及的幻灯片演示、文本展示、图板展示、模型展示等做法，可用于园林项目从方案设计、初步设计、扩大初步设计到施工图设计的全过程。在实际运用中可以根据项目要求选用一种或几种方式来展示设计成果。设计展示的方式及手段是否恰当，会直接影响客户、领导或专家们对设计成果的了解及认可程度。在设计展示过程中，除了考验设计师的设计能力外，其表达能力及与客户、领导或公众的沟通能力也得到考验。因此，作为园林设计师，要顺利完成设计任务，除了要不断学习、提高自己的专业水平外，重视社交能力、口头表达能力及其他相关能力的培养也十分必要。

5.5 设计软件工具拓展

随着高科技产业的不断发展，可用于园林规划设计的软件也层出不穷。除上述在不同设计阶段可以运用的软件工具之外，地理信息系统及建筑信息模型系统也在园林规划设计中具有广泛应用前景。

5.5.1 GIS

地理信息系统(Geographic Information System 或 Geo-Information System, GIS),是一种特定的、十分重要的空间信息系统,在计算机硬、软件系统支持下,对整个或部分地球表层(包括大气层)空间中的有关地理分布数据进行采集、储存、管理、运算、分析、显示和描述。

GIS 结合地理学、地图学以及遥感和计算机科学,已经被广泛地应用在不同的领域,是用于输入、存储、查询、分析和显示地理数据的计算机系统。GIS 是一种基于计算机的工具,它可以对空间信息进行分析和处理,对地球上存在的现象和发生的事件进行成图和分析。GIS 技术把地图这种独特的视觉化效果和地理分析功能与一般的数据库操作集成在一起,能够应用于科学调查、资源管理、财产管理、发展规划、绘图和路线规划等领域。例如,利用 GIS 来发现需要保护不受污染的湿地,对一定范围内的地形、植被、气温等具体指标进行数据处理等。图 5.14 为 GIS 在林业中用于反映植被综合覆盖度的情况,图 5.15 为广州大学城中心湖监督分类图像。

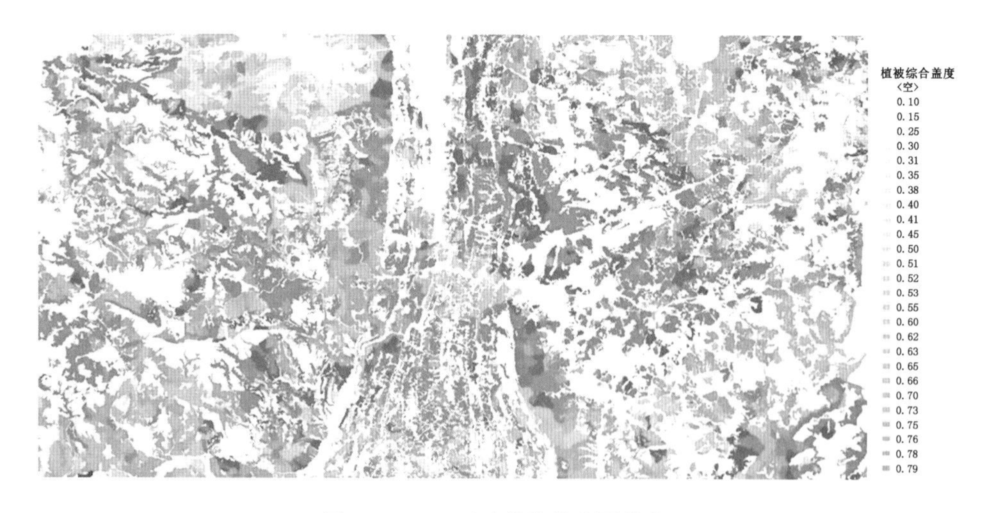

图 5.14　GIS 反映植被综合覆盖度

目前,GIS 在园林规划设计中多用于项目前期策划及前期分析调研阶段,提供项目立项及规划设计的依据,希望在今后的园林项目中 GIS 可用于规划设计全过程,为项目的全过程运行提供更精准的数据管理及科学指引。

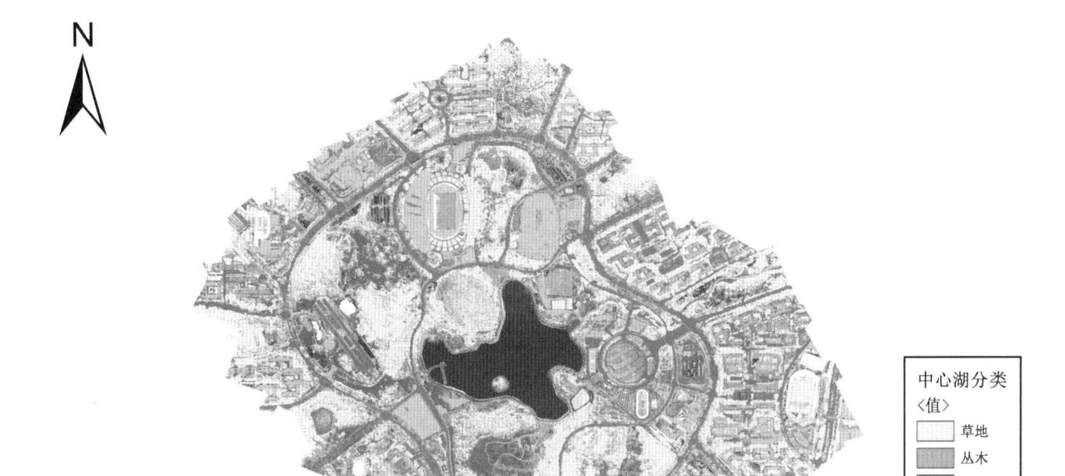

图 5.15 广州大学城中心湖监督分类图像

5.5.2 BIM

建筑信息模型(Building Information Modeling, BIM)是以建筑工程项目的各项相关信息数据作为基础,建立起三维的建筑模型,通过数字信息仿真模拟建筑物所具有的真实信息,具有信息完备性、关联性、一致性、可视化、协调性、模拟性、优化性和可出图性八大特点。

BIM 技术是一种应用于工程设计建造管理的数据化工具,通过参数模型整合各种项目的相关信息,在项目策划、运行和维护的全生命周期过程中进行信息共享和传递,使工程技术人员对各种信息做出正确理解和高效应对,为设计团队以及包括项目运营单位在内的各方建设主体提供协同工作的基础,在提高生产效率、节约成本和缩短工期等方面发挥了重要作用。图 5.16 为 BIM 在园林绿化中的应用。

目前,BIM 在建筑工程中的应用正在推广普及,在园林规划设计中的应用还不普遍,希望在不久的将来,BIM 会更多应用于园林项目中,为设计人员及项目运营单位带来更大的实际效益。

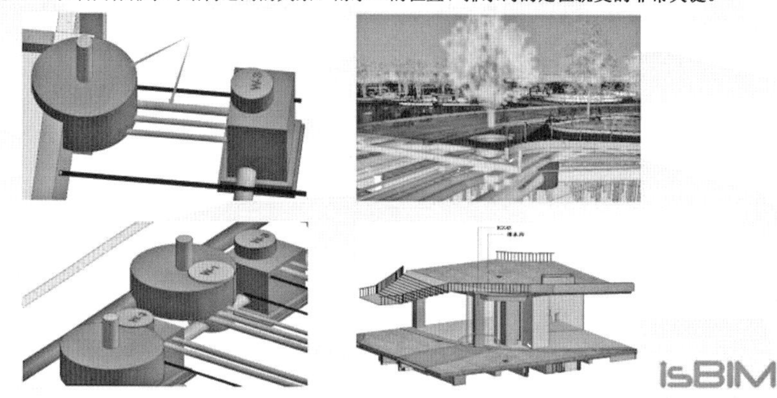

图 5.16 BIM 在园林绿化中的应用

本章小结

本章主要讲述园林设计中方案设计、初步设计、扩大初步设计及施工图设计等不同设计阶段的设计表达方式，设计师可根据设计需要灵活选用手绘、AutoCAD、Photoshop、SketchUp、3D Max、PPT、模型等多种方式进行设计表达与展示，以达到最佳的设计和展示效果。本章的重点是如何根据不同设计阶段选用不同的设计表达及展示手段。

第 2 篇

城市公共园林空间规划设计应用实践

6

城市广场

导读

近年来，随着城市经济和城市建设的高速发展，城市规模在不断扩大，城市人口急速膨胀，从而导致了城市越来越缺乏向心力和人情味。城市广场作为都市更新的一种重要手段，对提高城市活力和改善空间环境都有裨益，受到政府的重视和民众的欢迎。城市广场是城市的“起居室”，是城市居民集会、交流、休闲的公共场所，是城市空间的节点，也是展现城市文化的窗口，对民众地域认同感和城市的可识别性具有重要意义。随着一股国际城市广场建设热潮，国内城市广场建设出现了不少问题，值得我们去反思。有专家指出，当前我国城市广场建设存在三个典型问题：一是滥建问题，二是尺度问题，三是文化特征问题。因此，本章将就城市广场的类型、特点、设计原则、设计要点及设计方法加以详细介绍，以求正确认识和发挥城市广场的作用。

6.1 城市广场的概念及功能

6.1.1 城市广场的概念

“广场”一词源于古希腊，最初用于集会和市场，是人们进行户外活动和社交的场所，其特点、位置是松散和不固定的。从古罗马时代开始，广场的使用功能逐步由集会、市场扩大到宗教、礼仪、纪念和娱乐等，广场也开始固定作为某些公共建筑前附属的外部场地。中世纪意大利的广场功能和空间形态进一步拓展，城市广场已成为城市的"心脏"，在高度密集的城市中心区创造出具有视觉、空间和尺度连续性的公共空间，形成与城市整体互为依存的城市公共中心广场雏形。巴洛克时期，城市广场空间最大限度上与城市道路连成一体，广场不再单独附属于某一建筑物，而成为整个道路网和城市动态空间序列的一部分。

由于历史和文化背景的不同，相对于西方集会、论坛式的广场，我国古代城市比较发达的是兼有交易、交往和交流活动的场所。《周礼·考工记》记载："匠人营国，方九里，旁三门，国中九经九纬，经涂九轨，左祖右社，前朝后市，市朝一夫。"这对市场在城市中的位置和规模都作了规定，而且这种城市规划思想一直影响着我国古代城市建设。东晋时的建康（南京）城外就出现了"草市"。唐长安实行严格的里坊制，设有东市、西市，"草市"更盛。宋代城市商贸发达，打破了唐代里坊制，还突破了城郭的限制，集中设有各种杂技、游艺、茶楼、酒馆。元、明、清则沿袭了前朝后市的格局，街道空间常常是城市生活的中心，"逛街"成为老百姓最为流行的休闲方式（图 6.1）。

图 6.1 《清明上河图》街市局部

（图片来源：《清明上河图》，北宋张择端）

城市广场作为开放空间，可进一步贴近人的生活。现代城市广场不仅仅是市政广场，商业广场也成为城市的主要广场类型。此外，较大的建筑庭院、建筑之间的开阔地等也具备了广场的性质。今天，提及"城市广场"，人们想到的往往是大型的城市公共中心广场。目前全国城市广场建设的重点也主要集中在这类广场，因为它们对于改善城市环境，提高生活质量起着立竿见影的效果。

可见，城市广场是城市中供公众活动的场所。城市广场具备开放空间的多种功能和意义，具有一定的规模、特征和要素。城市广场的重要特征就是它是一种在城市中设置的供市民进行公共活动的开放空间。构成城市广场的基本要素就是围绕一定主题配置的设施、建筑或道路的空间围合以及公共活动场地。因为城市广场兼有集会、贸易、运动、交通、停车等功能，故在城市总体规划中，对广场布局应做系统安排，而广场的数量、面积大小、分布则取决于城市的性质、规模和广场的功能定位。

《城市规划原理》一书对广场的释义是："广场是由于城市功能上的要求而设置的，是供人们活动的空间。城市广场通常是城市居民社会活动的中心，广场上可组织集会、供交通集散、组织居民游览休闲、组织商业贸易的交流等。"克莱尔·库珀·马库斯和卡罗琳·弗朗西斯所编著的《人性场所——城市开放空间设计导则》认为："广场是一个主要为硬质铺装的、汽车不得进入的户外公共空间，其主要功能是漫步、闲坐、用餐或观察周围世界。它与人行道不同，是一处具有自我领域的空间，而不是一个用于路过的空间。广场中可能会有树木、花草和地被植物的存在，但占主导地位的是硬质地面。"

6.1.2　城市广场的功能

1. 城市广场是城市的"起居室"

威尼斯的圣马可广场（图 6.2）常常被亲切地称为"欧洲的客厅"，这充分说明了城市广场在城市中所起的"起居室"作用。城市广场是最为典型的一种城市公共空间，为市民公共生活和社交活动提供场所，还为许多特殊的活动（如节日庆典、集会、婚庆等）提供空间。城市广场的公共性、开放性、自由性满足了人们进行各种公共活动和社会交往的需求，成为城市的"起居室"。

图 6.2　威尼斯圣马可广场

2. 城市广场是城市构图的手段

城市广场自古就是城市的中心，在城市的构图上位于极其重要的位置，是城市构图的重要组成部分。古典主义城市设计就是以城市标志物为中心来建设广场，与城市道路相结合，形成向四周发散的格局，同时也象征着权力的集中。在中世纪建筑高度密集的城市中，城市广场因其空旷、自由，成为城市中“虚”的部分，与周边“实”的建筑形成强烈对比。

现代城市不断扩大，城市空间系统也越来越庞大和复杂，一座城市不再以一个广场为中心，而是分成许多区域，但城市广场依然会成为这些区域的重要节点，大大小小的不同节点通过轴线关联，与道路一起形成城市的骨骼。因此，城市广场是城市构图的重要手段之一。

3. 城市广场是城市形象的体现

城市广场一般位于城市的政治中心、文化中心、商业中心地带，是城市社会发展、经济发展、文明发展的重要载体。世界各国的著名旅游城市基本都以广场为中心，游客到达该城市的第一站通常也是这个城市的广场，众多广场的周边不但拥有许多历史悠久的美丽建筑、令人心仪的绿茵和水景、神奇的雕塑和许多精彩的故事，还有许多大型商场和文化宗教建筑，如博物馆、电影院、教堂等。著名的美国建筑师伊利尔·沙里宁曾经说：“让我看看你的城市，我就能说出这个城市在文化上追求的是什么。”城市广场就是城市的重要窗口，城市广场能够体现城市的历史、文化、特色和人民的追求。

6.2 城市广场的类型及特点

6.2.1 城市广场的类型

广场依据不同的分类方式可分为多种类型。根据性质和主要功能的不同，城市广场可分为集会广场、纪念广场、商业广场、交通广场和休闲广场等；从平面组合形态来看，城市广场可以分为规则几何形广场、不规则形广场和复合型广场；从空间形态来看，城市广场又可以分为平面型广场、上升式广场和下沉式广场。

1. 按性质和功能分类

1）集会广场

集会广场是指用于政治、文化、宗教集会、庆典、游行、检阅、礼仪以及民间传统节日等活动的广场，主要有市政广场和宗教广场两种类型。

市政广场多修建在市政府或城市政治中心所在地，为城市的核心，有着强烈的城市标志作用，是市民参与市政和城市管理的象征。通常这类广场还兼有游览、休闲、展示城市形象等多种功能。市政广场还能提高政府威望，增强市民的凝聚力和自豪感。因此，市政广场对周围建筑与广场环境有着宏伟壮观的要求。这类广场通常尺度较大，周围的建筑往往是对称布局，轴线明显，主体建筑是广场空间序列的对景。在规划设计时，应根据群众集会、游行检阅、节日活动的规模和其他要求设置用地需要，同时合理地组织广场内部和与之相连道路的交通路线，保证人流和车流安全、迅速地汇集或疏散。我国最著名的集会广场是天安门广场（图 6.3），其占地 44 万 m^2，从开国大典、国庆阅兵到众多的节日庆典，天安门广场从多方面承载了我国的民族文化，具有重要的影响。

宗教广场多修建在教堂、寺庙前方，主要为举行宗教庆典仪式服务。这是早期广场的主要类型，在广场上一般设有尖塔、台阶、敞廊等构筑设施，以便进行宗教礼仪活动。历史上的宗教广场有时与商业广场结合在一起，而现代的宗教广场已逐渐起到市政或娱乐休闲广场的作用，多出现在宗教发达国家的城市，如梵蒂冈的圣彼得广场（图 6.4）、罗马卡比多广场等。

图 6.3　天安门广场

图 6.4　梵蒂冈圣彼得广场

2）纪念广场

纪念广场是为了缅怀历史事件和历史人物而修建的一种主要用于纪念性活动的广场。纪念广场应突出某一纪念性主题，创造与主题相一致的环境气氛。它的构成要素主要是碑刻、雕塑、纪念建筑等，主体标志物通常位于构图中心，前庭或四周多有园林，供群众瞻仰、纪念或进行传统教育，如南昌八一广场、广州海珠广场

(图 6.5)、南京大屠杀纪念广场等。这类广场的主要特点是主体建筑物突出,比例协调,庄严肃穆,感染力强。

3) 商业广场

商业既需要有舒适、便捷的购物条件,也需要有充满生机的街道活动,广场空间能为这种活动提供更为合理的场所。商业广场通常设置于商场、餐饮、旅馆及文化娱乐设施集中的城市商业繁华地区,集购物、休息、娱乐、观赏、饮食、社会交往于一体,是最能体现城市生活特色的广场之一。在现代大型城市商业区中,通过商业广场组织空间,吸引人流,已成为一种发展趋势。商业广场多结合商业街布局,建筑内外空间相互渗透,娱乐与服务设施齐全,在座椅、雕塑、绿化、喷泉、铺装、灯具等建筑小品的尺度和内容上,更注重商业化、生活化的考虑,富有人情味,如上海周浦万达商业广场等。又如,重庆解放碑广场已经从最初的纪念广场演变为繁华的商业广场。

图 6.5　广州海珠广场

4) 交通广场

交通广场是指几条道路交会围合成的广场或建筑物前主要用于交通目的的广场,是交通的连接枢纽,起到交通、集散、联系、过渡及停车功能,可分为道路交通广场和交通集散广场两类。

道路交通广场是道路交叉口的扩展,用以疏导多条道路交会所产生的不同流向的车流与人流交通,例如大型的环形岛、立体交叉广场和桥头广场等。道路交通广场常被精心绿化,或设有标志性建筑、雕塑、喷泉等,形成道路的对景,以美化、丰富城市景观。从安全角度考虑,道路交通广场一般不作为公共活动空间,如广州海珠广场同时也作为道路交通广场。交通集散广场是指火车站、机场、码头、长途客运站、地铁等交通枢纽站的前广场,或剧场、体育馆、展览馆等大型公共建筑物的前广场,主要作用是解决人流、车流的交通集散问题,实现广场上车辆与行人互不干扰,通行无阻,如重庆北站广场(图 6.6)和柏林中央火车站前广场等。

图 6.6 重庆北站广场

图 6.7 广东东莞文化广场

5）休闲广场

休闲广场是城市中供人们休憩、游玩、演出及举行各种娱乐活动的重要行为场所，也是最使人轻松愉悦的一种广场形式。它们不仅满足人们健身、游戏、交往、娱乐的需求，还兼有表现一座城市文化传统和风貌特色的功能。休闲广场的规模可大可小，形式多样，布局灵活，在城市内分布也最为广泛，既可以位于城市的中心区（图 6.7），也可以位于居住小区内，还可以位于一般的街道旁。

2. 按平面组合形态分类

1）规则几何形广场

规则几何形广场包括方形广场、梯形广场、圆形广场、多边形广场等。规则几何形广场通过人的意志把空间改造成一个严谨的几何造型，给人以整齐、庄严、理性的感觉。规则几何形广场强调构成形式感，讲究对称，有明显的纵、横轴线，或以某一个点为中心向四周发散，形成放射状。规则几何形广场以市政广场最为典型，如北京天安门广场、巴黎协和广场、意大利锡耶纳市政厅广场等。

2）不规则形广场

不规则形广场通常是为了适应场地的特征，在尊重场地原有地形的基础上，利用原有地形进行有机的设计，给人以随和、自由、变化的感觉，这样的设计不仅突出了原有地形和空间特征，同时也起到生态环保的作用。有些不规则形广场是在历史发展之中不断拓展、自然演变而成的，例如，被称为“欧洲客厅”的威尼斯圣马可广场（图 6.8）具有灵活、舒适、亲切、充满人情味的特点。

3）复合型广场

复合型广场由数个单一的广场空间形态组合而成，并且按照一定的构成手法（如对比、过渡、重复、衔接、引导等），把几个空间形态组合成一个有机的整体。与

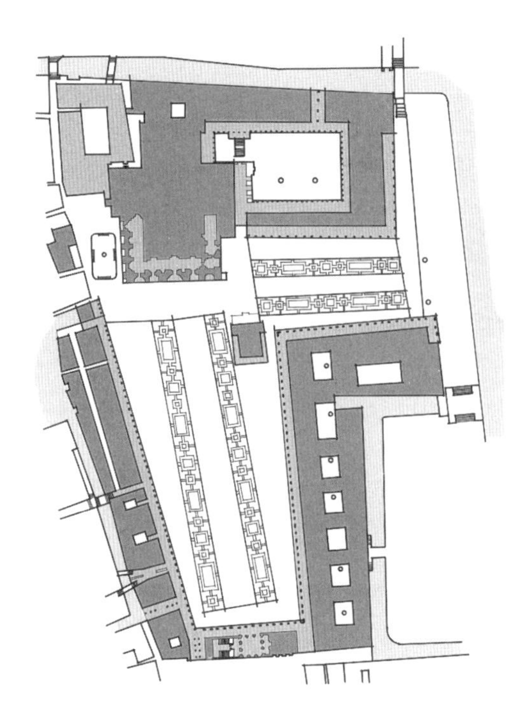

图 6.8　威尼斯圣马可广场平面图

单一型广场相比，复合型广场一般面积较大，能满足更为丰富多样的功能要求，如济南泉城广场、长春文化广场、大连星海广场（图 6.9、图6.10）等。

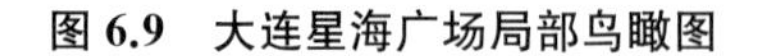

图 6.9　大连星海广场局部鸟瞰图

图 6.10　大连星海广场临海广场

3. 按空间形态分类

1）平面型广场

平面型广场指广场本身位于同一水平面上，并且与周边的道路也基本平齐，空间上高差区别很小，通常位于城市道路旁。此类广场最为普遍，以较小的成本就可完成广场建设，方便使用，并为城市增添亮点。

2）上升式广场

上升式广场指广场地面比周边道路高，成为上升式的立体空间广场。立体的广场空间可以使人车分流，互不干扰，极大地节省了空间。上升式广场可打破传统的封闭感，创造多功能、多层次、多情趣的空间环境。上升式广场构成了仰视的景观，给人一种神圣、崇高和独特的感觉，特别适合纪念性广场和商业性广场。此外，上升式广场必须充分考虑人性化设计的无障碍设施。图 6.11 为东莞文化广场中的上升广场。

图 6.11　东莞文化广场上升广场

图 6.12　大连某下沉广场

3）下沉式广场

下沉式广场指广场地面比周边道路低，成为下沉式的立体空间广场。下沉式广场创造了一个内敛、安静、独立的围合空间。由于下沉式空间处于视线下方，广场中的人群会缺乏安全感，因此下沉式广场的植物和设施显得非常重要，植物配置既要产生一定的围合感，又不能太封闭，以免产生阴森感，同时应设置多种宜人的设施，如座椅、台阶等，以满足不同年龄、性别、文化程度使用人群的需求。此外，下沉式广场还必须充分考虑人性化设计的无障碍设施。图 6.12 为大连市区某下沉广场。

6.2.2　城市广场的特点

城市广场由于其空间的性质与功能，拥有开放性、公共性、参与性等特点。

1. 开放性

城市广场是城市空间的重要组成部分，往往作为城市空间系统中的节点，具有系统适应和动态平衡的特性，同时是一个动态有机的、能够持续发展的空间形态，可为城市空间的变化提供新的接入点。城市广场的开放性，使广场自身融入总体

结构之中,成为城市大系统的一部分。城市广场的开放性在空间上体现为:

(1) 广场边界的自由性和灵活性,可以根据周边建筑的围合产生不同的形态并不断调整或重构。

(2) 广场出入口的有机性,与城市道路的关系密切,能够形成有机整体,有效地集合城市各个方向的到访人群,同时又能够迅速疏散人群。

2. 公共性

公共性是城市广场功能的基本条件和必要条件。城市广场是为城市居民提供一个共同聚会活动的场所,不能让大众参与的广场,不成称之为城市广场。市民可以在广场举行或参加各类活动,如读书、休闲、娱乐、健身、表演等,可以是个人行为,也可以是集体活动。城市广场具有明确的公共特性,不属于任何单位或个人。同时,为了满足不同的公共活动需求,城市广场空间呈现出多样的层级和序列,形成了丰富的广场空间形态。

3. 参与性

城市广场的基本意义在于市民的参与,不管是集会广场、休闲广场、纪念广场、交通广场还是商业广场,都是为人服务的,人的参与使空间获得了新的意义,如果没有人的参与,广场的价值就不复存在。人与空间构成了城市广场意向的全部内容。空间与活动是一种相互促进的关系,空间为活动提供了所需的场所、规范了活动方式,而活动除了使用空间,也在"创造"空间,使空间具有了性格特征。一片空地,如果用于健身,是休闲空间;如果用于产品促销,则是商业空间;如果用于舞台表演,则属于娱乐空间。一个空间也可以拥有不同的属性,广场空间的参与性使空间的存在具有社会性的特征,使人的活动具有建构文化的含义。

6.3 城市广场设计原则与设计要点

6.3.1 城市广场的设计原则

1. "以人为本"原则

城市广场设计应关注广场的使用主体——人。该原则具体体现为:①满足人的使用功能要求,关注不同人群的不同需求,不同年龄、性别、文化程度的需求有所不同。②便利,使人方便快捷、舒适地享受广场空间、设施,实现广场的"可达性"和

“可留性”。③关注人的天性，人具有许多与生俱来的行为习惯和爱好，例如，人喜欢看到别人，又不愿意暴露自己，这就需要一个视野开阔而又有依靠的空间；人喜欢背后有靠，有靠山才有安全感，靠山可以是一棵树、一堵墙、一块石头，甚至是一根柱子；人往往有群聚心理，对热闹的地方保持强烈的好奇心，但同时又有领域感，在公共交往之中，需要与人保持一定的距离。④关怀残障人士的特殊需求，让他们享受到畅通安全的无障碍设计和细致入微的人性关怀。

2. 生态性原则

生态已经成为园林设计中的一个永恒主题，生态问题已经成为当前城市园林规划中的一个焦点问题。城市广场是整个城市开放系统中的一部分，它与城市整体的生态环境紧密联系。在规划设计时应尽量保持场地原有地形，避免大量的开挖，尽量选用当地的乡土植物，这样既降低了投资成本，也降低了以后的维护成本。同时，设计还要充分考虑本身的生态合理性，如阳光、植物、风向、水面等因素，趋利避害。

3. 整体性原则

整体性原则有利于我们正确地定位广场空间性质和安排广场空间关系。整体性原则包含两层含义。一是广场的设计需纳入整个城市的空间系统中考虑，明确其在城市空间组织中的定位和作用，并与周围环境保持连续性。二是广场本身的整体性，包括功能整体和环境整体。功能整体指广场应有明确的功能和主题定位，配置与之相适应的次要功能，主次分明、完整有序。环境整体性指广场的设计应与周边建筑和历史文化和谐与统一。图 6.13 为哈尔滨防洪纪念广场，广场整体风格统一，与周围环境融为一体。

图 6.13 哈尔滨防洪纪念广场

4. 地域性原则

城市广场的地域性包括文化特色和自然特色。

地方文化特色，即人文特性和历史特性。城市广场建设应继承城市本身的历史文脉，适应本地风情和民俗文化，突出地方建筑艺术特色，有利于开展具有地方特色的民间活动，避免千城一面，增强广场的凝聚力和城市旅游吸引力。例如，济南泉城广场代表的是齐鲁文化，体现的是“山、泉、湖、河”的泉城特色；广东新会冈州广场营造了侨乡建筑文化的传统特色；西安的钟鼓楼广场注重把握历史的文脉，整个广场以连接钟楼、鼓楼以及衬托钟鼓楼为基本使命，与钟楼、鼓楼有机结合起来，具有鲜明的地方文化特色。

地方自然特色，即当地的地形地貌和天气气候等。城市广场应强化地理特征，尽量采用富有地方特色的建筑艺术手法和建筑材料，体现地方山水园林特色，以适应当地气候条件。例如，北方广场强调日照，南方广场则强调遮阳，在南方建设“树荫广场”就是一个很好的做法(图 6.14)。

图 6.14 广州东站广场树荫

5. 主题性原则

城市广场无论大小，首先应明确功能、确定主题，可谓“纲举目张”。围绕主要功能，广场的规划设计就不会偏题，就会有“轨道”可循，也只有如此才能形成特色、内聚力与外引力。交通广场、商业广场，还是融合了纪念性、标志性、群众性于一体的大型综合性广场，都要有准确的定位。在城市广场规划设计中应力求突出城市广场塑造城市形象、满足人们多层次的活动需要与改善城市环境(包括城市空间环境和城市生态环境)的三大功能，并以体现时代特征为主旨，整体考虑广场布局规划。

6.3.2 城市广场的设计要点

1. 选址得当

首先，广场应选在城市的中心地段或有意义的地段，最好与城市中重要的历史建筑或公共建筑结合在一起，特别是与起支配和控制作用的建筑相结合。其次，广场的选址要结合当地的自然气候条件，特别是采光和通风情况，如果被周围的建筑遮挡，阳光不充足则影响广场使用。最后，广场的选址还要注意其与场地四周人行道的连接，做到合理规划，使用安全方便。

2. 尺度适宜

广场的尺度大小应根据城市规模、广场性质及周边环境而定。城市广场的尺寸首先应该与城市的规模和人口相关联，一般情况下，城市规模越大，人口越多，城市广场的总面积就越大，反之就越小。城市中心广场、集会广场及车站、码头前的交通广场等用地指标可参照国家、省、市相关规范执行。

城市广场的尺寸还应与周边建筑相关联。奥地利城市规划师、建筑师卡米洛·希泰总结欧洲城市广场时提出，当广场最小尺寸等于建筑高度、最大尺寸不超过建筑高度的两倍时，广场给人的领域感最强。美国城市规划理论家凯文·林奇提出，当室外围合空间的墙高与空间地面宽度之比为 1∶3～1∶2 时，感觉最舒适。当广场的宽度与建筑高度比小于 1 时，广场就会给人压抑、局促的感觉。通常广场的长度与周边建筑高度的比以 3∶1～6∶1 为宜。

3. 地形丰富

对于城市广场而言，合理适度的地形变化对提升广场的吸引力是有帮助的，可以提高广场空间的丰富程度和视觉美感。上升式广场可以开阔视野、突出空间；下沉式空间可以创造独立感。因此，在广场设计时，如果场地本身有自然地形高差，规划设计时应尽量保留和强化；如果场地本身的地形有一定欠缺，规划设计时可以适当加以改造，形成起伏的地形，增加广场的空间感。图 6.15 为东莞文化广场丰富的地形处理。

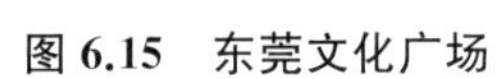

图 6.15　东莞文化广场

图 6.16　广州东站广场休息设施

4. 设施充足

休息设施是广场留住人的前提条件，也是广场人性化的体现。一般而言，广场休息设施充足，其利用率就较高；反之，其利用率将大大降低。休息设施可以有多种形式，包括亭廊、座椅、台阶、矮墙、花坛、水池边缘等。调查表明，在这些休息设施中，人们偏爱木质座椅，其次为花坛及树池边缘、台阶等。图 6.16 为广州东站广场的休息设施。

5. 安全性

广场必须注意安全性，避免潜在的危险，这对于户外空间活动非常重要。例如，注重各类设施的稳固安全程度、设施的边角锋利程度、喷泉水池的水体深度、广场的光亮程度、植物品种的选择，管线、挡土墙等的安全程度，等等。

6. 地面铺装恰当

广场的性质不同，地面铺装的面积要求也不一样。有大型集会活动的广场，地面铺装可以占广场面积的一半以上；绿化广场则要求绿化面积占总面积的65%以上。

地面铺装可以为人们提供休息、观赏、活动的空间。利用地面铺装的图案和颜色可以限定空间、标志空间，并起到方向引导的作用。广场铺装还可以给人以尺度感，地面铺装的肌理能够弱化或强化空间效果，肌理越细腻，广场空间就越显得生动。地面铺装也可以结合道路及休闲健身功能考虑，例如，鹅卵石路铺设的“按摩径”就很受大家欢迎，在广场设计时可以适当使用，有利于提高广场的使用率。

7. 亲水性

亲水是人的天性，城市居民大多数时间远离大自然，对于水体的向往是不言而喻的。广场水体有静水、喷泉、瀑布、跌水等多种形态，静水给人以宁静、安详、轻松、温暖的感觉，动水给人以欢快、兴奋、活力的感觉。水体可以美化环境，倒映出周围的建筑和自然景观，使广场景观更富于变化；同时，潺潺流水声也是广场中妙不可言的乐章。广场水体可以增加趣味性，提高人与环境的互动。水体设计应结合现场条件，尽量让人能亲水、戏水，并考虑日后的维护问题。图6.17为东莞文化广场的水池。

图6.17　东莞文化广场水池

8. 小品点睛

小品是广场突出主题、体现文化的载体，广场上的小品往往有画龙点睛的作用。同时，小品也是艺术品，可以提高广场环境的空间品质，增强人与环境之间的感情交流。在设计广场小品时通常要注意以下几点。

（1）文化性、时代性和地域性。广场小品的设计应以地方文化为主题，要强调时代性和地域性，反映出时代精神和地方特色。

(2) 布局的合理性。在纪念广场中，类似某人或某事的纪念碑等小品通常置于广场中心或主要部分的中心以突出主题，其余的小品应尽量布置在广场的侧方，避免给人以过分强调小品而忽略人的存在的心理暗示。

9. 绿化布置合理

绿化对于广场的生态作用非常重要，不仅可以创造广场景观，而且可以改善广场的小气候，阻隔周围不良的视觉效果和噪声，为市民和游客提供一个舒适的游玩、休息场所。在广场绿化设计时应注意以下几点。

(1) 应该尽量选用乡土树种。乡土植物具有很强的地域性和适应性，成本低，易生长，后期维护简单。此外，乡土植物可以体现地方的地域、气候特色。例如，各地的市树、市花都具有较强的地方特色，可以适当选用，让人们认识和感悟它，体现出城市特色，避免千城一面。

(2) 绿化设计注意层次性，增强立体效果。草地、花卉、灌木、乔木灵活组合，形成不同层级的景观，不但有高度、外形的差别，而且景观、功能迥异。草地给人提供一个开阔空地，花卉可供人欣赏，灌木可以起到围合、分隔的作用，乔木则可以提供大片的树荫。图 6.18 为广州天环广场绿化效果。

图 6.18 广州天环广场绿化

10. 无障碍设计

广场必须进行无障碍设计并注意在细部设计时避免潜在的危险。无障碍设计是公共设计的强制性设计内容，目的是为有需要的人群提供和创造方便、安全、舒适的使用条件，使他们能到达和享用广场的各类设施。广场的无障碍设计必须依据国家及地方相关法规执行。

11. 照明烘托

广场照明除了具有基本照明功能外，还可以创造各种气氛，加强空间感觉、展现光影艺术效果等。照明首先要满足人们的视觉需求，使广场路面及各种设施标志(如路牌、广告、建筑出入口等)清晰可见；而对于其他如花草树木、喷泉、雕塑、小品等广场设施，则根据需要进行照明。灯光要烘托场景气氛，强化景观艺术感，通过灯光设计，创造广场文化。另外，因广场空间开阔，人流与车流量较大，照明设计还必须注意减少光污染，尽量避免眩光，确保安全。

在广场照明中，相对于基本照明，更出彩的是艺术灯光。装饰与艺术照明时利用灯光表现力来美化广场环境空间，利用灯具造型及其光色的协调，使环境空间具有某种气氛和意境，体现一定风格，增加城市广场的美感，使广场环境空间更加符合人们的心理和生理上的要求，从而使人得到美的享受和心理平衡。图 6.19 为广州海珠广场的灯光效果。

图 6.19 广州海珠广场夜景

12. 色彩与功能性质呼应

广场色彩凸显广场空间的性格、环境气氛，体现城市广场的性质与功能，不同的广场性质对应色彩有所不同。例如，在集会广场中，为了体现民主和开朗的气氛，通常使用明快、典雅的色彩；在纪念广场中，为了体现庄严和肃穆的气氛，则以深沉的灰色为主要色调；在休闲广场中，为了体现轻松、温馨、舒适的气氛，一般采用自然的颜色；在商业广场中，为了凸显广场活跃热闹的商业气氛，会选择温暖而热烈的颜色。此外，色彩使用应注意广场空间层次的划分，下沉式广场可以采用较为稳重的深色调，上升式广场可以采用较为明快的浅色调，这样有助于强化广场空间层次，划分广场空间。

6.4 城市广场设计方法

6.4.1 城市广场的常见问题

改革开放以来，全国各地兴建了许多城市广场，“广场热”也呈现出不少值得人们关注的问题。

1. 尺度过大

部分广场设计存在空、大的问题，特别是一些县一级的政府广场，盲目追求气派，相互攀比，导致出现了多个气势宏大、功能单一的广场。过大的城市广场不但浪费人力、物力，而且占用过多土地，影响城市其他项目的合理发展。同时，超大的广场与城市人口规模不相匹配，必然导致广场人烟稀少，得不到有效利用。此外，广场过大，会令人在广场之中感到渺小，使场地缺乏亲切感。

2. 特色不明

在各地兴建广场的浪潮之中，不少城市广场缺少地方个性，同样的模式相互拷贝，广场的平面布局、功能分区基本相同，一味追求平面构图，没有考虑地形及气候特征，对城市的文化特色和精神面貌关注不够，导致千篇一律、千城一面。

3. 绿化不合理

现行广场绿化主要存在以下 3 个方面的问题。

(1) 品种单一，缺乏多样性。不少广场以大面积草坪配合少量灌木为主要的绿化手段，灌木被修剪成各种规整造型，这样不但大大减弱了人们的可参与度，增加了后期维护的人工成本，且与乔木相比，大面积的草坪和灌木生态效益有限，不利于城市生态环境的改善。

(2) 层次单一，缺乏美感。植物配置的美感源自乔木、灌木、花卉、草地的有机组合，形成不同的层次，高低错落，景色随四季变化而变化。层次单一的广场绿化布置视觉单一，缺乏美感，且生态效益不佳。

(3) 盲目追求古树名木及大规格树木，舍弃乡土树种。通过古树名木来提高广场空间品质的做法往往事与愿违，外来树种过多易造成植物的水土不服，增加绿化成本，影响绿化景观及生态效益。

4. 设施不完善

对市民来讲，现代广场的休闲功能愈发重要，而广场的"可留性"需要足够的休闲设施来保障，休闲设施完善才能留住市民。在不少的广场设计中，设施的整体性设计还未得到足够的重视，也没有深入进行市民需求调查，广场设计全凭设计师的主观意志，导致广场设施的种类和数量不足，不能满足市民的使用要求。

5. 利用率较低

由于不少广场主要以硬质铺装为主，缺少防晒及遮风挡雨设施，导致广场在严寒酷暑以及刮风、下雨或降雪等天气情况下不能使用，严重影响广场的使用率。因此，在广场设计时要充分考虑气候因素，利用植物或其他设施遮风挡雨，增强空间灵活性。同时，地面铺装材料也要注意防滑，防止雨雪天气造成地面湿滑而危及市民安全。

6.4.2 城市广场的设计方法及步骤

城市广场是城市公共空间的重要类型，是城市形态和空间环境的组成部分，如何通过城市广场设计的实践过程，反映出城市建设在环境保护和合理利用资源方面的作用，形成良好的城市形态，是摆在设计师面前的问题。城市广场的设计，可以通过以下七个步骤来完成：功能定性、场地分析、尺度控制、交通组织、空间组合、景观营造、设施配套。

1. 功能定性

功能定性是广场设计的第一步。广场设计首先是给广场定性，要明确广场的性质、功能、主题，有了这个定位才能进行下一步的设计。广场有集会广场、纪念广场、交通广场、商业广场、休闲广场等，他们的空间形态和实用功能区别很大，如果没有考虑城市系统空间关系、市民的具体要求，以及广场与周边环境的关系，广场设计就会显得盲目。目前国内大量城市广场因定位不明、功能拼凑，形态十分相似。一个明确的主题是广场设计成功的要点，有了主题，广场便有了灵魂，有了性格特征。图 6.20 的广州海珠广场是城市中具有明确功能的纪念广场及交通广场。

图 6.20 广州海珠广场

2. 场地分析

场地分析是广场设计的基础。场地分析是对场地本身和周围环境进行分析，包括对边界、地形、植物、水文、气候条件的分析，通过对场地各元素的分析、归纳，采取积极的优化设计。对地形特征进行分析，如果场地地形为坡地，则应顺应坡地特征，并可适当强化，而不应该一律推平。图 6.21 为场地的地形分析。广场设计通常会布置水景使广场更加宜人，但水景面积的大小需要考虑场地的水资源情况，如果在水资源缺乏的地方设计大型水景，则会造成较大的投资及维护费用。对周围环境的分析主要包括周边建筑的功能、形态、规模，以及道路系统和人的活动。例如，当广场位于车站、码头前时，它就必须具有交通功能；当广场在居住区附近时，则它适合做休闲广场。

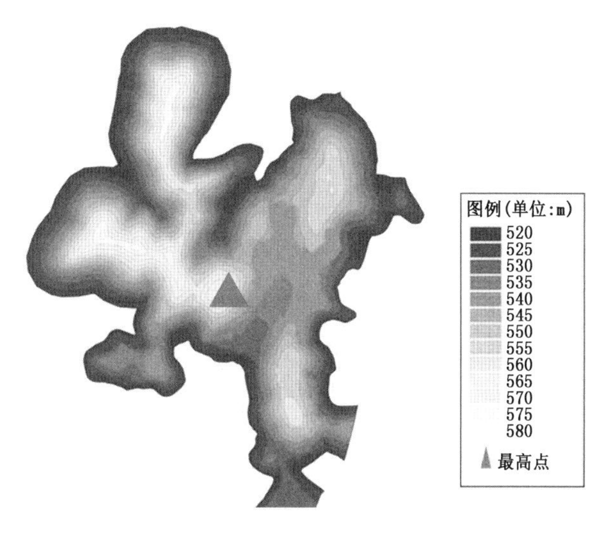

图 6.21 场地的地形分析

3. 尺度控制

城市广场的尺度控制包括广场的用地范围、各边长之间的比例、广场与周边建筑的比例、广场上各组成部分之间的比例等。广场尺度比例对人的感情和行为都会产生巨大影响，进而直接影响广场的使用率。广场的尺寸比例要根据城市大小、人口规模、场地等要素综合考虑，做到大小适中，比例协调。广场规模太小会让人感到拘束、压抑，过大则会让人产生空旷、冷漠的感觉。如图 6.22 所示，广场宽度与建筑高度比不同时，人的感觉不同。图 6.23 为广场中观赏距离与建筑高度比对应的视角情况。

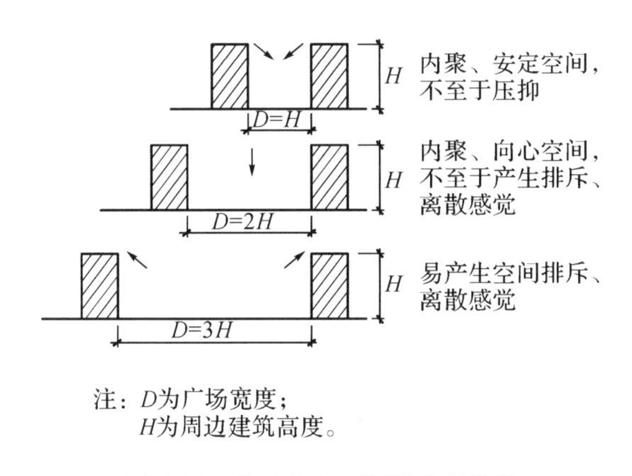

图 6.22 广场宽度与建筑高度关系

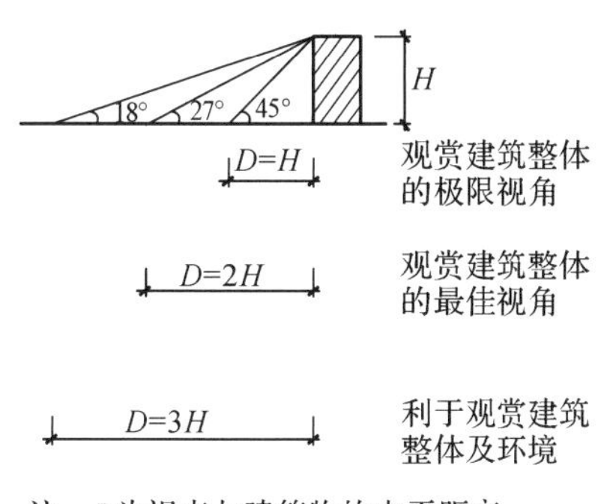

图 6.23 观赏距离与建筑高度关系

4. 交通组织

广场的交通有多个关联因素，包括广场的可达性、停车位数量、广场内部交通等。

1）广场的可达性

广场的可达性直接影响广场的使用效率，广场设计要注意合理设置广场交通与周边道路和交通设施的关系，并充分利用各种类型的公共交通工具（如公交车、地铁、轻轨等）减缓广场周围的交通压力。随着人们环保意识的加强，应更多鼓励市民及游客采用步行、共享单车等绿色出行方式。

2）广场的停车位数量

随着城市汽车拥有量的迅速增加，城市广场设计需要考虑居民出行时大量的停车需求。在广场地面面积有限，难以满足大量的停车要求时，可以采用地下停车的方式，充分利用广场的地下空间，或建多层停车设施，提高广场的土地使用效率。

3）广场的内部交通

广场的内部交通要解决人车分流和人流疏散的问题。广场设计为了不破坏空间的连续性和安全性，通常以步行为主，如果必须有车流通过，可设法通过人行道、绿化带、空间错落等方式把人流和车流分隔开。此外，还要注意通过合理的道路组织和指引快速有效地疏散人群。

5. 空间组合

首先，根据功能和性质对广场空间进行划分，将广场空间划分出大小、比例不同的子空间，划分空间时要注意子空间的数量，不宜划分太碎，并且各子空间应与主空间之间有联系，做到有主有从、有大有小、有开有合。其次，广场空间组织要满足不同人群（如儿童、青少年、中年人、老年人）在不同时间段的不同活动要求。最后，广场空间组织可以通过分区、绿化和人工设施的围合、立体空间的使用等方式来提高空间的利用率。图 6.24 为重庆解放碑广场的空间组织形式。

6. 景观营造

广场的景观营造主要通过小品、植物、水景、建筑、灯光、音乐等元素的应用，营造具有美感的广场景观。小品是最常见的广场景观元素，在观赏性的空间中，它起到活跃气氛、画龙点睛的作用；绿化是具有生命力的景观；水景也是广场常见的景观元素，主要形式有喷泉、水池、瀑布和跌水等，水景还经常借助于灯光和音乐来衬托气氛。同时，可以通过借景、对景等手法利用外部景观，将外景为“我”所用，这也是广场景观营造的重要手段。图 6.25 为广州新世界·云门广场的景观营造。

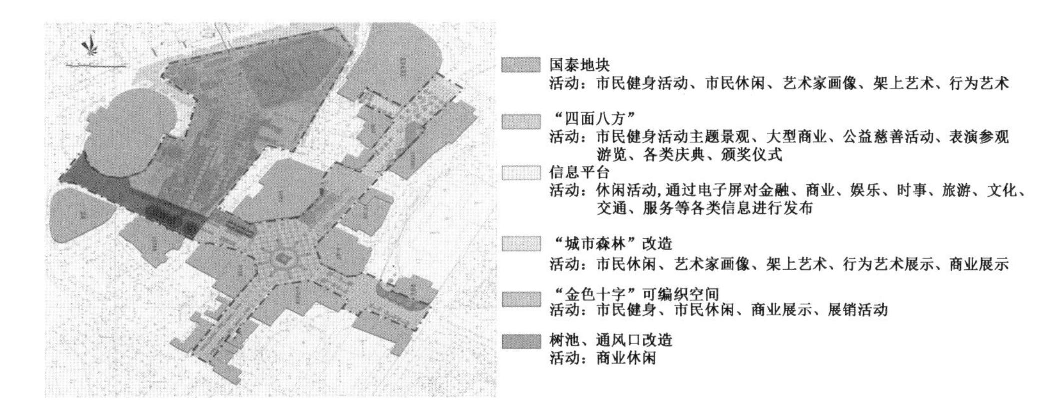

图 6.24　重庆解放碑广场空间组织

图 6.25　广州新世界・云门广场景观营造

7. 设施配套

广场作为一个停留和交往的场所，配套设施必不可少，包括休息设施、标识系统、服务设施、卫生设施等。休息设施对于一个广场的使用率是极为重要的，也是必不可少的。根据威廉・怀特的研究，一个广场的休息设施的总长度约等于广场周长是比较合适的，从面积角度衡量，休息设施面积占广场总面积的 6%～8%为适宜。在布置休息设施时，通常应注意两点：①座位尽量面向开阔、热闹的地方，让人愿意坐下；②座位沿边界布置，且背后有依靠，给人以安全感。标识系统是帮助我们在广场上迅速明确自我定位和寻找目标的设施，是广场便利性和人性化的体现。另外，广场的灯光、卫生间、服务亭、垃圾桶都是重要的配套设施。

6.5 城市广场设计实例

6.5.1 威尼斯圣马可广场

1. 广场简介

圣马可广场，又称威尼斯中心广场，一直是威尼斯的政治、宗教和传统节日的公共活动中心。圣马可广场是由公爵府、圣马可大教堂、圣马可钟楼、新旧行政官邸大楼、连接两座大楼的拿破仑翼大楼、圣马可大教堂的四角形钟楼和圣马可图书馆等建筑以及威尼斯大运河所围成的不规则形广场，长约 170 m，东边宽约 80 m，西侧宽约 55 m。圣马可广场四周的建筑都是文艺复兴时期的精美建筑（图 6.26、图 6.27）。

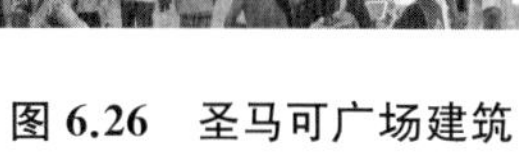

图 6.26　圣马可广场建筑

图 6.27　圣马可广场空间

圣马可广场还是威尼斯嘉年华的主要场所，这里有各式各样的精品店，包括金饰、玻璃、寝具、服饰等，店面不大，但是橱窗设计一流，颇具视觉享受，还有许多风格优雅的咖啡厅、酒吧和餐馆，是威尼斯最佳的徒步游览区。

2. 广场特点

圣马可广场特点在于：

(1) 地理位置优越。圣马可广场位于威尼斯大运河与泻湖的连接处，在威尼斯城市主要陆地部分与南侧水面连接线的中心部位，是亚得里亚海的宽阔海面通过泻湖与陆地交流的主要通道。

(2) 尺度适中，比例协调。圣马可广场的长宽尺寸与围合建筑的比例协调，在广场内能够比较完整地观赏到周围建筑的整体效果。

(3) 景观风格明确，内涵丰富。圣马可广场的建筑是其景观的一大特色。蔚为壮观的圣马可大教堂(图 6.28)，融合了东、西方建筑特色，它的五座圆顶仿自土耳其伊斯坦布尔的圣索菲亚教堂，结构上有着典型的拜占庭风格，采用帆拱构造；正面的华丽装饰源自巴洛克风格。与人嬉戏的鸽子、古典装扮的“战士”、表演的乐手和艺人等，都成为广场独具特色的风景(图 6.29)。

图 6.28　威尼斯圣马可大教堂

图 6.29　圣马可广场古典装扮者

6.5.2　西安大雁塔广场

1. 广场简介

西安大雁塔广场是亚洲最大的以唐文化为主题的文化广场，位于西安市南郊大慈恩寺内大雁塔脚下，以大雁塔为南北中心轴，占地近 1 000 亩(约 67 ha)，东西宽 480 m、南北长 350 m，整体设计凸显大雁塔慈恩寺及大唐文化精神，并注重人性化设计。整个广场分为北广场、南广场、雁塔东苑、雁塔西苑、雁塔南苑、慈恩寺、步行街和商贸区等部分。

2. 广场特点

西安大雁塔广场特点在于：

(1) 水景可观、可戏。广场水景设计是该广场一大特色，拥有建成时亚洲最大的音乐喷泉，广场充分考虑了人对景观需求的多样性(由人心理的不确定性和行为的复杂性产生)，人们可以欣赏到不同风格的动态水景，如形态各异的大型音乐喷泉、叠水、瀑布等(图 6.30)。水景中央设置了许多汀步，增加了人的可参与性，活跃了广场气氛。

图 6.30　广场喷泉

图 6.31　广场浮雕文化墙

(2) 小品主题突出、内涵丰富。广场的小品设计，虽然艺术风格和形式有所不同，但大都运用了唐文化的历史题材，统一而富有变化。“大唐盛世书卷铜雕”位于北端入口，书卷上刻有唐代“贞观之治”“开元盛世”的字样和图案；“文化精英”雕塑则采用写实的手法，把诗仙、诗圣、茶圣等唐代历史名人再现人们面前；“诗书画印”采用现代抽象的手法，展现大唐深厚的文化内涵(图 6.31)。

(3) 设施充足、风格统一。广场的座椅设计采用简约的风格，显示了唐风的大气，在充分展现文化的同时，又不失现代感。

(4) 铺装具有丰富性和人文性。广场的地面铺装注意了机器加工的不同质感、肌理的石材的搭配和组合的艺术性，避免了杂乱无章的任意拼凑，尤其突出了10 组地景浮雕。

(5) 绿化布置体现文化特征。广场采用对称的绿化造景设计，布局采用唐坊的“九宫格”格局，从形式到植物种类，如国槐、银杏等植物，都充分展现了内在的中式文化情景。

(6) 照明烘托气氛。在灯具造型上，将现代材料与传统风格相结合，并以唐诗内容为装饰元素，增强了灯具的文化气氛。

(7) 细部设计体现生态化与人性化。例如，广场饮水器设计有大、小两种规格，方便成人和小孩使用；树池盖板采用镂空的方格设计，既方便人行走，又为大树保留呼吸的空间。

6.5.3 广州花城广场

1. 广场简介

花城广场因广州被誉为“花城”而得名。广场位于广州城市新中轴线上，珠江岸边，广场最宽处达 250 m，总面积约 56 万 m^2。周边规划建有 39 幢建筑，其中，少年宫、大剧院、图书馆、博物馆等均已建成。花城广场平面为宝瓶形，由市民广场、中央广场、双塔广场、文化艺术广场、庆典广场组成(图 6.32)。

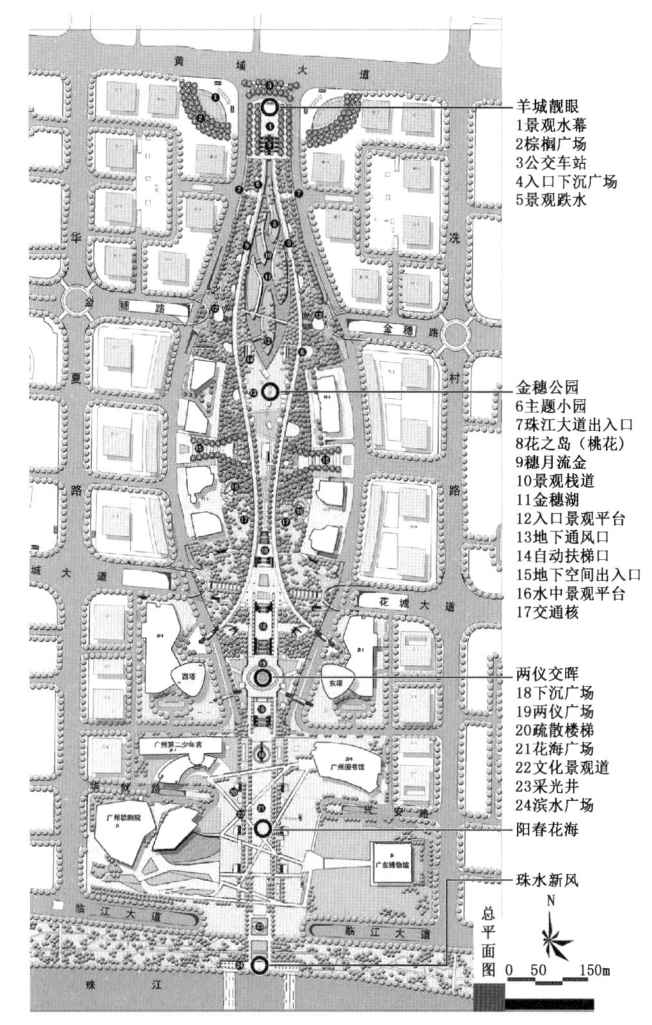

图 6.32 花城广场总平面图

2. 广场特点

广州花城广场特点在于：

(1) 景观营造主题各异，设有人工景观湖、音乐喷泉，以及体现南亚热带地域性特点的标志性植物景观(如银海枣、木棉等)。

(2) 绿化注重乡土性，突出“花城”。广场植物种类繁多，数量惊人，且多为乡土植物，将广场打造成广州面积最大、植物品种最多、造型最美、花城特色最鲜明的花卉观览场所，力争做到四季花开、群芳争艳(图 6.33)。

(3) 利用灯光营造迷人夜景。花城广场的照明设计以“盛世自然境，流光不夜城”为主题，以绿色、低碳、节能为设计理念，将人、景、城相结合，冷、暖灯光对比融合，给人一种梦幻迷情、流连忘返的感觉(图 6.34)。

图 6.33　花城广场绿化景观

图 6.34　花城广场灯光效果

6.5.4　广州海珠广场景观提升

1. 项目概况

海珠广场位于广州市越秀区起义路与一德路、泰康路的交会处，是广州市老城区中心轴线与滨江景观带的交点，最早建成于 1953 年，见证了海珠桥被炸与重修、解放军进城等重大历史事件，是新中国成立后广州对外贸易、展览、接待外宾和开展文化活动的中心之一。由海珠广场和广州解放纪念雕像组成的景观，以“珠海丹心”之名入选羊城八景。

新时代以“老城区，新活力”为契机，以原有海珠广场的历史格局为基底，对海珠广场及周边总用地面积 51 324 m^2 的景观空间进行提升改造，以重新点亮羊城八景的旅游名片、恢复海珠广场的广场功能为目的，并将其作为红色文化传承、门户形象展示、市民休闲观光、城市活动举办的城市门户空间。

2. 园林景观特色

海珠广场在广州城市的发展历史中有着十分重要的意义。作为“人民公园—起义路—解放碑”纪念轴线的核心，海珠广场汇聚了广州的城市记忆；作为交通广场及滨江绿化休闲广场，海珠广场承载着市民的出行及休闲娱乐活动。新时代海珠广场的景观提升改造正值 2019 年新中国成立 70 周年，因而打造了以花为媒、以红色记忆纪念为主题的花艺广场，与国同庆。

1）总体设计

总体设计以原海珠广场的历史格局为基底，以起义路与海珠桥之间的解放雕塑为中心，发散式地增加东一轴、东二轴、西一轴、西二轴四条景观轴线，并经过抽疏、造景等空间微改造，建立广场与雕塑之间的视觉联系，打开封闭的城市绿岛，建成开放通透型的广场绿地，形成疏林—草坪—花境的格局。

海珠广场(图 6.35)采用整体规则式、局部自然式的设计布局。整体以解放雕塑和海珠桥为中心轴线,东一轴、东二轴与西一轴、西二轴对称分布,轴线上的四个星形广场形式统一,呼应解放雕塑下的中心广场。东侧场地和西侧场地分别在原有格局基础上,设计了变化丰富的广场、园路及铺装,新增了服务设施,结合主题花境设计营造了多样的园林景观。

图 6.35 海珠广场鸟瞰图

2) 广场及公共设施景观提升设计

东广场、西广场重点增加了四条景观轴线,各轴线的形式相似,以五星广场为主要节点,结合铺装及植物设计,与周边环境融合,营造出不同的轴线景观。图 6.36—图 6.39 为东广场实景图。

图 6.36 东一轴五星广场

图 6.37 东一轴实景

图 6.38 东二轴五星广场

图 6.39 东二轴实景

此外，公共设施的品质提升也是改造的重点。例如，用木格栅结合竹子种植遮挡公厕外表面，协调整体色彩，更换屋面的瓦片（图 6.40）；用花境和灌木重新打造地铁出入口附近景观，突出入口的昭示性（图 6.41）；用“海珠故事”景墙对桥下的灰空间作装饰处理，增加桥下灯带及休息座椅（图 6.42）。

图 6.40　公厕附近景观

图 6.41　地铁出入口附近景观

图 6.42　桥下灰空间

3）绿化提升设计

海珠广场由于面积较大，改造前多次被用作周边绿地改造施工的临时苗圃，植有周边环境历次改造淘汰的多余树种，存在林下郁闭度过高、小乔木群种植密度过高等问题，因而需要对种植景观做大幅度的简化，形成“疏林—草坪—花境”的城市广场景观，与广州的国际形象相匹配。

现有乔木的迁移遵循以下设计原则：①开花小乔木多品种混种的，保留现场生长较优的品种，对长势欠佳的杂乱品种进行迁移；②大小乔木重叠，保留大乔木，进行压顶和艺术造型修剪内樘枝，对林冠下长势欠佳的弱株病株进行迁移；③注重保护特大乔木、地标性乔木的生长环境，减少林下养分竞争；④优化空间结构，组织合理景观序列和市民活动空间。保留下来的乔木主要包括小叶榕、大叶榕、木棉、美丽异木棉、凤凰木、大王椰子、细叶榄仁等，灌木包括红花檵木球、花叶连翘球、灰莉球、尖叶木樨球、花叶连翘球、黄榕球等，形成了层次分明、质感丰富的疏林。

花境设计的色彩契合主题，形式变化多样。由于改造时恰逢新中国成立 70 周年，因而花境主色调为红色、金色、黄色，辅以粉色、紫色、蓝色、白色；结合硬质铺装、软质草坪布置为规整块状和自然流线状，并与雕塑、小品等配合塑造主题景观，采用密植、不露土的种植方式，打造繁花盛景。由于时花存在季节更换的问题，需根据节气有针对性地进行花境设计。以国庆期间的时花为例，红色系时花包括大花海棠、石竹、凤仙花、五星花、彩叶草、矮牵牛、一串红等，粉色系时花包括本地长春、花烟草等，黄色系时花包括孔雀草、皇帝菊、百日草、变叶木、万寿菊、金鸡菊等，紫色系时花包括墨西哥鼠尾草、三角梅等，蓝色系时花包括一串蓝、蓝雪花、超级鼠尾草等，白色系时花包括醉蝶花等。图 6.43—图 6.46 为海珠广场完成绿化提升设计后的植物景观。

图 6.43 海珠广场植物景观(一)

图 6.44 海珠广场植物景观(二)

图 6.45 海珠广场植物景观(三)

图 6.46 海珠广场植物景观(四)

4）部分工程设计图

图 6.47—图 6.53 为海珠广场的部分工程设计图。

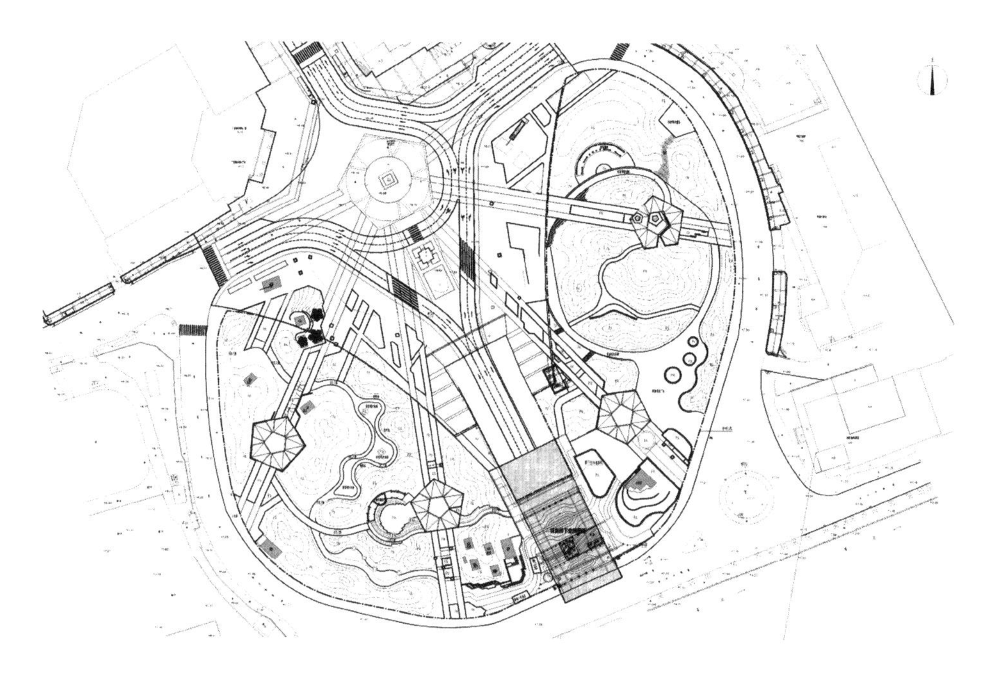

图 6.47 规划总平面图

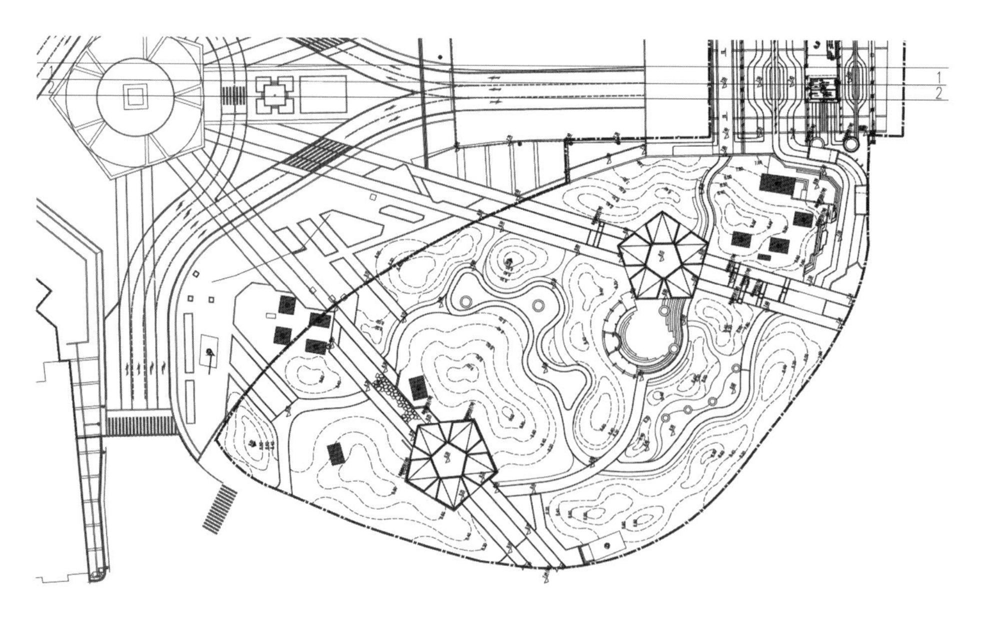

图 6.48 西广场竖向设计图

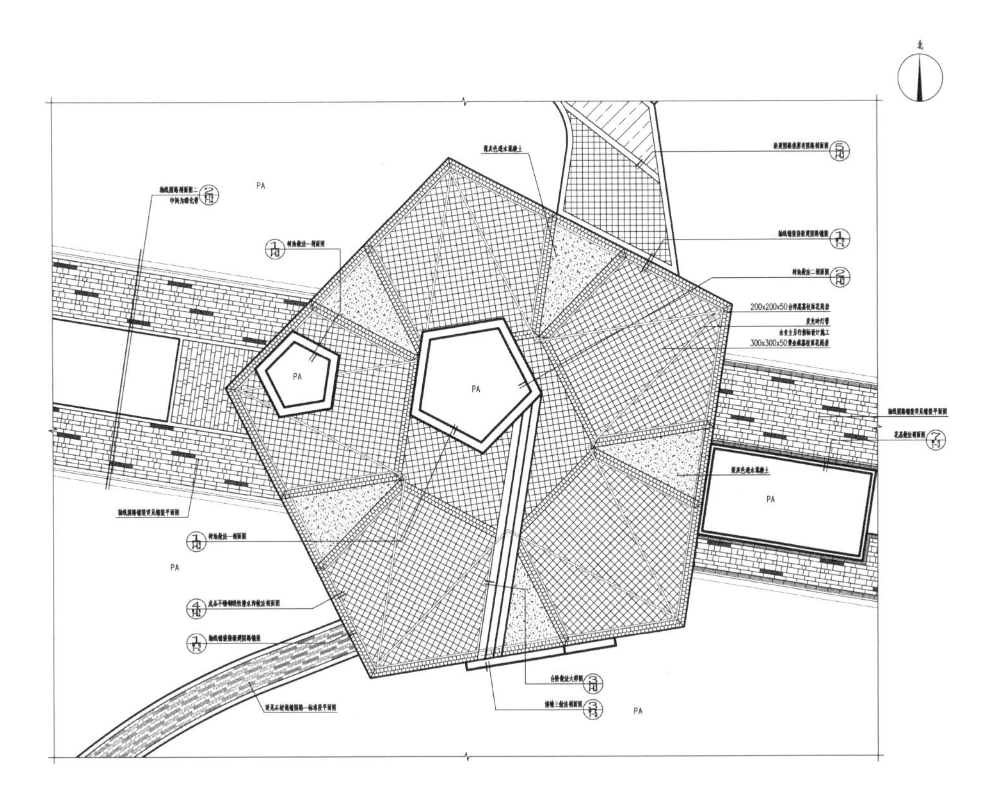

图 6.49 五星广场详图

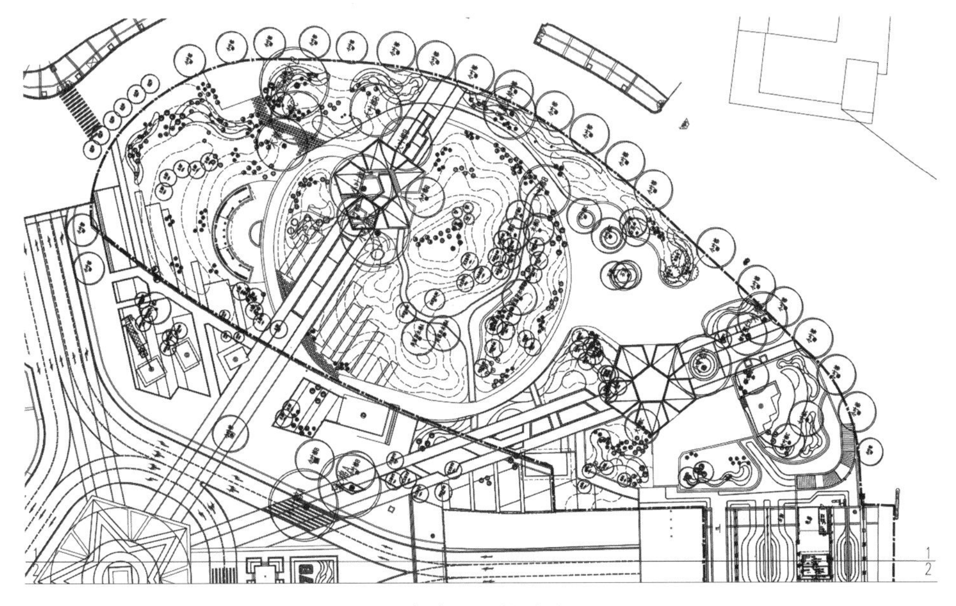

图 6.50 东广场绿化种植总平面图

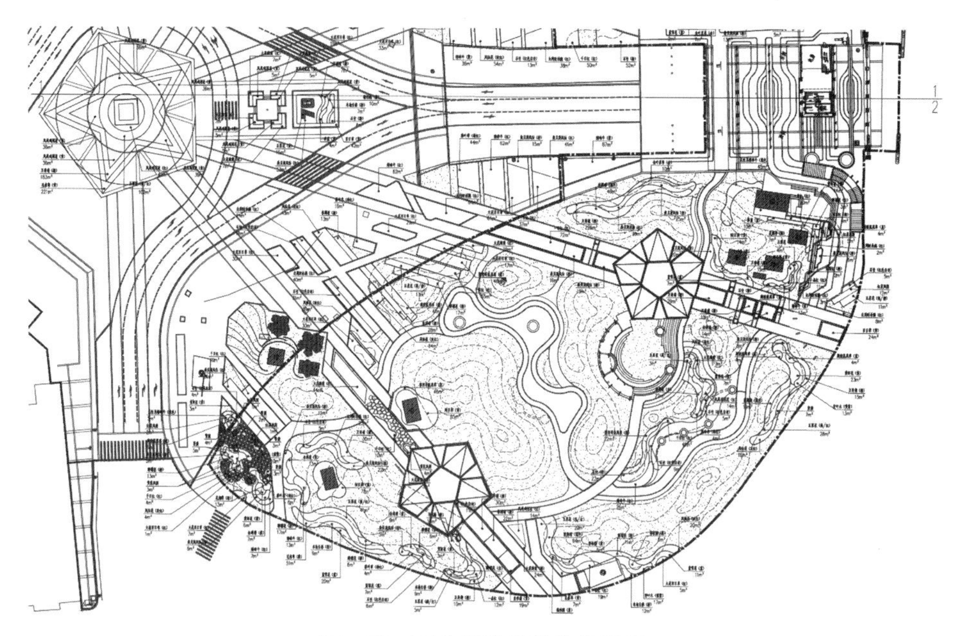

图 6.51　西广场地被种植设计图

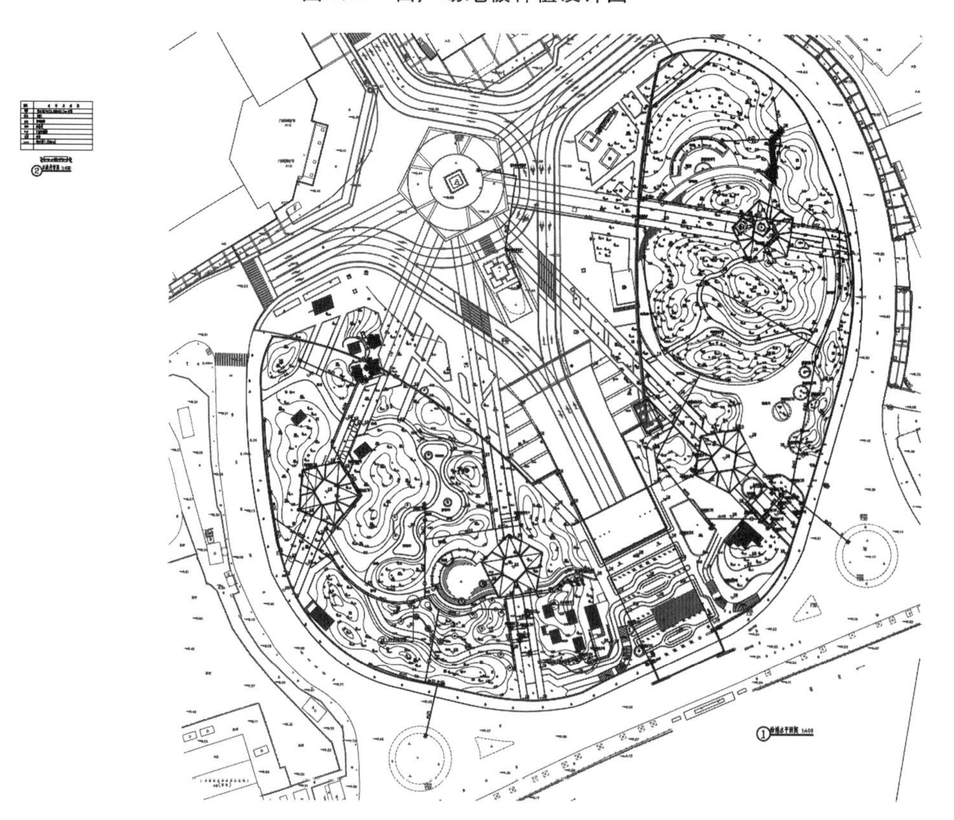

图 6. 52　给水设计图

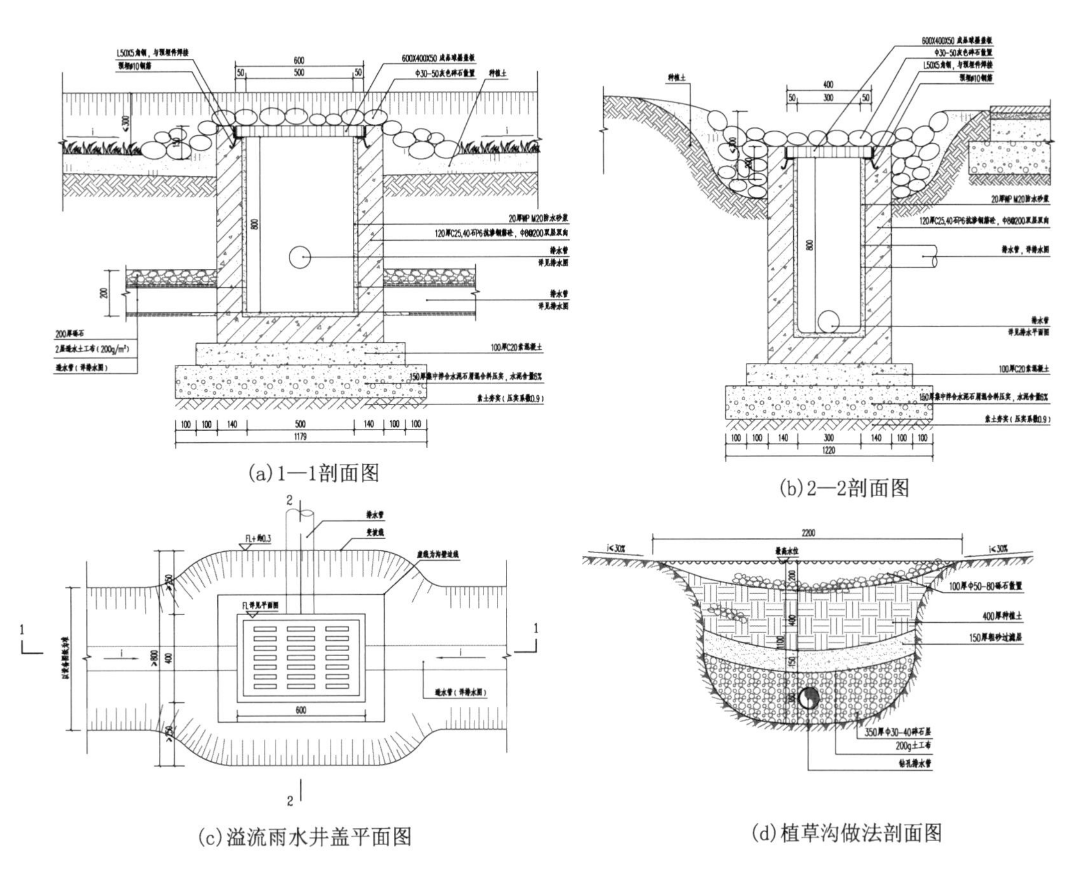

(a)1—1剖面图　(b)2—2剖面图

(c)溢流雨水井盖平面图　(d)植草沟做法剖面图

图 6.53　给排水大样详图

本章小结

本章主要讲述城市广场的概念与类型，以及设计原则、要点、方法和案例。读者通过本章内容可了解城市广场的发展历程、内涵、价值和意义，以及城市广场的设计要点、方法和步骤，并通过实例加以说明。

7

城市公园

导读

随着人民生活水平的不断提高，休闲度假越来越成为城市居民日常生活必不可少的内容，城市公园也成了居民日常休闲、健身、娱乐的首选地。城市公园是城市居民使用最多、与他们关系最为密切的绿地，也是城市绿地的重要组成部分，在城市生态系统中起着重要的作用。城市公园根据其使用性质的不同可分为多种类型，不同类型的功能要求、特点和设计内容也各不相同。本章就城市公园的类型、特点、设计原则及方法加以介绍。

7.1 城市公园的概念及功能

城市公园是城市生态系统的重要组成部分，也是城市绿地的重要组成部分，具有生态、景观及应急避险等多种功能，其服务对象以城市居民为主。

城市公园是城市建设用地中公园绿地的载体。根据《城市绿地分类标准》(CJJ/T 85—2017)，公园绿地是指城市中向公众开放，以游憩为主要功能，兼具生态、景观、文教和应急避险等功能，有一定游憩和服务设施的绿地。根据《风景园林基本术语标准》(CJJ/T 91—2017),公园绿地指向公众开放,以游憩为主要功能,兼具生态、美化、科普宣教及防灾避险等作用,有一定游憩和服务设施的城市绿地。

7.1.1　生态功能

1. 改善城市大环境

城市公园作为城市绿地系统的重要组成部分,对城市的生态系统起着举足轻重的作用。主要由城市公园组成的城市周边的绿色生态链是城市的绿色屏障,具有保护城市整体生态环境,过滤经过城市上空的空气气流,降低空气温度,改善城市整体生态环境的重要作用,犹如城市的"绿肺"。

2. 改善区域小气候

城市公园在城市中星罗棋布,这些绿色斑块改善公园周边小气候的效果明显,具有调节区域性环境温度、空气湿度和气流等作用。

3. 净化空气、水体和土壤

城市公园可以增加空气、水体和土壤中的氧气含量,吸收二氧化碳及多种有害成分,涵养水源、净化水质,还可以滞尘、杀菌,保护市民身体健康。

4. 对自然灾害及公害起到防灾减灾作用

自然灾害包括地震、地陷、泥石流等地质灾害和旱、涝、台风、冷害等气象灾害。公害包括各种空气污染、噪声,由于空气污染物引起的大雾、酸雨等,电子产品、建筑材料等造成的辐射危害,等等。城市公园因其绿化覆盖面大且植物品种丰富,在涵养水源、保持水土、防风固沙、降低城市噪声、减弱放射性污染等方面都起到了重要作用,对自然灾害及公害起到有效的防灾减灾作用。

5. 保护生物多样性,维护生态平衡

城市公园为多种动植物提供了适宜的生存环境,既保护了生物多样性,又维护了生态平衡,让人与自然和谐共生。

7.1.2　游憩功能

城市公园具有多种游憩功能,主要为市民提供游览、观赏、休憩,以及开展户外科普、文体及健身等活动的场所。城市公园类型丰富,满足不同群体不同层次的多种需求,如老人需要的健身休闲、儿童喜欢的游乐科普,以及上班族的健身活动、休闲娱乐等需求,都可以在丰富多样的城市公园中得到满足。图 7.1 所示为广州云溪生态公园。

图 7.1 广州云溪生态公园

7.1.3 安全防护及应急避难功能

近年来，世界各地灾难频发，从全球范围来看，灾难类型增多、破坏程度加剧以及发生频率加快等趋势，严重威胁人类的生存环境。因此，在城市中如何更有效地应对这些灾难，保护市民生命安全尤为重要。城市公园能有效缓冲自然灾害和公害的危险，并在必要时为城市居民提供紧急避难场所，尤其对于地震等灾难发生频率相对较高的城市，城市公园防灾避难的功能显得更为重要。图 7.2 为广州兰圃公园草坪。

图 7.2 广州兰圃公园草坪

7.1.4 美化及精神功能

城市公园作为城市公共空间，也是城市开放的窗口，公园内赏心悦目的景致和植物群落的季相变化对美化市容、形成不同城市特色、创造城市品牌起到重要作用。同时，城市公园在精神文明建设方面也有重要作用。市民和游客在视觉上得到美的享受，在公园环境中怡情养性、修养身心、陶冶情操的同时，人与自然和谐共生的人生观和自然观得到弘扬。

7.1.5 经济效益

城市公园是城市精神文明建设的窗口，并不是城市创收的场所，虽有一定的经济效益，但不能将公园的经济效益摆在首位。全世界很多国家的城市公园都免费开放，供市民休憩。就国内来讲，近年来不少城市大部分的公园绿地已先后向市民开放，其经营管理模式为收支两条线，公园日常经营管理的资金来源主要为财政拨款。对这些城市公园来讲，其社会效益远大于经济效益；而对某些类型特殊、不能完全开放或不具备开放条件的城市公园来讲，公园的经济效益就体现在门票，各类展览、游乐、自助活动，餐饮、植物产品，以及特色旅游产品等旅游项目收入所创造的效益。

7.2 城市公园的类型及特点

《城市绿地分类标准》(CJJ/T 85—2017)将公园绿地分为综合公园、社区公园、专类公园和游园 4 种类型。本节主要介绍综合公园和专类公园。

7.2.1 综合公园

1. 综合公园概念及内容

综合公园指内容丰富，适合开展各类户外活动，具有完善的游憩和配套管理服务设施的绿地。综合公园应设置游览、休闲、健身、儿童游戏、运动、科普等多种设施，规模宜大于 10 hm^2。图 7.3 所示为历史悠久的广州越秀公园。

图 7.3 广州越秀公园

2. 综合公园的特点

城市综合公园的特点体现在以下 4 个方面。

(1) 综合性。综合公园兼具城市的多种重要职能，具有生态环境好、活动内容丰富、社会效益明显的特点。作为城市中的重要绿地，城市公园的综合性强等特点。

(2) 服务人群多样。服务对象以全市居民为主，兼顾外地来旅游观光的游客，文化层次及年龄跨度大。因此，综合公园的服务人群呈现多样性。

(3) 游憩项目丰富。综合公园要兼顾多种人群，故而所提供的游憩项目包括休闲、健身、娱乐、科普教育等，内容和形式都丰富多彩。

(4) 地域性。城市公园应体现出地域特点，即具有明显的地方色彩，应充分体现出各地区的历史文化特色和风土人情。

3. 综合公园的规划设计要点

综合公园规划设计包括从公园的概念规划、总体规划、分区规划到详细设计的全过程，主要应注意以下 5 个方面。

1）公园定位

公园的用地范围和类型应以城乡总体规划、绿地系统规划等上位规划为依据。公园设计应以创造优美的绿色自然环境为基本任务，并根据公园类型确定其特有的内容；同时应注重与周边城市风貌和功能相协调，并应注重地域文化和地域景观特色的保护、利用与发展。

2）功能分区

综合公园根据使用需要，通常分为主（次）入口集散区、观赏游览区、文化娱乐区、科普教育区、体育活动区、老人活动区、儿童活动区和公园管理区等。根据各综合公园的定位、所处地理位置及主要使用人群的不同，功能分区还应做出相应调整，以顺应时代发展及居民需求，充分体现其综合性、地域性与时代性。

3）用地比例

综合公园内部用地比例应根据公园类型和陆地面积确定，其绿化、建筑、园路及铺装场地等用地的比例应符合《公园设计规范》(GB 51192—2016)的规定(表 7.1)。

表 7.1 综合公园用地比例

陆地面积 A_1 /hm^2	各用地类型占比/%			
	园路及铺装场地	管理建筑	游憩建筑和服务建筑	绿化
$A_1<5$	—	—	—	—
$5\leqslant A_1<10$	10～25	<1.5	<5.5	>65
$10\leqslant A_1<20$	10～25	<1.5	<4.5	>70
$20\leqslant A_1<50$	10～22	<1.0	<4.0	>70
$50\leqslant A_1<100$	8～18	<1.0	<3.0	>75
$100\leqslant A_1<300$	5～18	<0.5	<2.0	>80
$A_1\geqslant 300$	5～15	<0.5	<1.0	>80

注：1. 本表根据《公园设计规范》(GB 51192—2016)绘制。
2. “—”表示不作规定。
3. 表中园路及铺装场地用地可在符合下列条件之一时适当增大，但增值不得超过公园总面积的 5%。
① 公园平面长宽比值大于 3。
② 公园面积一半以上的地形坡度超过 50%。
③ 水体岸线总长度大于公园周边长度。

4）游人容量

根据《公园设计规范》（GB 51192—2016）规定，综合公园游人容量可通过下面的公式计算：

$$C = A_1 / A_{m1} + C_1 \tag{7.1}$$

式中 C—— 公园游人容量，人；

A_1—— 公园陆地面积，m^2；

A_{m1}—— 人均占有公园陆地面积，m^2/人；

C_1—— 公园开展水上活动的水域游人容量，人。

综合公园和游园的游人人均占有陆地面积 30～60 m^2，专类公园游人人均占有陆地面积 20～30 m^2。公园有开展游憩活动的水域时，水域游人容量宜按 150～250 m^2/人进行计算。

5）其他应注意的问题

综合公园的规划设计除以上要点外，还应注意因地制宜、尽量保持水土及土方平衡、增加绿化层次及植物品种、注意园路和水面安全，以及设计的人性化等问题。

7.2.2 专类公园

专类公园指具有特定内容或形式，有相应的游憩和服务设施的绿地。

1. 专类公园类型与特点

专类公园根据其主要内容的特定性与差异性，可分为儿童公园、动物园、植物园、历史名园、风景名胜公园、游乐公园等。

专类公园通常有以下特点。

（1）主题的特定性。专类公园分为儿童公园、动物园、植物园等多种类型，其主题的特定性与差异性明显。

（2）服务人群的差异性。服务对象以本市特定服务人群为主，兼顾外地来旅游观光的游客。例如，儿童公园主要为 13 岁以下儿童服务；风景名胜公园主要为旅游观光的游客服务，兼顾城市市民的日常休闲娱乐；等等。

（3）游憩项目的针对性。各专类公园主题及服务人群的特定性与差异性，决定了公园游憩项目在设置上存在明显的针对性。例如，儿童公园的游憩项目在设置上主要考虑不同成长期的儿童对游乐项目内容及形式的不同需求。

（4）地域性特点。城市中的专类公园也应体现出地域特点，有明显的地方色彩，在项目设置和环境设计上充分展现出各地区的历史文化特色和风土人情。

2. 典型专类公园的规划设计要点

1）儿童公园

儿童公园指单独设置，为少年儿童提供开展游戏、科普、文体活动，有安全、完善设施的绿地。儿童公园应有儿童科普教育内容和游戏设施，全园面积宜大于 2 hm^2。图 7.4 所示为广州市儿童公园入口景观。

图 7.4　广州市儿童公园入口

儿童公园在规划设计时主要应注意以下 4 个方面的内容。

（1）公园定位。

根据城市的不同需求，可以将儿童公园划分为综合性儿童公园、特色性儿童公园、一般性儿童公园等。综合性儿童公园要求能够满足儿童多种活动的需求，设有各类游乐设施、体育设施、文化设施和服务设施等。特色性儿童公园以突出某一活动内容为特色，兼顾儿童其他的基本活动内容。一般性儿童公园通常占地较少、规模较小，设施相对简单。儿童公园的定位应根据不同城市的具体情况及城市儿童的实际需求确定，尽量做到定位准确、选址适当、建设合理。

（2）功能分区。

与其他公园不同的是，儿童公园的功能分区必须依据儿童在不同年龄阶段所表现的不同生理和心理特点、活动要求、活动能力和兴趣爱好而定。因此，儿童公园除常规的主（次）入口集散区、公园管理区等之外，还应该包含幼儿（6 岁以下）活动区、学龄儿童（8～10 岁）活动区、少儿（10～12 岁）活动区、体育活动区、科普文化娱乐区等。

（3）用地比例。

儿童公园内部用地比例应根据公园类型和陆地面积确定，其绿化、建筑、园路及铺装场地等用地的比例应符合《公园设计规范》（GB 51192—2016）的规定。儿童公园用地比例见表 7.2。

（4）其他应注意的问题。

儿童公园在规划设计各个方面都必须以不同年龄儿童使用比例、心理及活动特点为出发点。在具体设计时要考虑儿童活泼爱动的天性，在绿化设计时注意植

表 7.2 儿童公园用地比例

陆地面积 A_1 /hm^2	各用地类型占比/%			
	园路及铺装场地	管理建筑	游憩建筑和服务建筑	绿化
$A_1<2$	15～25	<1.0	<5.0	>65
$2\leqslant A_1<5$	10～25	<1.0	<5.0	>65
$5\leqslant A_1<10$	10～25	<1.0	<4.0	>65
$10\leqslant A_1<20$	10～20	<0.5	<3.5	>70
$20\leqslant A_1<50$	10～20	<0.5	<2.5	>70
$50\leqslant A_1<100$	8～18	<0.5	<1.5	>75
$100\leqslant A_1<300$	5～15	<0.5	<1.5	>75
$A_1\geqslant 300$	5～15	<0.5	<1.0	>80

注：1. 本表根据《公园设计规范》(GB 51192—2016)绘制。
2. 园路及铺装场地用地可适当增大的条件同表 7.1。

物品种的选择，在公园设施和水面周围充分考虑安全措施。另外，还要根据儿童的喜好，力求使公园设施形象生动，色彩鲜明，且易为儿童辨认，真正得到儿童及家长们的认可和喜爱。

2）动物园

城市中的动物园指在人工饲养条件下，移地保护野生动物，进行动物饲养、繁殖等科学研究，并供科普、观赏、游憩等活动，具有良好设施和解说标识系统的绿地。动物园应具有适合动物生活的环境，供游人参观、休息、科普使用的设施，安全、卫生隔离设施和绿带，饲料加工场以及兽医院。检疫站、隔离场和饲料基地不宜设在园内。位于城市中的普通动物园和远离市中心的野生动物园在所处区位、游客需求及游乐方式上都有较大差异。图 7.5 和图 7.6 分别为重庆动物公园主题景观及广州番禺香江野生动物园园景。

动物园在规划设计时主要应注意以下 5 个方面的内容。

（1）公园定位。

根据规模及动物品种、饲养方式的不同，城市中的动物园可分为综合性动物园、专类动物园及人工自然动物园等多种类型。综合性动物园动物展出集中，品种丰富，通常有数百至上千种。展出方式以人工笼舍结合动物室外运动场地为主，全园面积宜大于 20 hm^2，广州动物园就属此类动物园。专类动物园通常位于城市近

图 7.5 重庆动物公园主题景观

图 7.6 广州番禺香江野生动物园园景

郊，展出品种少，通常以展出具有地区或类型特点的动物为主，面积较小，全园面积宜在 5～20 hm^2，例如广州鳄鱼公园。此外，在某些大型城市中也可能设置人工自然动物园，这种动物园通常位于大城市近郊，展出品种不多，通常只有几十种，以群养、敞放为主，面积大多为上百公顷，广州香江野生动物园可算是城市人工自然动物园的典范。

（2）园址选择。

动物园在城市中的位置对整个城市建设和周边居民都具有很大的影响，因此，动物园的选址必须慎重。动物园选址根据其性质与功能的不同而不同，应布置在城市全年主导风向的下风向，远离居住区及工业区，既不影响城市居民的正常生活，又能避免工业废气、废水等污染，而且必须用绿化带隔离。动物园还需要有配套完善的市政条件，交通方便，并为园中的各种动物提供良好的生存条件。

（3）功能分区。

动物园除具有常规的主（次）入口集散区、服务休息区和公园管理区等之外，还必须有动物展览区和科普展览区（馆）等主要功能区。动物展览区通常可按动物进化系统、动物地理分布、动物生态习性或游人参观形式等方式进行功能分区。动物园的参观流线应以动物展览区的流线为重点，具体可采用串联式、并联式、放射式或混合式游览路线。

（4）用地比例。

动物园内部用地比例应根据公园类型和陆地面积确定，其绿化、建筑、园路及铺装场地等用地的比例应符合《公园设计规范》（GB 51192—2016）的规定（表 7.3）。

表 7.3 动物园(含专类动物园)用地比例

陆地面积 A_1 /hm²	各用地类型占比/%			
	园路及铺装场地	管理建筑	游憩建筑和服务建筑	绿化
$A_1<2$	—	—	—	—
$2\leqslant A_1<5$	10～20	<2.0	<12.0	>65
$5\leqslant A_1<20$	10～20	<1.0	<14.0	>65
$20\leqslant A_1<50$	10～20	<1.5	<12.5	>65
$50\leqslant A_1<100$	5～15	<1.5	<11.5	>70
$100\leqslant A_1<300$	5～15	<1.0	<10.0	>70
$A_1\geqslant 300$	5～15	<1.0	<9.0	>75

注：1. 本表根据《公园设计规范》(GB 51192—2016)绘制。
2. “—”表示不作规定。
3. 园路及铺装场地用地可适当增大的条件同表 7.1。

(5) 其他应注意的问题。

动物园在规划设计中除了从城市、居民及游人角度考虑问题外，还应照顾到园中的多种动物，例如，各种动物的生存环境是否适宜、笼舍及室外活动场地是否满足动物的正常需求等。动物园设计要特别注意安全问题，包括游人安全及动物安全两个方面，既要防止游人对动物投掷物品影响动物的生命及身体健康，又要防止某些动物在失控状态对游人造成危害。在植物设计方面也要多加留心，在动物所及的地方，要求选择无毒、无刺，且为动物不喜欢吃的植物。园中所选植物品种及种植位置既要保证游人安全，又不能对动物产生危害。

3) 植物园

植物园指进行植物科学研究、引种驯化、植物保护，并提供观赏、游憩及科普等活动，具有良好设施和解说标识系统的绿地。植物园应创造适于多种植物生长的立地环境，应有体现本园特点的科普展览区和相应的科研实验区。图 7.7 所示为厦门万石植物园园景。

图 7.7 厦门万石植物园

植物园规划设计时应注意以下

5个方面的内容。

(1) 公园定位。

根据规模及植物品种、种植方式的不同，城市中的植物园可分为综合性植物园和专类植物园两种。综合性植物园兼具多种职能，除具有游览、科普功能外，还兼有科研和生产功能，规模较大，全园面积宜大于40 hm^2，广州的华南植物园就属于综合性植物园。专类植物园以展出具有明显特征的或具有重要意义的某一类或几类植物为主要内容，如根据一定的学科、专业内容布置的植物标本园、树木园、药圃等，这种专类植物园的全园面积宜大于20 hm^2。作为特例，盆景园可设置在综合性植物园及专类植物园中，以展出各类盆景为主要内容；也可独立设置于城市范围内，独立的盆景园面积宜大于2 hm^2。

(2) 园址选择。

植物园在城市中的位置对整个城市格局及整体环境都会产生很大的影响，因此，植物园的选址非常重要。植物园因其面积较大，从城市总体布局考虑，应布置在城市活水的上游和城市主导风上风方向，且远离工业区，这样更有利于净化水源，过滤经过城市上方的空气，调节城市气温。植物园还需要有配套完善的市政条件，交通方便。此外，植物园选址应更多从植物生长的角度出发，要求水源充足、地形地貌复杂多变，小气候条件及土壤条件适宜大多数植物生长，为园中的各种植物提供良好的生境。同时，还应注意保留原生植物的多样性及完整性。

(3) 功能分区。

植物园除具有常规的主(次)入口集散区、服务休息区和公园管理区等之外，还有展览区和科研(生产)区。植物展览区通常可按植物进化系统展览区、植物地理分布和植物区系展示区、植物生态习性与植被类型展览区、经济植物展示区、观赏植物及园林艺术展览区、树木园和自然保护区等进行功能分区。科研区由实验地、引种驯化地、苗圃地、示范地和检疫地等组成，一般不对群众开放，尤其对于有国家特殊保密要求的植物物种资源，要有一定的防范措施。植物园的参观流线应以植物展览区的流线为重点，具体可采用串联式、并联式、放射式或混合式游览路线。

(4) 用地比例。

植物园内部用地比例应根据公园类型和陆地面积确定，其绿化、建筑、园路及铺装场地等用地的比例应符合《公园设计规范》(GB 51192—2016)的规定(表7.4)。

表 7.4 植物园(含专类植物园及盆景园)用地比例

陆地面积 A_1 /hm²	各用地类型占比/%			
	园路及铺装场地	管理建筑	游憩建筑和服务建筑	绿化
$A_1<2$	15～25	<1.0	<7.0	>65
$2\leqslant A_1<5$	10～20	<1.0	<7.0	>70
$5\leqslant A_1<10$	10～20	<1.0	<5.0	>70
$10\leqslant A_1<20$	10～20	<1.0	<4.0	>75
$20\leqslant A_1<50$	10～20	<0.5	<3.5	>75
$50\leqslant A_1<300$	5～15	<0.5	<2.5	>80
$A_1\geqslant 300$	5～15	<0.5	<2.0	>80

注：1. 本表根据《公园设计规范》(GB 51192—2016)绘制。
2. 园路及铺装场地用地可适当增大的条件同表 7.1。

(5) 其他应注意的问题。

植物园在规划设计中除了从城市及游人角度考虑问题外，还应多从植物生存生长的角度考虑，尽量为不同种类的植物创造不同的生境。植物园还应根据所处地理位置的不同，设置一些地域特征强的植物，形成多种专类园或主题园，建立各植物园本身的品牌及特色。例如，华南植物园中有多种亚热带专类园，昆明植物园和西双版纳植物园中有大量的热带植物专类园。

4) 历史名园

历史名园指体现一定历史时期中具有突出的历史文化价值或代表性的造园艺术，需要特别保护的园林。图 7.8 所示为福建集美陈嘉庚纪念公园。

历史名园在规划设计时应注意以下两个方面的内容。

(1) 公园定位。

历史名园通常也是文物保护单位。我国的文物保护单位分为全国重点文物保护单位、省级文物保护单位和市、县级文物保护单位三个级别，分别由国务院、省级政府、市县级政府划定保护范围并设立专门保护机构进行保护。历史

图 7.8 集美陈嘉庚纪念公园

名园根据其文物等级的不同，规划设计要求及报批部门都有所不同。因此，历史名园的性质和定位对保护、修复规划及详细设计具有重要的指导作用。《中华人民共和国文物保护法》(2017年修正本)第十六条规定："各级人民政府制定城乡建设规划，应当根据文物保护的需要，事先由城乡建设规划部门会同文物行政部门商定对本行政区域内各级文物保护单位的保护措施，并纳入规划。"

(2) 其他应注意的问题。

历史名园保护和维修必须以尊重历史为原则，同时还必须符合《中华人民共和国文物保护法》(2017年修正本)的规定。该法第二十三条规定，核定为文物保护单位的属于国家所有的纪念建筑物或者古建筑，除可以建立博物馆、保管所或者辟为参观游览场所外，作其他用途的，市、县级文物保护单位应当经核定公布该文物保护单位的人民政府文物行政部门征得上一级文物行政部门同意后，报核定公布该文物保护单位的人民政府批准。

5) 风景名胜公园

风景名胜公园指位于城市建设用地范围内，以文物古迹、风景名胜点(区)为主的具有城市公园功能的绿地。风景名胜公园应在保护好自然和人文景观的基础上，设置适量游览路，以及休憩、服务和公用等设施。在某些特定环境下，城市内的风景名胜公园同时又是风景名胜区，因此，除满足城市公园要求外，还应符合相应的风景名胜区功能及规范要求。例如，广州白云山风景名胜区就是难得的位于城市建设用地范围内的风景名胜公园。图7.9所示为广州白云山风景名胜区云台花园入口景观。

图7.9 广州白云山云台花园入口景观

风景名胜公园在规划设计时应注意以下5个方面的内容。

(1) 公园定位。

风景名胜公园以文物古迹、风景名胜点(区)为主，因此，公园定位及整体规划必须与其性质及规模相协调。风景名胜公园如属风景名胜区，应当自设立之日起两年内编制完成总体规划，且总体规划的规划期一般为20年。风景名胜区按用地规模可分为小型、中型、大型和特大型(城市内通常为小型或中型);按级别又可分为国家级重点风景名胜区、省(自治区,直辖市)级风景名胜区和市、县级风景名胜区。

(2) 功能分区。

风景名胜公园除具有常规公园的主(次)入口集散区、服务休息区和公园管理区等之外,其他功能区主要根据文物古迹或风景名胜区的分布情况确定,可以分为文物古迹区、自然风景区、文化展览区、休闲度假区等。风景名胜公园的游览路线也主要根据文物古迹或风景名胜景点来组织。

(3) 用地比例。

风景名胜公园内部用地比例应根据公园类型和陆地面积确定,其绿化、建筑、园路及铺装场地等用地比例应符合《公园设计规范》(GB 51192—2016)的规定,具体指标可参照表 7.2。

(4) 游人容量。

风景名胜公园属于城市公园分类中的专类公园。《公园设计规范》(GB 51192—2016)规定,公园游人人均占有公园陆地面积指标为 20～30 m^2/人,公园有开展游憩活动的水域时,水域游人的容量宜按 150～250 m^2/人进行计算。风景名胜公园如属风景名胜区,还应满足《风景名胜区总体规划标准》(GB/T 50298—2018)游人容量相关要求。

(5) 其他应注意的问题。

对以文物古迹、风景名胜点(区)为主的城市风景名胜公园的保护及开发,必须坚持实行科学规划、统一管理、严格保护、永续利用的原则,坚持保护优先、开发服从保护的原则,突出人文古迹或风景名胜资源的特性、文化内涵和地方特色。风景名胜公园的规划设计除应满足《公园设计规范》(GB 51192—2016)的相关内容外,还应符合《中华人民共和国文物保护法》、《风景名胜区条例》和《风景名胜区总体规划标准》(GB/T 50298—2018)等的相关规定。

6) 游乐公园

游乐公园指单独设置,具有大型游乐设施、生态环境较好的绿地。游乐公园的绿化占地比例应不小于 65%。好莱坞环球影城除作为专业的影视拍摄基地之外,也成为全球性的游乐胜地,游客可以自由参与游乐与现场体验。图 7.10 为好莱坞环球影城内景。

游乐公园规划设计应注意以下 4 个方面的内容。

图 7.10 好莱坞环球影城

（1）公园定位。

游乐公园根据园内游乐的主要内容及设施，可以分为综合性游乐公园和专类性游乐公园，专类性游乐公园又分为水上游乐公园、森林游乐公园、儿童游乐公园等多种；根据规模的大小，又可分为大型、中型或小型游乐公园。城市中游乐公园的建设及定位应根据不同城市的具体情况及实际需求确定，尽量做到定位准确、选址适当、建设合理。

（2）功能分区。

游乐公园与其他公园不同的是，其主要功能为休闲娱乐，人们利用多种大、中型游乐设施进行游乐活动。游乐公园除常规的主（次）入口集散区、公园管理区等之外，具体功能分区依照游乐公园的内容及设施确定。例如，综合性游乐公园可以分为水上活动区、机械游乐区、丛林探险区等。专类性游乐公园可根据主题内容的不同划分分区，例如，水上游乐公园分为冲浪区、水上运动区、戏水区、水上探险区、漂流区等。游乐公园各功能分区要求布置合理，配套设施齐全，方便使用。

（3）用地比例。

游乐公园内部用地比例应根据公园类型和陆地面积确定，其绿化、建筑、园路及铺装场地等用地的比例应符合《公园设计规范》（GB 51192—2016）的规定。应当注意的是，游乐公园的绿化占地比例应不小于 65%，否则达不到游乐公园的绿地要求，只能被称为游乐场或主题乐园。

（4）其他应注意的问题。

游乐公园的建设要考虑整个城市的游乐设施布局，既要市政设施齐全、交通方便，又要顾及对周边居民的影响，在强调娱乐功能、增加经济效益的同时要具有一定的社会效益。

7）其他专类公园

其他专类公园指除以上各种专类公园外具有特定主题内容的绿地，包括雕塑园、体育公园、纪念性公园等。这些专类公园应有明确的主题内容，全园面积宜大于 2 hm^2，绿化占地比例应大于等于 65%。

雕塑公园、体育公园等其他专类公园在规划设计时应注意以下 3 个方面的内容。

(1) 公园定位。

每个城市都具有自己独特的地理位置及文化背景，反映在公园建设上，除了综合公园、动物园和植物园等专类公园外，还可以根据城市文化及市民需求设置体育公园、雕塑公园、民俗公园、地质公园等特色公园。其他专类公园的定位应根据不同城市的具体情况及城市居民的实际需求确定，尽量做到定位准确、选址适当、建设合理。

(2) 用地比例。

其他专类公园内部用地比例应根据公园类型和陆地面积确定，其绿化、建筑、园路及铺装场地等用地比例应符合《公园设计规范》(GB 51192—2016)的规定，具体指标可参照表 7.2。

(3) 其他应注意的问题。

城市中其他专类公园的建设要考虑整个城市的公园布局及特色，既要保证公园内外市政设施齐全、交通方便，又要考虑对城市及周边居民的影响，在考虑经济效益的同时也要兼顾社会效益，更好地利用专类公园的特色弘扬城市文化、打造城市品牌、造福社会。

7.3 城市公园设计原则

城市公园是城市绿地的重要组成部分，是城市居民使用最多、关系最为密切的绿地，是市民日常开展休闲、交流、文化、娱乐、健身、游憩等活动的公共场所。同时，公园又为城市提供了较大面积的绿化生态环境，对改善高密度人口的城市环境质量、维护生态平衡、防灾避难等起到重要作用。作为城市公共空间，城市公园的形象又是一个城市的窗口，不仅令使用者在公园里休养身心、陶冶性情，同时，还为外来游客提供了一个展示城市历史传统、体现城市风貌的窗口。

关于城市公园的设计原则，我们可以从美国近代著名的风景园林学家奥姆斯特德设计的美国第一个城市大型综合型公园——纽约中央公园的设计中得到启示。1858年，奥姆斯特德的“绿草地”方案获得纽约中央公园设计竞赛的头奖。“绿草地”方案的主要构思原则如下。

(1) 规划要满足人们的需要，公园要为人们提供在周末、节假日所需要的优美环境，满足全社会各阶层人们的娱乐要求。

(2) 规划要考虑自然美和环境效益。公园的规划应尽可能反映自然特征，各种活动和服务设施项目融在自然环境中。

(3) 规划必须反映管理的要求和交通的方便。

根据城市公园的功能和建设目标，可以总结归纳出城市公园设计的原则：以人为本原则，生态优先原则，因地制宜原则，地域文化原则，艺术性和创新性原则，科学、经济、合理原则，以及可持续发展原则。虽然这些原则看似“放之四海皆准”，但在实际过程中，针对不同区域、不同类型的公园，我们应注重其个体特色，避免“千园一面”。

7.3.1 以人为本原则

现代城市公园就是因人们的需求而产生的，城市公园的服务对象以城市居民为主，因而首先要满足社会大众对实用功能的要求，为社会大众服务。了解这个本源后，我们不难理解，公园设计和建设的原则首先就是以人为本，只有做到满足使用者的需求，使用舒适便利，才体现了公园存在的本质意义。所谓满足使用者的需求包含至少两个层面的意义，即物质层面和精神层面。因此，以人为本原则包含至少两个方面的含义：一是在功能上满足人们的需求，包括休闲、交流、娱乐、健身、游憩等活动；二是在精神上满足人们的审美需求，包括文化传承、历史纪念、艺术欣赏、身心享受等。图7.11为广州白云山聚芳园大草坪。

图7.11　广州白云山聚芳园大草坪

作为城市公共空间的公园，不能一味地追求充满感观刺激的形式或平面构成，忽视了项目的可行性和受众的需求。因而在设计中，我们始终围绕和需要解决的问题就是如何为人们提供适宜的场所。总而言之，就是要设计一个可观赏、可游玩的场所，既好看又可用。因此，公园设计与单纯的环境艺术品创作是有本质区别的。

7.3.2 生态优先原则

环境问题几乎成了所有现代城市正面临的一个严峻课题，在城市化的进程中，经济和人口的繁荣也带来了环境污染，使城市生态系统的运转平衡遭到破坏，人们对美好环境的向往、对大自然的祈盼寄托在分布于城市中的大大小小公园之中。城市公园作为城市绿地系统的重要组成部分，对城市的生态系统起着举足轻重的作用。主要由城市公园组成的城市周边的绿色生态链就是城市的绿色屏障，具有保护城市整体生态环境，过滤经过城市上空的空气气流，降低空气温度，改善城市整体生态环境的重要作用。因此，城市公园设计应重点考虑其生态作用，保证一定比例的绿地率，保证植物群落的生物多样性，这是体现和保证城市公园生态效益的途径。图 7.12 为广州兰圃绿化环境。

图 7.12 广州兰圃绿化环境

7.3.3 因地制宜原则

明代造园家计成在《园冶》中就提出“园林巧于因借”的原则，并在许多地方都强调了这个原则,如"自成天然之趣,不烦人事之工""入奥疏源,就低凿水""高方欲就亭台,低凹可开池沼""宜亭斯亭,宜榭斯榭"等。在公园设计中,因地制宜体现在以下5个方面。

1. 地形地貌的利用

应该最大限度地利用自然特点,通常来讲,低洼地区宜布局水景,丘陵地区以布局山景为主,挖湖堆山,尽量平衡土方,发挥最大的风景效果。另外,天然形成的原有地形地貌,在一定程度上反映了该地块的需要和特征,例如,珠江三角洲河网纵横,适于该地区多雨的气候特征,便于排内涝,因此在公园规划时,应充分利用原有水塘河涌,既节约了土方,又解决了场地排水的大问题,并且体现岭南水乡风貌,以便"自成天然之趣,不烦人事之工"。

2. 地方材料的应用

当年宋徽宗建艮岳万岁山所用的假山石,由苏州太湖运去,据《汴京遗迹志》记载:"宣和五年,朱勔于太湖取石,高广数丈,载以大舟,挽以千夫,凿河断桥,毁堰折牐,数月乃至",如此劳民伤财的做法,加速了宋朝的覆灭。广州著名的建筑南越王墓博物馆的外墙及雕塑所用的石材就是广东当地所产的红砂岩,具有强烈的地方特色,并与博物馆的气氛相符。因此,无论从经济方面还是地域特征、地域文化的体现方面,园林造景应尽可能地就地取材,包括建筑材料及假山石、植物等其他造园材料。

3. 原有植被的利用

《园冶》指出:"多年树木,碍筑檐垣;让一步可以立根,斫数桠不妨封顶。"这指的就是要注意尽量保留和利用基地原有植被。"斯谓雕栋飞楹构易,荫槐挺玉成难。"公园建设初衷就是为人们建造优美的环境,而在原址上的树木已生长多年,对该环境水土已经适应并枝繁叶茂,如果在园林布局上能将其很好地组织到构图中去,使其发挥最大作用,就远胜于从别处搬运过来的植物。尤其是植物种植效果一般需要3～5年后才初步显现,如果能充分应用原有的植被,可以立见成效。

4. 树种选择

各地的气候条件有差别,适宜生长的植物也各不相同,园林造景必须遵循这种客观规律,不能凭主观喜好随意选用植物,因此,乡土树种的选用种植符合因地制宜的原则。例如,新加坡园林绿化非常成功,各地纷纷学习效仿,广州市就曾经引进新加坡常见的雨树,希望能达到新加坡大街小巷均在雨树浓荫之下的效果。可是事与愿违，在新加坡高大荫浓的雨树，在华南地区却不能健康生长，在夏季台风频发时还存在安全隐患。

5. 植物立地条件

植物立地条件是由光、温度、土壤等条件综合决定的，园林布局的艺术效果必须建立在适地适树的可靠基础上。阴性的植物如果种在阳光下，叶片很快就会灼伤；阳性的植物在阳光下色彩缤纷，布置在树荫下则毫无生气。不同的植物对土壤酸碱度、含水量等的适应性是不同的，如果反其道而行之，则无法展示植物茂盛美丽的一面。所以，园林种植设计应该充分掌握生物学特性及立地条件的统一关系。

总之，强调"因地制宜"，不是一成不变。例如土方平衡，并不是一定不能搬运土方，一定要求绝对的平衡，在设计当中还要根据造景的要求，大胆尝试，要以最少的土方移动、最优的方案，发挥最大的景观效果。材料选用方面，基本原则是就地取材，无论是石材还是植物材料，但也不排斥在符合自然规律的前提下进行尝试，突出亮点。在原有植被利用方面，也不能死板不变，尽可能保留原有树木，这并不意味着丝毫不加改造和疏伐。按照园林美的规律和要求，根据规划的需要进行适当的取舍和改造是完全有必要的。图 7.13 为广州白云山可憩大草坪。

图 7.13 广州白云山可憩大草坪

7.3.4 地域文化原则

作为城市公共空间，城市公园的形象是一个城市的窗口，使用者在公园里休养身心、陶冶性情，外来游客通过城市公园了解城市历史传统、城市风貌。城市公园一定程度上代表着该城市的地域文化，城市公园对塑造城市形象、打造城市品牌起到显著作用。图 7.14 为广州雕塑公园中以南越王墓标志性出土文物为题材的主题雕塑。

图 7.14 广州雕塑公园主题雕塑

7.3.5 艺术性和创新性原则

城市公园除了满足实用功能要求以外，还需要满足人们精神方面和审美方面的需要。城市公园设计要充分体现风景园林的艺术特征，要风景优美、赏心悦目，要满足游人游览和赏景的需要，要给大众以舒畅、愉快的艺术享受。同时，城市公园又要体现时代风采和现代化的城市风貌，园林设计还要随着时代的变迁，继承和创新，满足人们日益增长的精神需求。图 7.15 为广州雕塑公园内纪念 2003 年抗击非典胜利的大型主题雕塑《保卫生命》。

图 7.15 广州雕塑公园主题雕塑《保卫生命》

7.3.6 科学、经济、合理原则

城市公园的设计和建设与科学技术关系密切，有工程技术问题、建筑技术问题，还有园林植物和动物、环境保护等方面的问题。园林设计对于可行性和科学性的要求也是很高的，并且还涉及经济投资等诸多问题。城市公园建设大多数属于政府财政投资的社会公益性项目，特别是在提倡建设节约型园林的今天，科学、经济、合理的园林设计是保证项目建设符合公众利益的前提。

7.3.7 可持续发展原则

1987 年，联合国世界环境与发展委员会提出：可持续发展是一种不以牺牲未来几代人的需求为代价来满足当前需求的发展。人们开始意识到人类高度消耗自然资源的传统生产方式和过度消费，已经使人类付出了沉重的代价。可持续设计本质上是一种基于自然系统自我更新能力的再生设计，包括如何尽可能少地干扰和破坏自然系统的自我再生能力，如何尽可能多地使被破坏的景观恢复其自然再生能力。

城市公园是为大众服务的社会公益性项目，在城市生态系统中起到重要的作用。基于可持续发展的要求，在城市公园建设中，应当注重生态设计，如利用透水材料铺装地面，减少硬质化；又如通过雨水收集利用、中水利用等措施，实现节水环保。在太阳能、风能等清洁能源利用，以及城市湿地生态系统保护等方面，城市公园建设发挥着重要作用。

植物种植本来是对城市生态环境有益的，但是如果违背了可持续发展的原则，也将给城市生态带来负面的影响。例如，因为急功近利而实行的“大树进城”，为求城市新形象而广种草坪、时花，大量修剪灌木，为求震撼效果而花重金修建大型人工瀑布水景等行为，既加大投资、增加后期管理难度和管理成本，又违背可持续发展的原则，是不可取的。

 城市公园设计阶段

在园林设计中城市公园规划设计的综合性强、难度较高，其设计和建设通常具有以下特点。

（1）城市公园代表着城市或地域的特征形象，作为一件“公共艺术品”，在设计风格和手法上既要传承又必须创新，不能抄袭雷同，更不能批量化“生产”。

（2）城市公园必须满足不同阶层、不同年龄人的需求，并不是单纯的“艺术品”，应注重其使用功能和服务功能。

（3）城市公园建设是政府投资的公益性项目，建设程序必须严格执行法律法规要求，设计和建设过程中需要协调的单位部门众多，需要平衡各方面的关系。

（4）城市公园设计和施工涉及的专业较多，必须由园林、建筑、结构、给排水、电力、环保、概预算等专业协调合作，才能顺利实现。

城市公园规划设计可分为以下 4 个阶段：前期调研阶段、总体规划阶段、工程设计阶段和施工跟进阶段。

7.4.1 前期调研阶段

优秀的设计必须是建立在充分的调查研究基础之上，尤其是作为政府投资的公益性项目，城市公园在规划设计之初，设计师更应当把握基地现状和未来发展趋势。

1. 熟悉设计任务及要求

城市公园大多数为政府投资项目，在接到设计任务时，设计师首先要了解委托方的意图，包括对设计任务的具体要求、设计标准、投资额度等。常规的做法是，委托方下达设计任务书。如果是招标项目，设计任务书来自招标文件。设计任务书要重点阐明公园的设计要点，即委托方对拟建设任务的初步设想，这是进行公园规划设计的指导性文件。

设计任务书包括以下内容：

（1）城市公园性质和定位（级别、使用功能、作用和任务、服务半径等）。

（2）城市公园布局在风格上的要求、特点。

（3）城市公园的用地范围、面积等。

（4）公园内需保留的地貌、植被及原有设施。

（5）公园内拟建的政治、文化、宗教、娱乐、体育活动类等大型设施项目的内容。

（6）公园内建筑物的功能、面积、朝向、材料及造型风格要求。

（7）公园地形处理和种植设计要求。

（8）城市公园建设近期、远期的投资计划和分期实施的程序。

（9）规划设计进度和完成日程要求。

通常情况下，委托方对公园建设的要求在项目立项之初尚未十分明确或有不合理之处，这就需要设计方通过咨询、讨论等形式了解、掌握甚至启发委托方的要求和意图，大家从而达成共识。

2. 了解环境及资源状况，做好素材和资料准备

通过资料收集和现场踏勘，尽可能全面地了解公园基址、周边范围以及所在区域或城市的相关资料，掌握自然条件、环境状况及其历史沿革。需要收集的资料包括现状地形、管线、市政交通等图纸，公园周边用地规划图纸，规划用地的水文、地质、地形、气象等方面的资料，公园所在地区和城市的人文资源、历史沿革，等等。现场踏勘需要了解场地的现状情况，包括地形地貌，场地内建筑物、构筑物、植被现状，公园周围的环境关系，环境的特点，周围市政的交通联系，人流集散方向，周围居民的人群类型与使用者的活动需求等情况。现场踏勘的另一项重要任务是核对资料，由于各种原因，搜集来的资料和图纸并不完全与现场情况相符，例如，地形图、场地内的构筑物、植被、地下管线等很有可能已经发生改变，这些资料必须认真核实，否则下一步的公园规划设计将遇到麻烦。设计人员在设计之前实地考察是十分重要的一个环节，不仅掌握第一手的资料，更重要的是能够现场感受场地及其周边的环境和氛围，激发创作灵感，使设计做到因地制宜、切实可行，这就是我们常说的“接地气”。

3. 环境和服务对象分析评价

基于实地调查和资料收集，对公园进行环境和服务对象分析评价，对项目进行SWOT评价，即优势（strength）、劣势（weakness）、机遇（opportunity）和挑战（threat）评价。通过科学的分析评价，得出正确的规划方向和设计理念。

4. 相关案例研究

相关案例研究即对国内外相关案例进行分析研究，将其作为设计的借鉴。所谓“相关”可以是规模上相近、作用相似，也可以是主题理念或设计手法等相近，甚至在地形处理、园林小品、色彩搭配等多方面可以借鉴。例如，将一个废旧工厂改造为公园的项目，我们可以借鉴国内外关于工业遗迹改造等方面的成功案例，结合本地特色进行规划。当然，不同国家和地区的人们对公园内活动内容的需求有所不同，但是对于场地中一些带有历史记忆的建筑物和构筑物的处理手法，设计师完全可以从相关案例中得到启发。

7.4.2 总体规划阶段

城市公园的内容多，涉及面广，问题复杂。城市公园总体规划的意义在于通过全面考虑、总体协调，使公园的各个组成部分之间得到合理的安排，达到综合平衡；使各部分之间构成有机的联系，妥善处理好公园与全市绿地系统之间、局部与整体之间的关系；满足环境保护、文化娱乐、休闲游览、园林艺术欣赏等各个方面的要求，并合理安排近期与远期的关系，以便保证公园的建设工作按计划顺利进行。

1. 公园定位

首先应当确定公园的定位，包括公园的等级、类型、风格、特色、服务人群等方面的问题。这就如同动笔写文章之前首先要确定写什么，并用哪种体裁去表达，即要写小说、散文，还是诗歌。如果是小说，准备写长篇小说、中篇小说，还是短篇小说；如果是诗歌，写的是古体诗还是现代诗。在动笔之前，要根据前期调研的结果，充分听取各方意见，结合上位规划，分析判断、总体协调，得出公园的性质定位。方向确定下来，才有可能进行下一步规划。公园定位具体包括以下内容。

1）公园的等级

明确公园是市级公园、区级公园，还是社区公园。公园等级的确定要注意两个问题：一是应该按照有关规范中的等级体系确定公园的等级；二是要充分听取委托方的意见，根据拟建公园的地理位置、建设规模、区域需求和上位规划意见确定公园等级。

2）公园的类型

公园类型的确定应当根据《公园设计规范》(GB 51192—2016)、《城市绿地分类标准》(CJJ/T 85—2017)等相关规范执行。明确公园的类型很重要，因为这关系公园性质及内容设置等诸多问题。例如，综合性城市公园和专类公园(如儿童公园、植物园)显然在设计要求上有很大差异。

3）公园的特色

公园是现代风格还是古典风格，是规则式还是自然式？每个设计师都希望自己设计的作品独具特色，公园特色主要是由设计师提出，经过与委托方的商讨确定。至于公园特色究竟该如何确定，并没有特定规则，主要看设计师的创造性和想象力。当然，由于城市公园往往是政府投资的公益性项目，还需要听取主管部门、专家及公众的意见。

2. 立意和构思

1）立意确定

园林设计中的立意就是回答“做什么”和“为什么这样做”的过程和结论。简言之，立意即指园林设计的总意图，是设计师想要表达的最基本观点。立意可大可小，大到反映其对整个社会的态度，小到其对某一设计手法的阐释。

纽约中央公园的设计和建设是一个在各方面都可以作为典型的例子。奥姆斯特德认为，城市公园应该成为社会改革的进步力量，利用城市公园给每个人提供平等享受的权利，缓解底层市民压抑的心理。最终，在纽约中央公园设计竞赛中，奥姆斯特德的“绿草地”方案获奖并得以实施。

立意实际上也是主题思想。主题思想通过园林艺术形象来表达,主题思想是园林创作的主体和核心。公园设计的立意,最终要通过具体的园林艺术创造出一定的园林形式,通过精心布局得以实现。有时也可以在设计中专门用图纸方式来表达。

2）主题提炼

设计主题就是设计师想要表达或希望让人们能体会和理解的主要思想或主张,是设计师在空间作品构思过程中所确立的主导思想,它赋予了作品文化内涵和风格特点。在实际工作中,相近的说法还有“设计理念”“设计构思”“设计思想”或“设计创意”。城市公园的布局、具体内容的设置必须有合理的依据和理由。内容的设想和组织虽然可以千变万化,但一定是按照既定的线索进行的,正如写文章,一定要有一条贯穿的线索,即中心思想,否则作品就会出现逻辑结构松散混乱甚至不合理,让人感觉难以理解、不能被人接受或不知所云等问题。寻找内容设置和组织的依据及理由,并形成合理的逻辑结构,就是立意和主题提炼的任务。公园的设计主题是按照一定的立意思路发展和提炼出来的,公园的内容设置则是围绕主题展开的。立意和主题提炼是为了实现公园设计的目标。

3）构思

构思其实是立意的具体化,它直接促使特定项目的设计原则的产生。例如,在纽约中央公园设计中,奥姆斯特德提出的设计要点后来被美国园林界归纳和总结为“奥姆斯特德原则”。

由此可见,设计构思是立意的延续,设计构思对设计活动具有更直接的指导性。在设计构思阶段,设计师应对将要进行的设计工作有清晰的认识,在制订设计原则时必须充分考虑可实施性。同一立意往往可以通过不同的设计构思体现。

3. 总体布局

一般来说,布局阶段的主要任务包括：出入口的确定,分区规划,地形的利用和改造,建筑、广场及园路布局,植物种植规划,制订建园程序及造价估算,等等。公园布局的各项主要任务并不是孤立进行的,而是相互之间总体协调,全面考虑,相互影响,多样统一。

1）公园出入口的确定

公园总体规划从确定公园出入口入手。公园的出入口分为主要出入口、次要出入口、管理出入口或其他专用出入口,它们位置的确定取决于城市规划的限制、园内分区要求、周边使用人群的习惯，以及自然地形的特点等，必须全面衡量，综合确定。因此，在确定公园出入口时应结合公园分区和地形改造，而不能孤立地先确定出入口再考虑分区规划。例如，在地形复杂的山地或丘陵上建设公园，必须寻找较为开阔平坦、方便周边市民出入、邻近主要道路的地点，将其作为公园入口（尤其是主入口），同时满足上述条件通常有一定难度，因此，必须综合权衡，并结合公园地形改造来确定出入口位置，既要方便使用，又要尽量少动土方。

主入口为公园最主要的入口和游人集散地，同时也代表了公园的形象和城市形象，应重点进行设计，入口前广场的装饰应与街景相协调。在功能使用上，应根据公园的游人容量预留足够的前、后广场，并配备相应的配套设施。集散广场是游人等候、休息、拍照等的场地，如果是收费公园，还有排队购票的功能。在园林艺术造景方面，入口也是游线的开端。城市公园主入口的配套设施通常包含停车场、游客中心、票房、导游标识等功能性设施，以及花坛、喷泉、景墙等装饰性的构筑物。随着管理理念的更新，目前大多数城市公园都是免费开放，公园大门主要起到地标作用，也有一定的管理功能，因此，大门的设计风格很大程度上代表了公园的设计风格和理念。原有收费公园改为免费后，票房的功能可以改为管理和保障安全，同时可对外开设小卖部，满足游人需要。某些特殊的专类公园，如动物园、植物园，为了便于管理，目前仍为收费公园，为保证游人特别是节假日高峰时游人的使用和安全，入口广场的设计要特别注意满足功能要求，预留足够的空间，并组织好交通流线。具体措施包括规划足够大的入口前、后广场，完善停车设施，保证人车分流，建设游客服务中心，等等。图 7.16 为广州雕塑公园主入口广场。

图 7.16　广州雕塑公园主入口广场

为方便游人，一般在公园四周不同的方位安排不同的出入口作为公园的次要出入口，对主要出入口起辅助作用，便于附近游人进出公园。随着城市公园开放程度的提高，次入口的数量也随之增加，一般以附近人们需求为依据，但为了公园的治安、卫生、绿化管理，次入口的数量和位置须综合考虑确定，并不是越多越好。

部分公园含有一些大型的公共服务设施，如体育设施、展览馆、影剧院、音乐厅、餐饮等，这些设施的使用人流和公园日常人流有所不同，为避免交叉影响，在规划时可将上述设施安排在公园的入口附近，或设置专用口出入，以达到方便人员使用的目的。

还有一种是专为园务管理上的运输和工作人员的方便而设立的专用入口，这种入口一般设立在比较偏僻的地方，通常在公园管理处的附近，并与公园中杂务运输用的道路相联系。

2）公园分区布局

为了满足不同年龄、不同爱好的使用者对公园文化娱乐和休闲功能的要求，在城市公园内应有多种多样的设施，合理组织游人在园内进行各项活动，使游人游憩方便、互不相扰，同时便于管理，形成统一的整体，这需要对公园进行分区规划，把一些性质、功能类似的活动组织在一起，犹如搭建文章的框架，先确定要写哪几个章节，不至于后面乱了章法、漫无边际。

城市公园分区的主要依据如下：一方面，考虑公园所在地的自然条件（如地形、土壤、水面、原有植物等）；另一方面，公园在城市规划中的地位和要求也在很大程度上影响公园的分区规划。

综合性公园中，为了满足不同年龄、不同爱好游人的需求，一般有以下功能分区：文化娱乐区、体育运动区、儿童游戏区、安静休息区、后勤管理区等。有一些公园内含有历史古迹，具有一定的规模或纪念价值较大，也会因此而设置古迹游览、纪念区。总之，功能分区应尽可能做到“因地、因时、因物”而“制宜”，结合各区功能上的特殊要求、所需面积的大小，各区之间的相互关系以及公园与周围环境的关系来进行分区规划。

上述综合性公园的分区只是就公园的主要任务来划分，可以说是一种模式，但切不可不问条件，生搬硬套地机械划分公园各区，实际上各区之间有着紧密的联系。例如，文化教育设施常常与安静休息区结合在一起，而体育运动区也可以设置茶室、小卖部等。在考虑分区时，应结合当地城市规划中的需要来决定，各区中的设施也应该结合地域文化与生活传统、市民的爱好以及风俗习惯来考虑。例如，在运动区中，应考虑群体及个体的活动场地，安静休息区中应设置棋室或在树荫下设石桌，供三五游人活动，此外，戏曲活动场地也是很受群众欢迎的内容。在公园内各分区中，有的分区是独立性较强必须单独设置的，如儿童游戏区、体育运动区和后勤管理区；但另外一些分区并不明显，它们相互交错，甚至可以将一个区的设施分散在其他区中。

公园设计还要体现时代性。随着城市公园的免费开放，公园成为中老年人一天活动的主要场所。在以往的公园设计中，老人活动区常被安排在安静休息区附近。但是，随着社会的发展、生活水平的提高，老年人的比例不断增加，老年人的需求和活动内容都发生了变化，而中老年人是平日使用城市公园最多的人群，因此，公园中的老人活动区也应顺应人们的需要进行设计。我国城市中，中老年人活动已从原来的垂钓、下棋、书法绘画、散步等较为安静的活动，扩大到球类(门球、乒乓球等)、登山、武术、跳舞、唱歌等较活跃的活动。特别是如今大多数退休老人身体健康、精力充沛，并且注重养生、锻炼、提高生活质量，一些群体性的活动也比前几年大大增加，如广场舞、大合唱等。不少城市公园在规划时并没有考虑到人们需求的变化，因而各地公园里留给中老年人聚集欢唱的区域严重不足，并且由此产生的声音影响了公园的安静休息区甚至周边居民和学校。因此，在规划分区时，要充分考虑使用者的使用需求，合理分布，避免各区之间相互影响。图 7.17 为深受群众喜爱的广州流花公园林荫广场。

图 7.17 广州流花公园林荫广场

3）公园中地形地貌的处理

公园原有地形多种多样，有起伏的山地丘陵，有低洼的水面沼泽，但是在公园规划中这些地形不一定符合公园各种功能和造景上的要求，有的地形过分崎岖不平，有的地形则过于平坦、一览无余。从造景方面讲，适当的高低起伏可以形成灵动多变的空间，立体效果更加丰富。在功能上，不同的功能区对地形的要求也不同。例如，文娱体育活动区要求在较开阔的场地进行活动，不宜选择崎岖的山地；而安静休息区则可利用山水分隔空间，营造局部幽静的环境；儿童活动区通常要求地势基本平坦，可结合地形起伏设置一些探险活动，但起伏多变的山地和大面积水体都不符合安全要求。因此，公园设计需根据实际情况对原有地形进行改造。

地形改造时应注意充分利用原有地形地貌及水体的特点，尽量少动土方。从因地制宜的原则出发，《园冶》云："高方欲就亭台，低凹可开池沼"。结合造景、功能各方面的要求，尽量做到土方平衡，节约投资。

除了创造美丽的风景以外，地形整理同时也应满足工程上的其他要求，如解决园内积水和排水，以及为有不同生态条件要求的植物创造各种适宜的地形条件等。在公园内利用原有低洼地形设置湖面，不仅可以营造出优美的滨水景观，还可大大减少土方量，并且可令周边干净的雨水就近排入湖中，减轻公园排水系统的压力，解决内涝问题。事实上，已有不少城市将调蓄湖水的水利项目与公园造景相结合，建成既有调节城市蓄水排洪功能，又能提供优美公共空间的湖滨公园。

4）确定公园的交通系统

公园规划设计中，完成了功能分区和地形处理后的一个重要步骤就是规划园路。结合之前所选定的公园主次出入口位置，完成公园交通系统的确定。在功能上，公园中的园路起着联系各区、各景点的作用；在形式上，公园园路的形式直接决定了公园园林的布局形式，采用规则式、自然式还是混合式。

通常来讲，公园内的园路系统分三级，主园路、次园路及园林小路。主园路往往是公园中的主环，宽度最大（一般 3～5 m，必要时可为 5～7 m），起到连接各出入口和各大功能区的作用。次园路宽度次之（一般 2～3 m），是各区内的主要道路，往往又辅助联系主要道路，分布全园，形成一些小环路，使游人能深入公园的各主要景点。园林小路宽度在 1～2 m，形式灵活多样，分布在全园各处，联系所有景点或作为方便的连接通道。公园中各级园路除通过宽度来区分以外，还可用不同材料及铺装形式来表示，这样可以起导向作用，引导游人沿着一定方向前进。

公园的园路设计应注意与地形结合，主、次园路应保证无障碍设计。即使部分园林小路（如汀步、嵌草、自然面块石铺装等）无法做到无障碍，也应保证各主要景点能够无障碍进入。

总之，道路设置应当从功能出发，并结合风景画面的透视线和各分区不同条件。由于园路的形式体现了公园的布局形式，所以布局和其曲直都应当仔细推敲，无论曲线或直线，都要有其原因，并且要考虑实际使用和游人在道路上观景的感受，而不是仅仅从“构图需要”出发，过分追求形式而给游人带来不便（如主次不分、导向不清、走回头路等），以致失去园路的基本意义。

5）分区方案设计

根据之前规划好的各个功能分区进行各区的方案设计，包括主要景点的设置，主要建筑物、次园路、园林小路的布局，园林小品的布点和设计等。围绕分区的功能，结合地形设计的进一步细化，通过园路、平台、地形、水景、建筑物、园林小品等组织空间，营造步移景异的园林特色。

6）植物造景分区规划

城市公园的一大功能就是生态功能，作为城市绿地系统的重要组成部分，城市公园对城市的生态系统起着举足轻重的作用。城市公园中，绿地面积占比应超过65%，因此，公园里的植物规划对公园的景观和功能的影响是最大的。

在公园规划阶段，首先要确定公园植物造景的特色，合理分区布局。确定各区骨干树种和基调树种，从而明确各区的特色。例如，春夏秋冬四季景色，红黄蓝绿不同色彩，不同地域特色植物景观，或赏花、观果、闻香等不同体验。植物规划要结合功能区的特色和地形要求进行设计。例如，纪念区可规划松柏类植物，儿童活动区不宜种植带刺和有毒的植物，安静休闲区可考虑选用清香、花色淡雅的植物，等等。公园的植物规划必须从公园的功能要求来考虑，如对全园的环境质量要求、游人的活动要求、庇荫要求等；其次是从经济性和生物学特性的角度来考虑；最后是植物布局的艺术性和植物搭配问题，突出公园在植物造景方面的特色。图7.18为广州流花公园内享誉海内外的盆景园流花西苑。

图7.18 广州流花西苑

4. 详细方案设计

详细方案设计应对公园主要景点景物的风格、特色、造型等进行较明确的确定，例如，园林建筑的平/立面（风格、造型、色彩、大小尺度、平面布局等）、特色园建小品的造型色彩及材料、公园家具（指示牌、路灯、垃圾桶、座凳、饮水器等）造型设计。

根据公园的使用要求，确定服务及管理配套设施，包括游客服务中心（规模较大的综合公园或专业性较强的动物园、植物园、儿童公园等）、休息亭廊、厕所、小卖部、管理办公用房（包含办公室、会议室、工具房等）、停车场、苗圃（规模较大的公园才设置，用于苗木培育和临时周转）等。

5. 其他规划设计

其他规划设计包括环保节能措施、主要经济技术指标（公园用地指标分配和游人容量计算）、项目投资估算等内容。属分期建设的公园，还应提出分期实施计划。

公园的规划设计是一个从粗到细，从概念规划到具体设计的过程。概括起来，总体规划阶段的主要任务如下。

（1）协调公园与城市规划及城市绿地系统规划的关系。

（2）确定公园的性质、规模和特点定位。

（3）确定公园的主要功能和各项功能对应内容和设施。

（4）确定公园的分区。

（5）确定公园的布局形式。

（6）确定公园的交通系统。

（7）确定公园的景观格局。

（8）确定公园的主要服务设施。

（9）用地平衡。

（10）投资估算和建设周期计划。

（11）效益（社会效益、生态效益、经济效益）分析。

上述各项任务并不是孤立进行的，而是相互影响，需要总体协调、全面考虑。在公园规划设计过程中，虽然遵循了一定的先后顺序，一步一步地深入设计，但在思维过程中，需要设计师全面综合统筹。例如，在功能分区的同时，要考虑到对地形的处理；在地形设计时，也要对全园的道路系统有所规划；分区方案设计时，各景点布置要与道路、地形紧密结合；而全园的绿化规划布局，在分区和地形设计之初就要有初步打算。

7.4.3 工程设计阶段

城市公园设计方案确定后，进入工程设计阶段，包括初步设计和施工图设计两个阶段。

对于相对复杂、涉及专业较多的城市公园设计，进行初步设计阶段把关十分必要。初步设计通过对工程主要造型、结构、材料的把关，到对工程项目投资进行初步把控的作用，并且有利于各交叉专业间的协调。公园设计涉及的各专业均有对应的国家规定的初步设计图纸深度要求。初步设计阶段须提供各专业达到初步设计深度的图纸及项目投资概算。政府相关部门（如建设及主管部门）组织各专业专家对初步设计图纸进行审查，资金管理部门对项目概算进行审查，目的是有效控制项目投资规模，保证项目设计的合理性。

初步设计审查通过后，就可进入施工图设计阶段。施工图设计要求详细地将公园设计通过图纸表达出来，达到指导施工的设计深度，本阶段要求提供项目详细预算。

7.4.4 施工跟进阶段

由于公园设计和施工涉及专业多，交叉作业，现场情况较复杂，设计人员虽已完成图纸，但设计并未结束，现场跟进是关系项目成败的关键。公园建设施工期间，要求设计人员进行现场指导、设计调整和现场协调，主要任务有：饰面材料看板定样和现场铺砌，重点植物材料选定和种植，假山、水景工程的现场施工，等等。由于园林设计的特殊性，在现场施工当中，往往不可避免地要有一些调整，如避让管线、场地标高调整、建筑收口、植物品种规格等随现场变化而变更，但需要特别注意的是如何掌握工程变更的“度”，做到保证工程效果和质量的适度合理变更，并且不能违反国家和地方工程建设法律法规，杜绝违规操作或从中牟利。

现场设计的一个重要环节就是植物种植及景石的安置。植物是有生命的材料，而景石和植物的形态是独一无二的，我们在设计时只能做到尽量符合设计审美需求、合理配置，但要使造园更加生动、体现自然美感，还须设计师现场把控关键工序，这就是“二次设计”。在公园建设过程中，主景植物的种植和主景石的安置是需要设计师到场确定的，设计师在掌握了设计主要意图和精神的前提下，根据实际到场的材料进行现场调整，使之更符合场地的特定需求，达到设计预期或更优的效果。

7.5 城市公园设计实例

古今中外，著名的城市公园成功案例非常多，本节只选择几个地域性和代表性都很典型的实例进行详细阐述，它们包括纽约中央公园、广州珠江公园、广州兰圃和深圳前海运动公园。

7.5.1 纽约中央公园

中央公园号称纽约“后花园”，坐落在纽约摩天大楼耸立的曼哈顿市正中，占地843 ac(约 3 km^2)，是纽约最大的城市公园。在 1858 年的中央公园设计竞赛中，奥姆斯特德及沃克斯二人合作的以“绿草地”为主题的设计方案在35个应征方案中脱颖而出，成为中央公园的实施方案。公园由奥姆斯特德主持建造，历时15年，于1873年全部建成，是一处完全人造的自然景观，四季皆美景，春天嫣红嫩绿，夏天阳光璀璨，秋天枫红似火，冬天银白萧索。

1. 规划原则

中央公园的规划原则被称为“奥姆斯特德原则”，并被作为城市公园的设计准则而广泛应用，主要有以下内容。

（1）除了在非常有限的范围内，尽可能避免使用规则形式。

（2）保护自然景观，恢复或进一步强调自然景观。

（3）开阔的草坪要设在公园的中心地带。

（4）选用当地的乔木和灌木来形成特别浓郁的边界栽植。

（5）公园中的所有园路应设计成流畅的曲线，并形成循环系统。

（6）主要园路要基本上贯穿全园，并由主要道路将全园划分为不同区域。

2. 整体风格

中央公园整体上以自然式风格为主，辅以规则式。最受欢迎的是公园内大面积的草地，有大草坪（The Great Lawn）、绵羊草原（Sheep Meadow）、北部草甸（North Meadow）、东部草甸（East Meadow）等，给人以舒适、平坦、开阔的感觉，是游客们休闲野餐、享受日光的最佳去处。靓丽的大草坪和林荫道使游人印象深刻。

3. 内外交通

中央公园四周皆为城市街区，超过100个街口与公园四周的环行路相接。为解决复杂的交通，不受园外汽车的干扰，园中有专设道路供步行、骑马或乘马车游览，三者互不干扰，在以马或马车作为主要交通工具的年代，这让人们可以“人不下鞍、马不停蹄”地去逛公园了（图7.19）。

图7.19 中央公园游览道

4. 著名景点

中央公园（图7.20—图7.23）为城市中的大型综合性公园，根据功能需要分为多个景区(景点)。

图 7.20 中央公园自然地形

图 7.21 中央公园湖景

图 7.22 中央公园建筑

图 7.23 中央公园主题雕塑

1) 杰奎琳·肯尼迪·奥纳西斯水库

杰奎琳·肯尼迪·奥纳西斯水库(Jacqueline Kennedy Onassis Reservoir)位于中央公园中部,为一个很大的湖面,也叫中央公园水库,周边由粉红色杜鹃花和一条颇具人气的慢跑路径环绕,人们从这里可欣赏周边摩天大楼的美丽景观。

2）绵羊草原

绵羊草原(Sheep Meadow)在1934年以前是用来放牧绵羊的，如今虽已不再放牧，却为人们提供了野餐及日光浴的好地方，四周以栅栏围起来，人们在这里可以看到很壮观的日光浴场景色，近处的茵茵草原与“日光浴”也是夏日一大景观。

3）中央公园动物园

中央公园动物园(Center Park Zoo)规模并不大，但对城市家庭来讲，正好适合一家人消磨一个悠闲的周末早上。园内有海狮表演区(The Central Sea Lion Pool)、极圈区（Polar Curcle）和热带雨林区（Tropic Zone）。园中有受大家欢迎的海狮、可爱的小企鹅、可爱笨重的北极熊，还有各种形貌多样的热带植物与花卉，色彩缤纷，惹人喜爱。

4）草莓园

草莓园(Strawberry Fields)为纪念约翰·温斯顿·列侬而建。列侬是英国著名摇滚乐队“披头士”成员，是摇滚史上最著名的音乐家之一，也是披头士乐队的灵魂人物，代表作是《永远的草莓园》(*Strawberry Field Forever*)。每年12月8日(列侬遇害日)，全世界的披头士歌迷会聚集在此一同纪念他，平时也有歌迷会在马赛克图形上点一根蜡烛、放一束鲜花来凭吊他。

5）保护水域

保护水域(Conservatory Water)以“模型船池塘”闻名，春天至秋天的星期六早上，这里会举行模型船比赛，比赛地点位于那座新文艺复兴风格的水坝前，湖边有爱丽斯梦游仙境的雕像，还有丹麦小说家安徒生的塑像，夏天的周末则有人在这里为小朋友们朗读故事书。

6）戴拉寇特剧院

每年夏天，在纽约中央公园戴拉寇特剧院(Delacorte Theater)都会上演莎士比亚戏剧，由常驻公共剧院(The Public Theater)表演的约瑟派普（Josph Papp）剧团担纲演出，观众反响相当热烈。

7）毕士达喷泉

毕士达喷泉（Bethesda Fountain）(图7.24)位于公园核心的湖泊与林荫之间，建于1873年，为纪念内战期间死于海中的战

图7.24 中央公园毕士达喷泉广场

士而建，围在喷泉旁的四座雕像分别代表“节制”“纯净”“健康”与“和平”。

8）眺望台城堡

眺望台城堡是中央公园学习中心的所在地，中心内的“发现室”为游客提供园内野生动物相关信息，从1919年开始，这座城堡也是美国气象中心。

奥姆斯特德早在1863年就发现纽约市许多单位都觊觎这块风景，于是亲手订立了一个禁止侵占的条例。但事隔一百多年后，园中还是增添了不少设施，原来的田园风味也改变不少，如今纽约人能在市中心享用到如此优美的大公园实属难得。这段历史正好也说明在一个城市的发展过程中，要保留一座公园是多么困难！尽管如此，造园家西蒙兹仍高度评价中央公园：“凡是看到、感觉到和利用到中央公园的人，都会感到这块不动产的价值，它对城市的贡献是无法估计的。”他还郑重地提醒城市规划的人，绝不能忘掉中央公园为我们提供的价值，这样早有预见的城市公园是很好的学习榜样。纽约中央公园不只是纽约市民的休闲地，更成了世界各地旅游者喜爱的旅游胜地。

7.5.2 广州珠江公园

广州珠江公园坐落在广州天河区珠江新城腹地，珠江公园占地面积为28 hm^2，是一个集观赏、游憩、科普和休闲于一体的市级公园，于2000年9月起对公众开放。园中种植乔、灌木达2.8万株，灌丛和地被占地14万 m^2，绿化覆盖率达88.45%。珠江公园已成为广州新城市中轴线上的一片绿洲。广州珠江公园突出了岭南园林的地域性特征，园内根据植物生态及绿化造景的不同，挖湖堆山、整理地形，并以大湖为中心划分出多个风景园林区，各景区的绿化种植聚散有致、绿树成荫、层次丰富、色彩艳丽，创造出一个优美的山水生态园林式公园，集观赏、游憩、文化、休闲于一体，是市民们旅游休闲的好去处。

1. 总体布局

珠江公园的空间布局呈典型的自然式布局，没有明显的空间轴线，园内各级道路均以环形为主，自然流畅。在地形处理上注重因地制宜，在原有地形上挖池堆山，“快绿湖”水域岸线曲折流畅，湖边堆山，结合茂密的树林，给人以深远而幽静的感觉。园中园是岭南园林的一大特点，珠江公园也采用园中园的空间布局。在空间上，公园主要划分为风景林区、湖滨区、阴生植物区、园博园区、百花园、桂花园、木兰园、棕榈园等景区，每个景区都各具特色。图7.25所示为珠江公园总平面图。

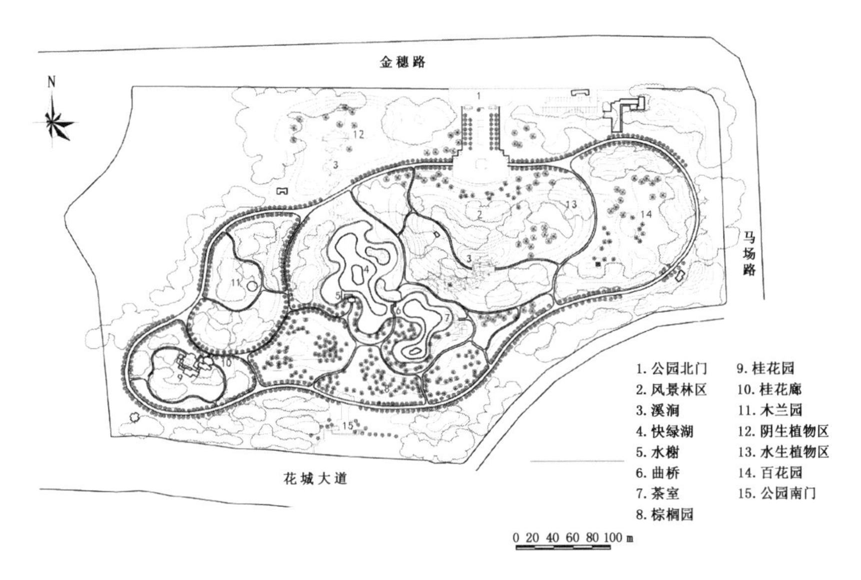

图 7.25 珠江公园总平面图

2. 园林建筑特色

园内建筑以岭南建筑风格为主。园内亭廊众多,造型各异,但均为岭南风格,朴实自然。公园入口建筑(图 7.26)及水榭(图 7.27)等园林建筑均注重比例,尺度恰当;木兰园的亭廊蓝顶白柱,看上去轻巧又清新;抱珠楼是一个山顶观光楼,是园内主要景点之一,也是全园制高点。园中各建筑在材料选用上注重对地方材料的运用,色彩淡雅,外观朴实,岭南风格明显。

图 7.26 珠江公园主入口建筑　　图 7.27 珠江公园椰风水榭

3. 植物配置

珠江公园在植物配置上主要以风景林为主,园内的植物配置多用乡土树种,充分体现广州地区的地域特征。棕榈园区种植大量的棕榈科植物，形态各异，极具亚热带风情(图7.28)。阴生植物园及桂花园都种植了品种繁多的乡土树种和花卉。此外，在木兰园中也有不少植物品种，木兰作为北方树种，在南方大量种植并不多见。

图 7.28 珠江公园植物景观

4. 主要景区

1）风景林区

风景林区位于公园最高的山地，以成片的混交林种植为主，运用各种配植手法及不同的树种，体现不同的季相和花期，形成一个植物色彩丰富、层次鲜明的景区。山上有高耸云霄的英雄树，翠绿茂盛的南洋杉，植物景观非常丰富。山上的“抱珠楼”是全园的最高点，登楼眺望，公园美景尽收眼底。山南“积石飞泉”以自然的山石砌筑而成，瀑布飞溅而下(图 7.29)，溪涧蜿蜒其间，溪涧源头“奔雷”声势浩大，雄伟壮观。山北鲜花丛丛，争奇斗艳。

图 7.29 珠江公园飞泉

图 7.30 珠江公园快绿湖

2）湖滨区

位于公园中部的“快绿湖”(图 7.30)宛如仙境中的一颗明珠。沿湖区设置的具有岭南建筑特色的品绿茶室和椰风水榭，使岸边的景色更加优美自然。湖面上的曲桥“初月出云”，而小桥上的三道波光柱则像“长虹饮涧”，在阳光的照耀下变幻出万紫千红的彩霞，与落羽松、串钱柳和棕榈林相互映衬，引人驻足。

3）阴生植物区

阴生植物区“醉绿园”（图 7.31）以热带阴生植物为主，栽种多种珍贵和稀有的阴生植物品种。满园的兰花芳香扑鼻，盛开的蝴蝶兰、舞女兰像万千只彩蝶在游人身旁飞舞。“石涧鸣琴”景点潺潺流水、声如鸣琴，大型的喷雾造就一幅如诗、如画、如梦的意境。身在其中，恍如天上人间，身边的白云缥缈，美不胜收。园中配植的珍贵植物有黑桫椤、澳洲苏铁、水瓜栗等品种。

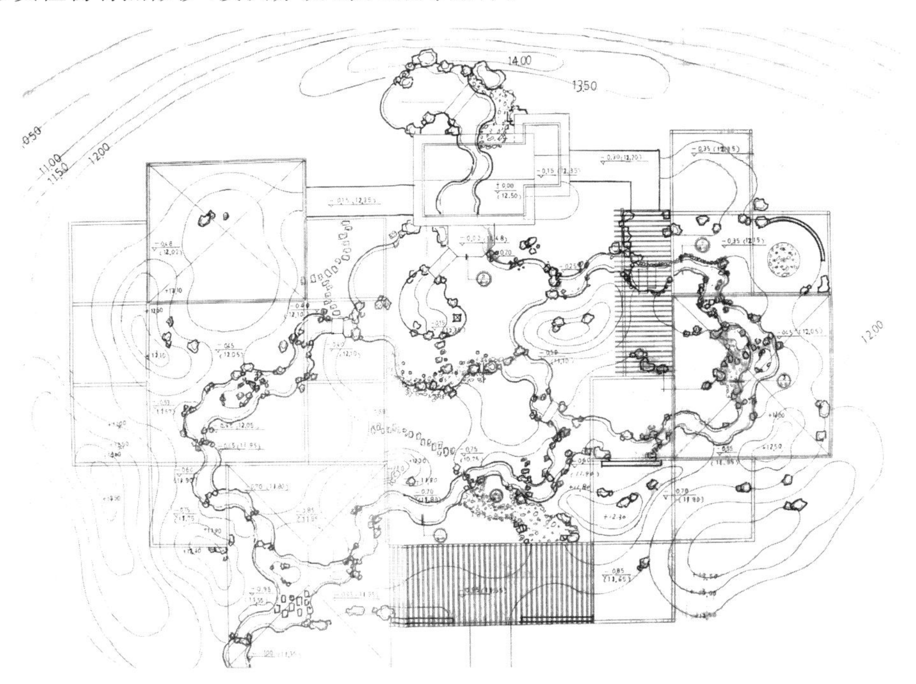

图 7.31　珠江公园阴生植物区平面图

4）棕榈园

以热带棕榈科植物为主的棕榈园（图 7.32），集中了近百个品种，各种棕榈植物高大挺拔，在灌木、地被花卉、景石的衬托下，充分表现出独特的热带风光。名贵品种有加拿利海枣、国王椰子、狐尾椰子等。

5）园博园区

珠江公园西部园区约 67 hm^2 的用地因作为 2001 年在广州举办的中国第四届园林博览会用地而被保留下来，目前园内还保存着当时的部分景点（图 7.33）。

图 7.32 珠江公园棕榈园

图 7.33 珠江公园园博园区景观

7.5.3 广州兰圃

广州兰圃，位于越秀山西面，在林荫深处，是以栽培兰花为主的专类性公园。兰圃总面积为 5 hm^2，水体面积不大，约 9 000 m^2。兰圃堪称兰花王国，是观赏兰花的理想之地，建于 1951 年，初期是植物标本园，1957 年才改为专业培育兰花，后经过不断扩大、修建，成为一座名园。圃内收集的兰花有百余种，盆栽 10 000 多盆，还有其他名贵花卉 4 000 多盆。园内建筑皆为岭南园林风格，拱门、堆山、砌石、长廊、水榭等，根据地势起伏、溪池瀑布，设以石道小桥，植以茂林修竹，使景物交错，小中见大，步移景异。广州兰圃，一个地处繁华喧嚣闹市里的绿洲，面积虽不大，却集清灵、秀雅、宁静与精巧于一身，绝对是一个值得细细游赏的好地方。图 7.34 所示为兰圃总平面图。

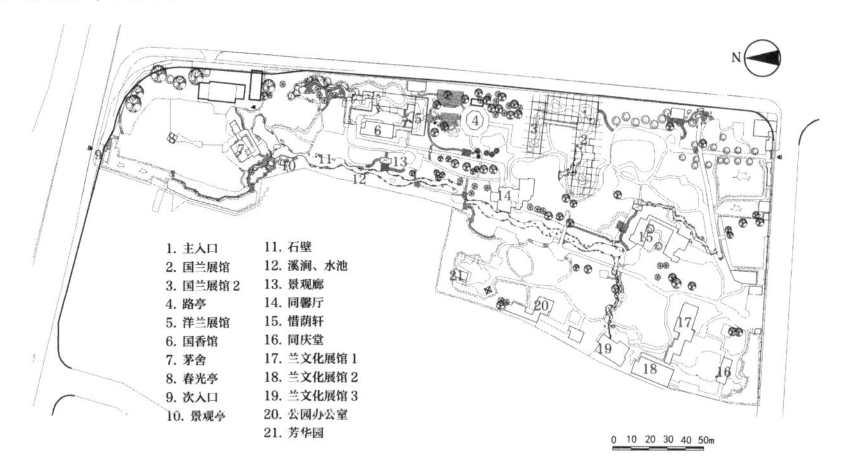

图 7.34 广州兰圃总平面图

1. 总体布局

园内分为东、西两区，西区建有芳华园和明镜园；东区以栽植兰花为主，兰花的数量和品种数以万计，其中有大荷花素、大凤尾素、卡特兰、石斛兰、仙殿白墨、企剑白墨等名贵稀有品种。兰圃共分三棚：第一和第三棚以栽培地生兰为主，一到开花季节，百花竞放，争奇斗艳，清香飘逸；第二棚主要是气生兰，花艳而少香。园内环境清幽，曲径回廊，鱼池花榭，绿荫假山，错落其间。图 7.35 所示为园内的兰棚。

图 7.35 兰圃兰棚

2. 主要特点

（1）兰圃的前身为植物标本园，故植物种类较多，是相对稳定的人工植物群落。

（2）兰圃有多种植物配植方式，有松柏林、竹林带、杂木林带、各种树丛和孤植庇荫树、花灌木、藤本和草皮植物，还有棕榈科植物（岭南风光树），突出各区的特点——静、秀、趣、雅。例如，用棕竹和南洋杉体现园区的“静”；通过多种植物种类和配植方式，呈现山林野趣，体现园区的“秀”；植物结合小桥流水等园艺因素体现园区的“趣”；用孤植、丛植观花、观景和观形的品种（刺桐、柳、睡莲等）体现园区的“雅”。图 7.36 和图 7.37 所示为园中的植物景观。

图 7.36 兰圃植物景观

图 7.37 兰圃疏林草地

(3) 兰圃也是难得的品茗佳处。这里品茗的地方有三个：国香茶馆、惜荫轩茶艺馆和茅舍茶艺馆，且各具特色。茶艺馆属于一种品茶与文化的结合、品茶与艺术的结合，讲究“茶道”。每一个茶艺馆都有优美的环境、舒适的家具、柔和的灯光和音乐，使游人真正体验兰圃茶艺的乐趣。

3. 艺术手法

(1) 化直为曲，小中见大。胜在曲，巧在变，妙在小中见大。兰圃原址地形狭长，为使单一的直线形空间变为多样的曲折空间，并使游人在空间内的静立视线活动转化为流动的视线活动，实现丰富园林层次、扩大园林空间的效果，在布局上采用纵横序列的手法来划分景区，从而使观赏线和景区空间化直为曲，化单一为多样。兰圃是“小中见大”的造园佳例，观赏者必须通过空间的序列过程，才能看到公园空间的全貌。

(2) 化有限为无限，扩大园林景域。由于园址不大，为了化有限为无限，采用茂林修竹，适当地以回廊阻隔，把公园界墙全部隐藏。园内绿丛与园外行道树互相交融，把游人视线引向无限远处，使小园变成无限景域，扩大园林空间。

(3) 空间对比，扩大园林空间。兰圃运用空间对比的手法是相当成功的。例如，兰圃入口景区与园景门洞后的景区，是两个不同情调的园林空间：前者狭长、对称、闭塞(图 7.38)；后者宽敞、自然、轻快。通过前者来到后者，游人就会感到豁然开朗。

图 7.38 兰圃入口狭长空间

(4) 空间渗透，增加空间层次。兰圃通过形式各异的景门、景窗、通廊、花格、树丛等，使游人从一个空间透视另一个空间的景物，有效地增加了园林空间的层次，这也是小中见大的艺术手法。

(5) 视点变化，视感不同、意境无穷。兰圃通过地形变化来提高或降低游人视点，使风景画面发生变化，从而达到扩大公园空间的感觉。例如，从“小桥流水”的拱桥曲径，行越“杜鹃山”山坳，使行人的视点高低发生变化，创造出不同的视野、不同的景面；又如，从“春光亭”沿阶而下钓鱼台，到亭下观鱼水榭，亭上俯视水面深渊，临榭者所见的水面似湖镜面，一高一低，观感各异，视野范围自然而然扩大了。

(6) 点景应用题咏、对联、诗词等，十分成功。

4. 主要景点

兰圃主要景点有惜荫轩、兰香满路亭、观鱼胜过富春江、朱德诗碑、竹篱茅舍、春光亭、千崖玉塔、野尾和尚、小桥流水杜鹃山、芳华园和明镜阁等。这里到处可见奇花异草，给人步移景换、如临仙境之感受。其中，芳华园(图 7.39)是中国参加慕尼黑国际园艺展时的中国庭园缩景，以占地少且景点多而闻名于世，被评为“最佳庭园”，荣获两项金质奖。

图 7.39 兰圃芳华园

兰圃自建园之日起，就一直受到老一辈党和国家领导人的关注。朱德 1960 年首次来到兰圃，就被这里的幽雅环境所吸引，其后几乎每年都要重游此地，关注兰花的生长情况，甚至还把自己培植的兰花赠送给兰圃，并在此题词留念。在 20 世纪 70 年代以前，兰圃一直是接待国家领导人和重要外宾的地方。1976 年，兰圃才正式对普通游客开放。

7.5.4 深圳前海运动公园

深圳市前湾片区位于深圳西部蛇口半岛的西侧、珠江口东岸，毗邻香港、澳门，由双界河、宝安大道、月亮湾大道、妈湾大道和西部岸线合围而成，公园占地面积为 71 428 m^2。该区域濒临南海，属亚热带海洋性气候，四季温暖湿润，雨水充沛，一年中有两次多雨期，夏季台风较大。规划地块地处深圳前海，为城市公共绿地，地势南高北低，位于前湾二路与前湾三路之间，北临梦海大道。前海环状水廊道由东向西流经地块北侧。地块南面有沿江高速及污水处理厂，环境相对较为嘈杂；地块东面为商业及办公区，人流量较为集中。图 7.40 为前海运动公园总体鸟瞰图。

1. 总体规划

深圳前海运动公园地块为城市公共绿地，主要以市民体育健身、休闲娱乐、举行小型市民活动、教育展览等功能为主。公园按功能分为五个区，分别为运动场地区、休闲健身区、滨水景观区、安静休闲区和生态停车区。图 7.41 为前海运动公园总平面图。

图 7.40 前海运动公园鸟瞰图

（1）运动场地区包含三个篮球场、两个网球场和一个标准足球场，满足周边人群的体育需求。设计考虑了风和光照条件，适合各种使用者进行体育活动，也提供了方便快捷的出入口和配套的休憩场所。

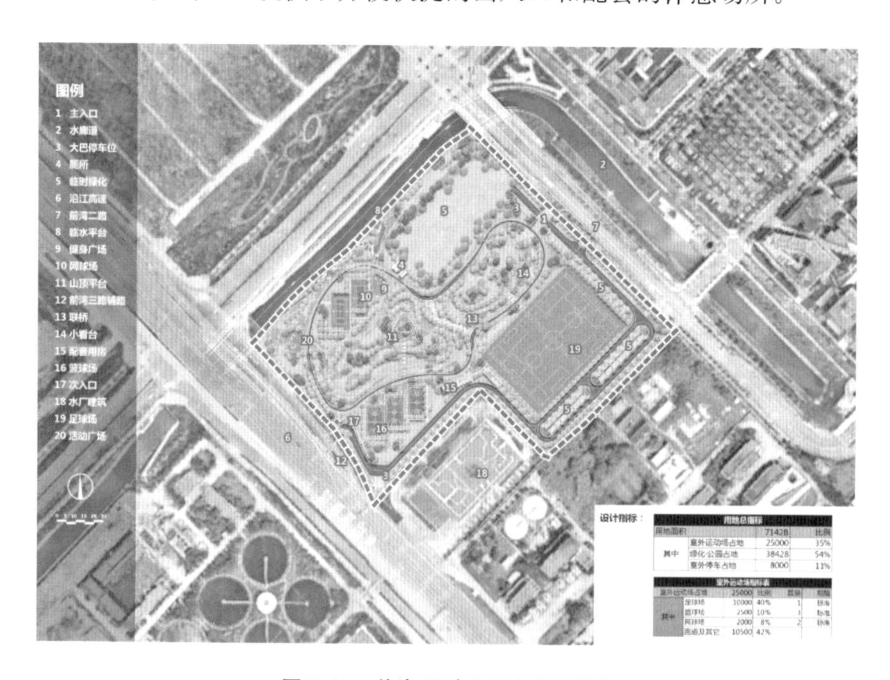

图 7.41 前海运动公园总平面图

（2）休闲健身区是非定向的体育运动场所，一处放置少量健身游乐设施来满足老人与小孩的健身需求，另一处是人们进行瑜伽或太极等轻缓健身运动的场地。

（3）滨水景观区：地块北侧毗邻环状水廊道，可结合水廊道设计滨水体验区。一方面，提供一个舒适的滨水休憩环境给运动之余的人群；另一方面，把绿化景观扩展到整个水廊道，使其成为城市绿廊的一部分。

(4) 安静休闲区设置在离运动场地较远的区域，种植乔木、灌木、植被，环境安静宜人，使非运动人群能在公园中找到不受干扰的停留场所。

(5) 生态停车区位于场地外围，共设停车位约190个，可隔离运动场地与污水处理厂。现代自然的生态停车位设计既丰富了单调的停车景观，也可以作为城市海绵体的一部分。

2. 园林景观特色

深圳前海运动公园绿化风格为现代自然式园林，设计体现出运动主题特色。园路多用曲线，分割各功能分区，使观赏视线化直为曲，化单一为多样。用绿化把围墙掩映，让人感到空间无限。场地绿化与河滨绿化视线互通，从而把游人的视线引向无限的空间。通过组织各种大与小、开敞与封闭、不同趣味的空间，给人不同的感觉，从而产生丰富的空间景观。

3. 地形设计

在生境营造方面，通过地形营造围合空间，减少外界城市环境对场地的干扰，营造的小气候，为生物提供多种不同的生境空间，改善植被的生长环境，干燥、湿润和混合的生长空间有利于滨海空间生物多样性的恢复。从生态防护的角度分析，滨海空间的微地形在台风和暴雨等极端恶劣的天气下，可以作为城市空间防御自然灾害的界面。公园采用生态疏导的形式，结合地形允许涨水期有部分绿地被短时间淹没，利用耐水湿植物，在竖向设计上使滨海洪泛空间成为城市优质的开放空间。隆起的地形能够有效削弱台风和洪涝等给城市造成的影响。

从城市干扰削减方面分析，运动公园滨海空间绿地生境模式通过列植常绿乔木(如高山榕、香樟)，减轻车行环境对公园生态系统的影响；在隆起的地形上种植观赏性高的植物(如国王椰、桂花、老人葵、南洋楹、人面子等)，结合景观效果和固坡效果俱佳的灌木(翅荚决明、垂叶榕、小叶紫薇、黄花夹竹桃、多花红千层等)来营造丰富的植物景观和保持水土；水边种植水生植物(如芦苇)，软化硬质边界、营造生境。这种模式中人的参与性较强，景观视线通透。图7.42和图7.43分别为前海公园竖向设计图及场地剖面图。

4. 生态海绵设计

填海区域地表黏性土壤，渗透系数小，地下水位高，不适合雨水下渗；常年遭受海风，且台风在每年的5—9月较多，集中降雨量较大。因此，结合海绵城市的建设理论，进行雨水花园的设计，以便对该区域的地表径流和雨水进行管理收集和净化。

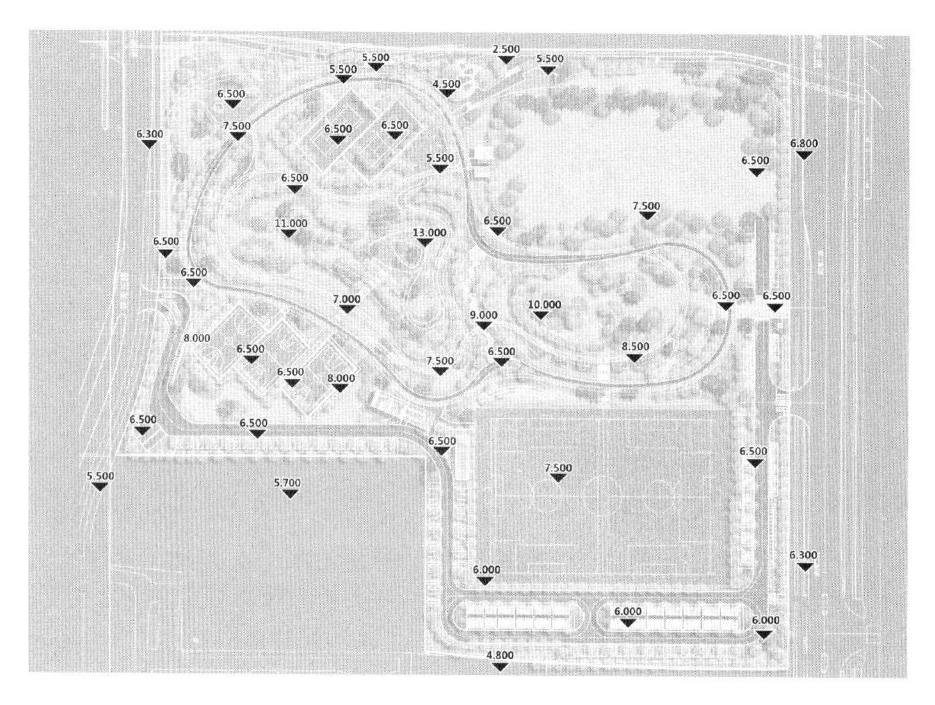

图 7.42　前海运动公园竖向设计图

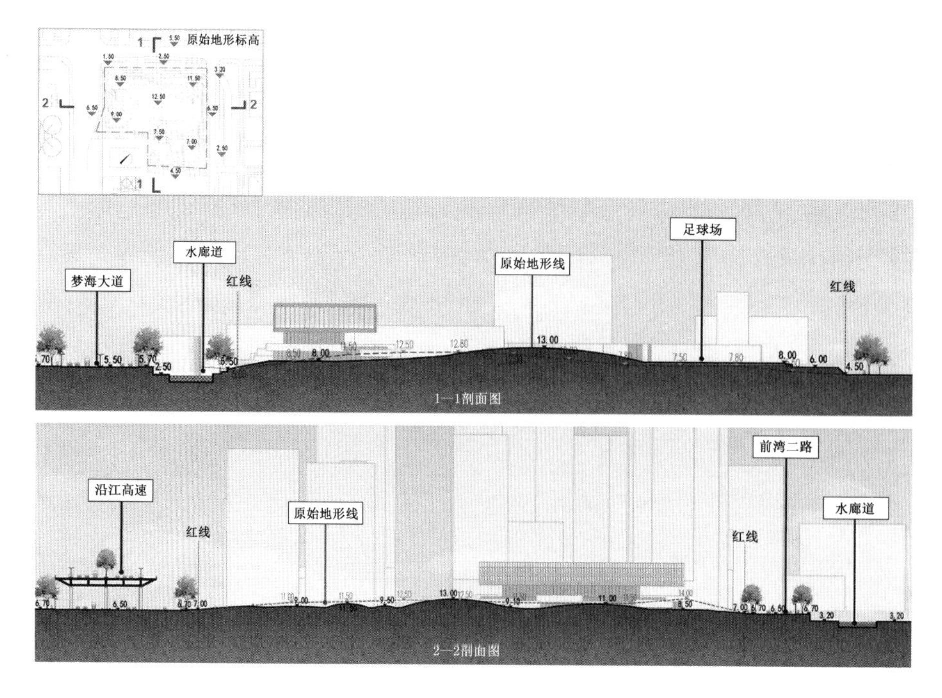

图 7.43　前海运动公园场地剖面图

按当地政府的要求，项目多年平均径流总量控制率不低于85%，年径流污染削减率不低于70%。项目结合竖向规划、道路坡向、管线（沟）长短划分不同的排水区域，景观局部设下凹式绿地、雨水花园、渗排一体设施。雨水花园保证一定的渗透及滞水量。将现状绿地改造成植草沟、可用于调蓄和净化径流雨水的绿地，达到对雨水的收集调蓄效果，植草沟应根据植物耐淹性能和土壤渗透能力确定。

雨水花园是前海片区雨水控制的主要景观措施。雨水花园的植物选择原则是优先选用本土植物，搭配外来植物；选用根系发达、茎叶茂盛、去污能力强的物种；选用既耐涝又抗旱的植物。基于雨水花园的植物选择原则，结合深圳市自然地理环境和雨水花园的结构做法，将雨水花园划分为边缘区、缓冲区和积水区。在这三个区域中，由于水淹的程度不同，植物配植应充分考虑植物的栽培习性。雨水花园效果如图7.44所示。

图7.44 前海运动公园雨水花园

5. 绿化设计

本次绿化设计以点、线、面展开，在各入口、区内设置若干个植物小景点，并通过绿色路网将各区内景观串为一体。主要景观节点绕主园路慢跑道展开，地块东西方向形成一条景观主轴，沿主轴两侧设置了6个次要景观节点，在东西向有两条景观副轴连接各个小景观。同时，在苑内较大绿地上成片栽植1～2种植物，形成数量上的优势，给人以气势宏大之感。植物栽植上考虑高低错落之变化、落叶与常绿的搭配、季相与色彩的变化、疏与密的对比。此外，考虑生态效应、多维空间的绿化，使整个园区沉浸在绿色之中（图7.45）。种植设计选择造型优美、无毒的植物作为四季花园的绿化素材。根据各分区的景观特色重点栽植季节性植物，同时满足各季节的景观需求。经合理配置后，各绿化元素能在最大限度上创造动人的自然之美。植物种植的同时考虑整个园区空间层次的营造，乔木、灌木及地被植物搭配种植，可以丰富空间环境层次（图 7.46）。

图 7.45　前海运动公园植物景观(一)

图 7.46　前海运动公园植物景观(二)

保留原有的小叶榕、秋枫、火焰木等常绿苗木作为基调树；迁移并群植小叶榄仁等竖向乔木，增加天际线的起伏；适当调整原有红花紫荆、美丽异木棉和蓝花楹等开花植物的种植位置，群植于保留区域内，丰富原有林相的色彩。在重点位置点缀黄榕球、黄金香柳和灰莉球等，增加配置层次。通过常绿乔木、开花灌木、耐阴地被获得微地形草坪，提供阴凉的同时，给人美观舒适的游憩空间（图 7.47、图 7.48）。

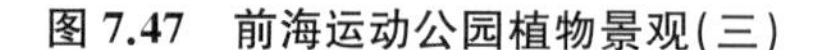

图 7.47　前海运动公园植物景观(三)

图 7.48　前海运动公园植物景观(四)

6. 部分工程技术图

深圳前海运动公园的部分工程技术图如图 7.49—图 7.51 所示。

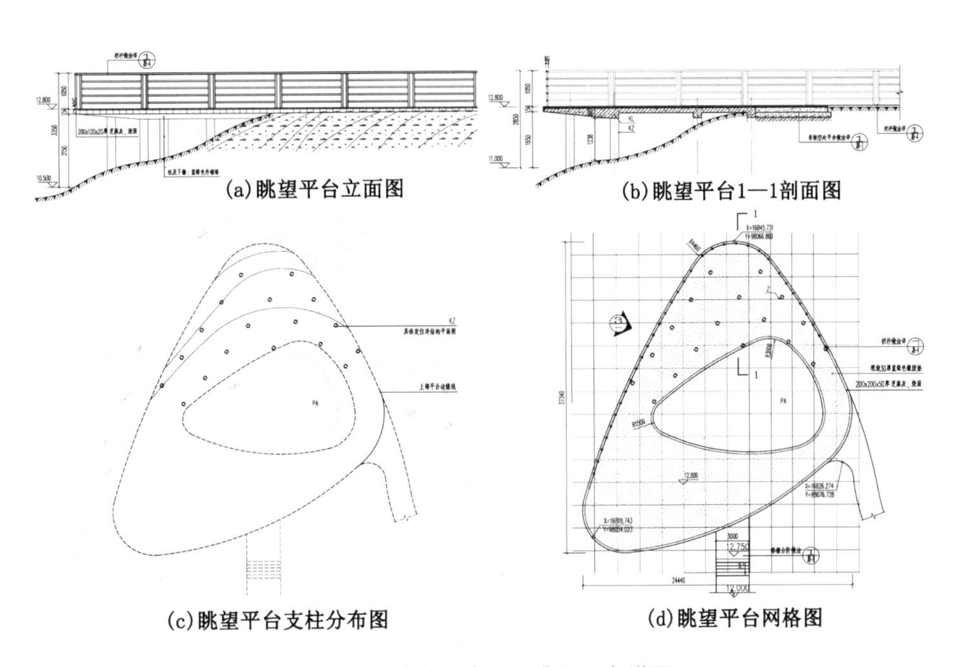
(a)眺望平台立面图
(b)眺望平台1—1剖面图
(c)眺望平台支柱分布图
(d)眺望平台网格图

图 7.49 前海运动公园眺望平台详图

图 7.50 前海运动公园下凹式雨水花园索引平面图

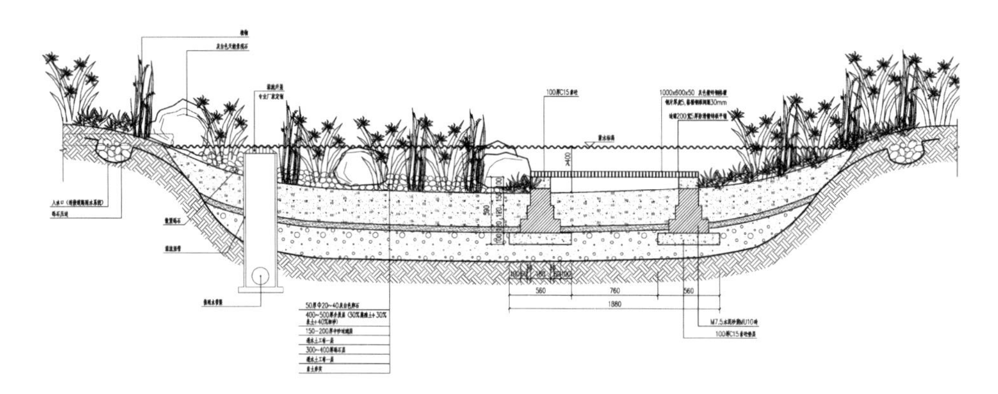

图 7.51 前海运动公园下凹式雨水花园剖面图

本章小结

本章主要讲述城市公园的概念和类型、不同类型城市公园的特点；城市公园的设计原则、设计阶段，以及在不同设计阶段应注意的问题和应达到的设计要求；并通过城市公园的典型案例对城市公园的设计方法加以阐述。

城市滨水绿地

导读

城市滨水空间是城市邻近水体的部分，往往是城市建设和发展的重点地段；而城市滨水绿地是指在城市规划用地范围内，与江、河、湖、海等水域相接的一定范围内的城市公共绿地。基于其特殊的滨水空间和绿地属性，城市滨水绿地在城市现代化进程中的作用越来越大，对城市的人居环境建设、生态环境建设和经济发展均起到重要的作用，是城市中极具地域风情的公共绿地空间。本章先介绍城市滨水绿地的概念和功能，再阐述其规划设计的原则和方法，最后选取典型案例进行具体分析。

8.1 城市滨水绿地的概念

8.1.1 城市滨水空间

城市滨水空间是城市中一个特定的空间地段，是指与河流、湖泊、海洋毗邻的区域，即城市邻近水体的部分。城市滨水空间通常包括200～300 m的水域空间及与其相邻的城市陆域空间。城市滨水空间对人的吸引距离为 1～2 km，相当于步行 15～30 min 的距离。根据毗邻水体的不同，城市滨水空间可以分为滨海、滨江、滨湖等。美国学者安妮·布里恩和迪克·里贝根据用地性质的不同，将城市滨水区划分为商贸、娱乐休闲、文化教育与环境、居住、历史、公交港口等六大类。

8.1.2 城市滨水绿地

城市绿地指在城市规划用地区域内，具有优化生态环境、保持生态良性发展、美化市容市貌、提供休闲游憩场地或具有卫生、安全、防护等多种功能，种植有绿化植物的区域。

城市滨水绿地，从狭义上理解必然属于城市绿地范畴，是处于城市滨水空间区域的绿地，并且属于公共绿地，具备开放性、系统性、生态性等城市公共绿地的特征。从广义出发，在城市空间格局上，城市滨水绿地又属于城市滨水空间，是城市范围内江、河、湖、海等水域与陆地相接的一定范围内的区域。因此，城市滨水绿地可定义为：在城市规划用地范围内，与江、河、湖、海等水域相接的一定范围内的城市公共绿地。城市滨水绿地可以由陆地空间、水域空间、水陆交汇空间三部分构成，其空间边界具有不确定性。其中，水域为城市用地分类中的“水域”部分，不包括其他用地（如居住用地等）的内部水体、人工水池等。

8.2 城市滨水绿地的功能

8.2.1 城市生态功能

城市滨水绿地作为城市绿地系统的重要组成部分，其生态功能主要体现在生态安全与生态防护两个方面。

生态安全层面，城市滨水空间的防洪设施建设一直是城市安全体系的重要组成部分。滨水绿地的营造会相应地改善滨水护岸的植被环境，防止水土流失，促进水体净化，形成良好的生态环境，提高物种多样性，促进河流及滨水区持续健康发展。此外，滨水绿地还能提升环境亲和力，中和防洪设施的坚硬与冰冷感。

生态保护层面，滨水绿地的多层次植物结构有助于在整个滨水环境中创造良好的生态氛围，而且复合结构的植物空间能有效提升城市滨水生态系统的抵抗力，增强其对环境污染的净化能力，同时提高大气环境质量，减少城市空气污染，营造良好的小气候。同时，城市滨水绿地是城市绿地系统的一部分，完整的绿地网络对城市生态环境具有良好的促进作用。

8.2.2 城市景观功能

滨水绿地通常沿城市岸线呈带状或片状分布，将城市各个不同用地性质的绿地联系起来，具有典型的绿色生态廊道的作用，同时也往往作为城市综合公园进行设计建设，属于城市绿地体系中最亲近市民的层级。城市滨水绿地以自然水体为轴线，结合滨水岸线的设计可以组织层次丰富的滨水绿地空间，滨水绿地多样的植物色彩能丰富城市景观色彩层次，提供市民亲水与休憩娱乐的空间。

此外，滨水绿地位于城市水陆交接带，绿地植物的包容性能将多种复杂的城市元素整合在一起，协调城市建筑、水体与植物之间的关系，强化空间的可观赏性。

8.2.3 文化与经济功能

滨水绿地所属的城市滨水空间蕴含着独特的城市历史文化与脉络。城市滨水空间多为城市聚落发源地，见证了大量城市历史事件，很多民俗传统与地方性活动都与城市滨水空间有关。而滨水绿地的植物具有独特的地理属性，给城市滨水绿地创造了可识别度高的地域性自然景观。通过精心设计，将城市文化与自然特色结合在一起，形成具有城市文化内涵的滨水绿地景观，作为城市形象的一扇窗口，展示城市的历史文脉与特色。

另外，城市滨水绿地的开发十分契合如今的城市化进程。城市滨水绿地的开发建设可以改善城市环境，引导投资进行周边土地开发，提升土地价值，给城市带来新的经济增长点，提供就业机会。位于城郊的滨水绿地在开发时可建立新的城市增长极，引导城市人口转移，有利于城市交通、居住和就业压力的缓解。

城市滨水绿地规划设计方法

8.3.1 总体规划原则

城市滨水绿地的规划建设应紧密结合城市总体规划，在城市公共空间、城市绿地系统、城市道路系统等方面进行合理的规划和布置，让滨水绿地在城市中紧密结合周边区域，作为城市系统的一部分在城市体系建设上发挥重要作用。城市滨水绿地的总体规划通常应遵循以下原则。

1. 整体性原则

从宏观的角度看，城市滨水绿地位于城市规划用地内，应符合上位城市规划、绿地系统规划和水系规划的要求。滨水绿地是城市绿地系统的一部分，在用地划分上须充分考虑其和其他城市绿地尤其是道路绿地的衔接，使其与周边用地有机地融为一体，保持城市公共绿地空间的统一。同时，滨水绿地规划应符合水系规划中的水安全、水生态、水景观、水经济、水文化的统一打造要求，构建综合效益高的城市绿地空间。

上海市苏州河环境综合整治工程使苏州河沿岸成为水质清洁、环境优美、气氛和谐的生活休闲区域。具体措施如下：通过强化苏州河两岸的交通联系，形成两岸步行交通的核心；加强区域的绿化环境建设，使之成为城市中尺度宜人、具有文化底蕴的绿廊；对两岸建筑和岸线的规划和控制使得建筑和整个河岸融合起来，形成连续的空间界面，提高了区域的地位。

2. 特异性原则

城市滨水绿地作为城市公共空间系统的一部分可以反映整体城市特色，成为城市文化与传统的载体。深入城市内部，每个独立的滨水空间应具有自己的特异性，结合所处区位环境和水系，形成自己特有的形象标识，区别于城市内其他城市公共空间。城市滨水绿地的特异性来源于其自身的各组成要素，包括人文要素和物质要素两类。人文要素为城市的历史文化与传统，物质要素则是自然状况、地形、地貌、气候等。城市滨水绿地的规划设计应深入挖掘其自身蕴含的各组成要素，在景观设计上与城市区位相结合，注重和周边城市区域演变历史的衔接，将设计融入城市发展中，同时，通过绿地景观的基调、建筑的风格、滨水区的处理、绿色空间的营造和特色景观的布置等，体现地域特色，在展现自身特异性的同时也有助于城市形象的提升。

3. 可达性原则

人具有天然的亲水性，城市滨水区域是人们很想到达的地方，可达性是实现城市滨水绿地公共性的基本条件。要满足可达性，一方面，应增强滨水绿地道路规划的系统性与通达性，注重内部交通系统和城市交通系统的接驳。另一方面，还应注重城市公共空间的衔接和植物群落层次的统一，实现外部道路空间和滨水绿地空间的衔接与过渡，不仅需要保持人行交通流线的畅通，还需要保持城市空间风格的统一和植物景观层次的衔接。

4. 多样性原则

城市滨水绿地具有绿地和城市特殊公共空间两重属性，需要承担复杂多样的城市功能。具体到规划层面，其多样性主要分为城市空间的多样性和城市生态元素的多样性两大方面。现代城市的复杂性决定了城市功能的多样性和形态的多样性。城市滨水绿地承担着多重城市功能，在空间上需要进行针对性设计，充分利用其空间特色资源，满足不同类型人群的需求，从而形成具有广泛适用性的空间，使各空间能够相互补充配合，体现空间形式与功能的多样性。

城市生态元素的多样性主要体现在滨水绿地"水陆交接带"的特殊属性。水陆交接带是生物多样性的载体和动植物生存栖息的场地，滨水绿地需要发挥其作为城市生态廊道和生态边界绿地的作用，在城市生态体系的构建上发挥更大的作用。在设计建造中，注意保护原生态的自然环境，修复被破坏的生态环境，同时建立层次丰富、水平及垂直结构合理的植物群落，这样更能发挥植物的生态效益，增强绿地系统的稳定性，增强生态系统的抵抗力。

8.3.2 功能设计方法

1. 功能内容

社会经济的快速发展给予居民选择更多生活方式的机会，为了满足居民多样化的需求，滨水绿地作为特殊的城市公共空间，需要承载的功能也越来越复杂。

城市滨水绿地的吸引力来源于两个方面。一是滨水自然环境。人的亲水性使得滨水绿地具有天然吸引力，成为城市绿地的焦点。亲水环境是滨水绿地的特色，营造受欢迎的亲水活动空间是滨水绿地设计的重要内容。在滨水绿地景观设计中，挖掘与水有关联的活动，增加亲水娱乐功能，让亲水空间除可以供人泛舟、触水外，还可以让人体验更多具有吸引力的滨水活动。二是富有魅力的城市公共空间。滨水绿地作为承担多重城市功能的公共空间，融入现代生活的滨水绿地成为富有魅力的城市公共空间。在保证滨水绿地自然生态安全的前提下，适当设置休憩设施，如咖啡茶座、舞台广场、文化娱乐设施、运动设施等，为社会活动及居民活动提供必要条件。

2. 功能布局

城市滨水绿地空间活力的根基在于人气，而人气不仅取决于城市滨水绿地的吸引力，更取决于滨水绿地空间与城市空间联系的便利性。在规划层面，交通衔接是提高便利性的重要举措；滨水绿地功能空间的组织也同样重要，合理的功能布局能产生更高效的利用价值，增添滨水绿地的活力。

1）集中式布局

在片状或者宽度较大的带状滨水绿地中，可以采用集中布局的方式组织功能空间，内部用环形轴线或者放射性轴线串联，并通过轴线延伸至场地外的城市区域，以达到空间衔接的目的（图 8.1）。此类布局的优点是集中布置，具有较高的土地利用率，并且能满足周边城市区域居民的多重需求，为居民生活提供了较大的便利性。因此，应在充分考虑水岸关系的前提下，利用较为整体的绿地进行空间划分，着重营造与滨水有关的功能性空间，将功能空间作为集中式布局的中心。

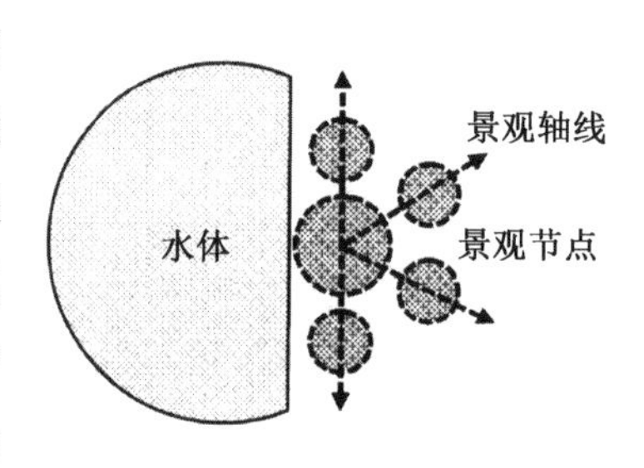

图 8.1 集中式布局

2）轴线串联式布局

在带状的滨水绿地中，长而窄的绿地一般具有平行于水岸线的景观轴线，各个功能分区大多沿着轴线呈带状分布（图 8.2）。此类分布方式的优点是分区清晰明了，各区特色鲜明，以水为轴构建联系紧密的景观空间。此类型的滨水绿地，尺度上应与周边城市区域相协调，避免过长的分布造成衔接困难，将功能空间尽量集中紧凑地布置，保证市民参与的便利性。

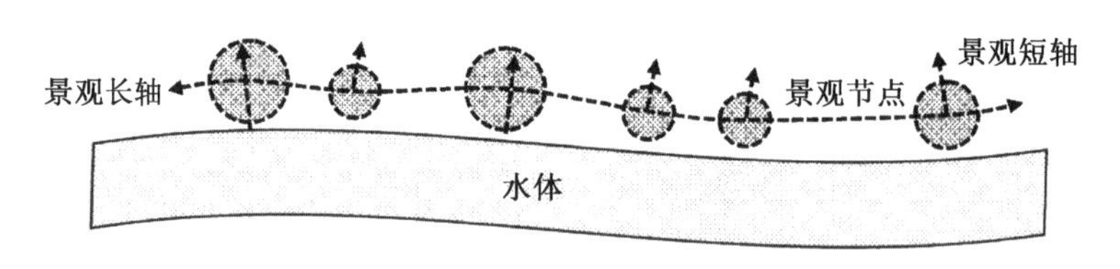

图 8.2 轴线串联式布局

8.3.3 空间布局方法

滨水绿地空间分布与绿地的形态有很大关联。带状滨水绿地在景观空间中的布局很容易出现景观单一的问题，而块状滨水绿地则容易形成空间不连贯的格局。为避免这两个问题，可从以下两个方面去考虑。

1. 景观轴线的连续

景观轴线将各空间串联，形成一个景观整体。在景观轴线的引导下，每一个节点都能展示自己独特的景观空间，而在整体上又保持了一致性，形成多样统一的观赏效果。滨水绿地的景观轴线离不开与水系的结合，多样变化的景观轴线是打破冗长单调滨水环境的重要方式。

1）视线转换

在面对缺乏变化的大尺度滨水景观时，人很容易产生审美疲劳，丧失游玩兴致。根据环境心理学的研究，选取固定的长度进行景观节点的营造，让不同风格的景观节点组成富于变化的序列，体现节奏与韵律，能提升游人的观赏兴致，缓解审美疲劳。具有吸引力的景观节点能在一定区间内成为游人的视线焦点，而不同的景观节点组成了不同的视线焦点区间，这样就能完成视线的转换，实现景观空间的多样性（图 8.3）。

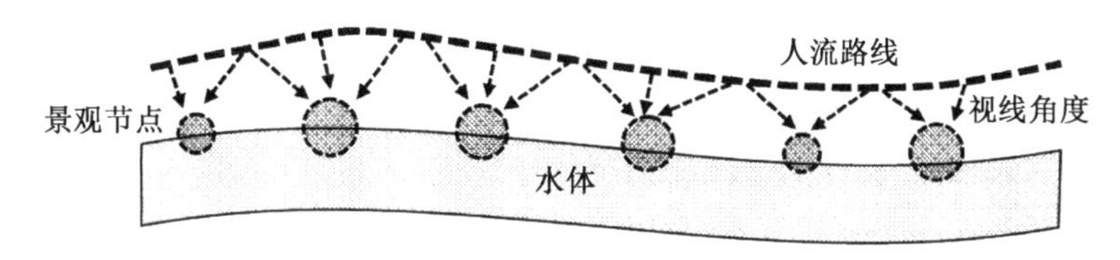

图 8.3 视线转换

2）序列组织

滨水绿地中的景观序列组织主要通过对景观节点与道路系统组成的点、线、面结构来展现。作为“点”的景观节点内部同样也存在自己的景观序列，节点内部各景观元素组成有机景观序列，承担内部空间的变化与承接。节点的小序列与滨水绿地整体景观序列形成主次对比，组成多重节点空间序列，创造丰富连续的视觉效果（图 8.4）。

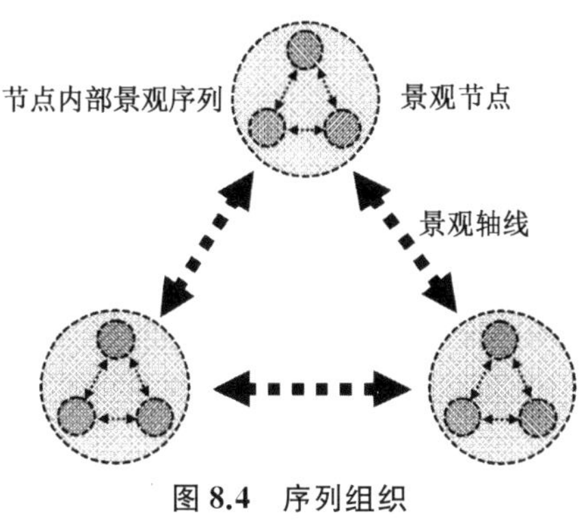

图 8.4 序列组织

2. 边界的延续

滨水绿地既具有城市公共空间的属性，又具有分隔与连接的双重作用。对于不同形态的绿地，延续的边界一方面是滨水绿地整体的重要组成部分，另一方面也是滨水绿地外围空间的重要展示平台。边界根据分隔的性质可分为以下两种类型。

1）道路边界

道路边界是最常见的滨水绿地边界组成，与其相邻的绿地边界空间多由植物景观组成屏障，和道路绿化带的风格保持一致，既起到阻隔的作用，又达到景观过渡的目的，同时也能较好地体现滨水绿地的开放性。

与道路边界相邻的植物景观有多种组织形式。可以组成绿篱草坪为前景、乔灌木在后的单面观赏型的植物景观节点，直接向外展示公园内部的景色，扩大滨水绿地的可视范围；也可以用较为密集的植物群落组成屏障，与外部嘈杂的空间隔离，给人更安静的游览环境（图 8.5）。

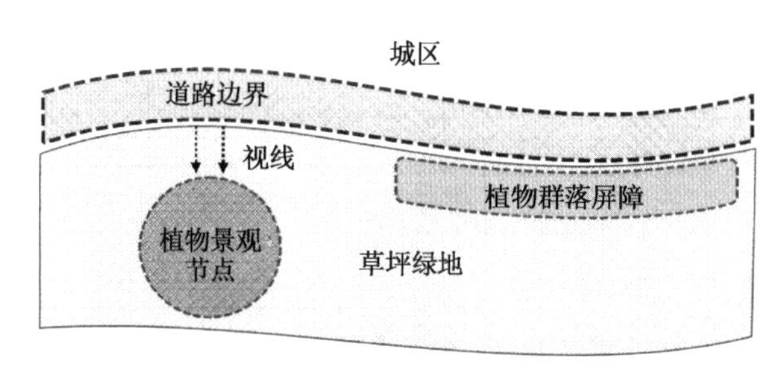

图 8.5 道路边界处理

2）水岸边界

水岸边界指沿水系单面分布的滨水绿地，水系或者堤岸自然就成为边界。这类边界空间实际上就是滨水空间，是绿地景观营造的重点所在。但其所具有的边界属性让空间的延续具有更多的选择，开阔的水环境与各种水岸都能起到分隔空间的作用，水环境扩大了空间景观感及深度感，堤岸则让视线焦点回到滨水绿地的内部，突出滨水景观的特色。

 8.4 城市滨水绿地的关键技术

在当前的城市滨水绿地建设中，生态治水是被普遍认同的原则，从生态的角度恢复和重建生态系统，综合解决城市的水环境、水生态、水景观问题是当前努力的方向。对于城市水系的生态修复，除污泥治理、底泥疏浚这些人们时常提及的处理方法外，从建设工程的角度看，断面形式、护岸结构及结合水生态修复的其他景观技术措施是关键。

8.4.1 兼具生态美和景观美的河道断面设计

生态安全和景观需求是目前滨水环境断面设计的主导要求。天然河流纵向的蜿蜒性、横断面的多样性，以及河床、河岸的透水性使河流具有多种形态，同时也是

河流生物多样性的前提，这种天然河道断面正是以生态环境和景观为主的人工水体断面设计的蓝本。

在满足防洪排涝的前提下，首先要尽量保证河道本身的自然弯曲，河道断面本身不必等宽、平行，局部地区可以允许河道漫滩形成天然的泄洪区，不仅可以减轻防洪的压力，更有利于生态环境的修复，也为河道景观提供了良好的空间。

河滩地可设浅水区和亲水平台。在满足河流水利功能的前提下，沿河道侧边布置浅水区，将浅水区设计成湿地、观鱼区、戏水区等，在河流断面上布置的亲水设施将极大地提高河道的亲水性，满足游人休憩娱乐观景之用。在人口密集的城镇，河道断面一般采用规划河宽较小的矩形或梯形断面，可沿河道或堤防两侧设置一定宽度的亲水平台。根据不同的水流量和安全要求，平台标高宜比常水位高0.15～0.5 m，结合植物、座凳、小品等的设置，满足人们多样化的户外活动要求。也可在较大的平台上布置浅水区，供人戏水和玩耍。山溪性河流多采用复式断面，其河滩地相对开阔，本身就是一个自然、风景优美、可变性强的亲水空间。

在以生态为主导的前提下，广州大沙河上游及中游未渠化的地段尽量保持河道的蜿蜒曲折，河道断面均为非规则式，且形式多样，结合地形和理水手法构成了深潭与浅滩交错、岛屿散布的理水格局。其中部分浅滩的光热条件优越，形成了供鸟类、昆虫、两栖动物栖息的生态湿地(图 8.6)。河床形式多为自然式，底部采用黏土铺垫约 150 cm 厚的不同粒径的卵石、砾石。不同粒径石块的组合，可为鱼类产卵提供良好的场所，同时又强化了河床的曝气效果；另外，透水的河床是连接地下水和地表水的通道，使淡水系统形成整体，进一步完善水体生态系统。

图 8.6 大沙河湿地公园沿岸景色

8.4.2 护岸结构

传统的硬质非生态护岸的结构虽然抗冲刷力强、抗风浪淘蚀强度大，但同时在水系生态、环境保护、城市景观方面有非常明显的负面影响。能够同时满足结构稳定性、景观性、生态性和亲水性的生态型护岸结构是当前探索的主要方向。目前，生态型护岸技术所使用的已不是传统的单一材料和单一构造方式，而是结合各种材料的优点，采用多种构造方式设计复合型生态驳岸，可选用的形式逐渐丰富，可适用于多种不同的场地情况。

1. 自然生态护岸

自然生态护岸在国外可分为植物护岸、干砌石护岸、原木格子护岸等形式，由于受建筑材料、施工工艺和检验标准等因素的影响，在国内应用较多的是技术简易的植物护岸。植物护岸主要通过植被根系来固土保土，防止水土流失，满足生态环境建设的需要。受植物生长要求和植物对水土保持能力所限，植物护岸的坡度不宜小于1∶1.5，且不适于长期浸泡在水下、行洪流速超过3 m/s的迎水坡面和防洪重点河段。为了提高护岸的抗冲刷能力，研究水土保持的工作者在自然植物的基础上发展了利用活体枝条捆绑或活体木桩(柳枝为主)等技术的新型植物护岸形式，适用于坡度在1∶2～1∶1.5的边坡。活体枝条在施工初期就可对土体进行固定，枝条成活后可综合根系对边坡土体的锚固和束缚作用，在岸边形成非常自然的景观效果。目前，这种新型的植物护岸在我国一些人为干扰少的河流生态恢复试验工程中取得了成功。

2. 人工生态护岸

目前国内常用的人工生态护岸主要有三维土工网垫固土种植基护岸、无砂混凝土植草护岸、蜂巢网箱生态护岸、生态混凝土砌块护岸等形式，其中，蜂巢网箱生态护岸(又称格宾石笼护岸)是水利部2007年重点推广的先进实用技术之一，目前在国内外已得到广泛的应用。

蜂巢网箱生态护岸是重力式块石结构的一种，主要由镀锌或包塑铁丝网笼装碎石、肥料、种植土及草籽组成，网箱垒成台阶状或做成砌体的挡土墙，并结合植物、碎石以增强其稳定性和生态性。蜂巢网箱生态护岸最大的优点是能适用于流速大的河道，具有抗冲刷能力强、整体性好、应用比较灵活、能随地基变形而变化等特点，同时还可为水生植物、动物与微生物提供生存的空间。蜂巢格网是一种整体性良好的柔性结构，箱体结构之间紧密连接，内部松散填充料会通过自身调节以适应变形，不但适用于新建护岸结构，也可在已有结构或基础许可的条件下加高加厚，便于加固维护。同时，它避免了预制混凝土块体护坡的整体性差、现浇混凝土护坡与模袋混凝土护坡适应地基变形能力差的缺点。

蜂巢网箱生态护岸占地面积较大，主要在新建湖泊等用地充裕的滨水绿地中使用。广州亚运城地块范围内的3条河涌均使用这种护岸形式。该地段内常水位标高 5.00 m，丰水位标高 5.80 m，河涌断面采用分段式，3.80 m 高程以下采用散抛石护脚，3.80～4.80 m 高程范围内采用蜂巢网箱护岸，以上至坡顶结合景观设计采用三维土工网垫植草护坡、卵石滩、亲水平台、种植花池、自然草坡等。实践证明，这种护岸能形成景观层次丰富的水岸线，植物生长态势良好，生态效果值得肯定，同样能经受住汛期行洪的考验（图 8.7）。

图 8.7 广州亚运城河涌护岸形态

8.4.3 结合水生态修复的其他技术措施

对于水体污染的处理，除了截污分流等常规的物理、化学、生物方法外，在水景观设计中模拟自然河流的生态处理方法也一直被人们所认可。将水生态修复与景观设计融合的手法，是治污节水、改造环境的双赢策略，不仅能减轻污水处理的压力，又能营造出丰富的城市景观，改善人居环境，为市民提供更多的亲水景观。

1. 曝气增氧技术

溶解氧（Dissolved Oxygen）是指溶解于水中的分子状态的氧，即水中的 O_2，用 DO 表示。溶解氧是水生生物生存不可缺少的条件，是水体净化能力的表现。水体的曝气增氧是指对水体进行人工曝气增氧以提高水中的溶解氧含量，使其保持好氧状态，防止水体黑臭现象的发生。因此，在设计中水流的通道要蜿蜒曲折，增加水流撞击和翻滚的处理，可以采用溪涧、喷泉、跌水、瀑布等形式进行处理，尽可能增大水体充氧的机会。对于造景来说，这可以形成多种多样且生动活泼的水体景观。不同的水形设计、不同的水岸材料选择、不同高差的处理，使得曝气增氧的同时形成了大量的优秀水景观。

曝气增氧水景在广州应用广泛：猎德涌上游的“猎水源”部分，既有溪涧的形式，又有薄薄的流水景墙；东濠涌则有多处的小瀑布、流水景墙、跌水的处理（图 8.8）；

图 8.8 广州东濠涌的曝氧水景

而处于城市中轴线南端的赤岗涌则是一系列的抛物线状喷泉，流畅欢快。

2. 人工湿地

人工湿地系统通过模拟自然湿地中物理、化学、生物的三重协同作用来改善水质。这种人工水处理设施外观为景观绿地，整体形成水、微生物、植物、动物共生的生态系统。目前对于人工湿地的原理、选用的植物、维护方式等研究不断深入，技术成熟，并有大量的应用。

在广州水系整治中利用人工湿地的案例众多。例如，在海珠湖公园中，大片的人工湿地利用植物进行水平和垂直景观空间塑造，植物配置注重深水区、浅水区、消落区的植物群落和湿地的营造，将乔灌草植物层自然地过渡到水面，构成挺水、浮水相呼应，水生、陆生相协调的植物配置格局，所选植物净水功能与景观效果并重，在净水的同时形成美丽的水中花境(图 8.9)。

图 8.9 广州海珠湖湿地水景

3. 生态浮床技术

生态浮床(Ecological Floating Bed)技术是以水生植物为主体，运用无土栽培技术原理，以高分子材料等为载体和基质，充分利用物种间共生关系、水体空间生态位与营养生态位，建立高效的人工生态系统，以削减水体中的污染负荷。

生态浮床由框架、植物浮床、浮床固定装置和植物植株四部分组成。框架采用浮力大、重量轻、牢固度强的材料[如竹、木、硬聚氯乙烯(UPVC)等]，可根据设计需要制作成多种形状。植物生长的浮床一般是由高分子轻质材料制成，质轻耐用，首先根据设计需要设置挺水植物泡沫种植篮的固定区域，再用双层间隔种植网制成筐形结构挂于浮框上，固定装置与浮框之间采用绳索连接，浮床通过固定装置固定于河岸上并可根据水位高低自行调节，浮床之间靠搭扣相连接。浮水植物可直接种植于网布上，挺水植物需种植在泡沫种植篮内。

亚运城南派涌为感潮河涌，水位涨落较大。该河段采用下部蜂巢网箱、上部自然放坡的组合护岸形式。由于蜂巢网箱护岸有一定的厚度且上部无法种植，当高水位漫过石笼顶部时，河岸绿化与河道景观相分离现象明显。河涌沿线的生态浮床有效地将河岸、水中植物景观连成一体，构成水生、陆生相协调的植物配置格局，形成多层次的近自然水体景观（图 8.10）。亚运城莲花湾水道沿线是主要的公共建筑及迎宾广场、升旗广场等大型庆典空间，位置极其重要，但快速建起的直立式混凝土护岸与周边强调自然效果的河涌景观极不协调。生态浮床技术有效地改善了这种生硬的景观效果。为与宽阔的水面相协调，通过生态浮床种植了大片以睡莲为主的浮水植物群落；在左右驳岸，则以粉花美人蕉、菖蒲、再力花等挺水植物为主，狐尾藻等沉水植物为辅，形成沿岸带状植物景观（图 8.11）。广州亚运城水域利用生态浮床技术快速形成迎宾所需的热烈气氛，得到社会各界的一致好评。

图 8.10 广州亚运城南派涌生态浮床景观

图 8.11 广州亚运城莲花湾水道生态浮床景观

8.5 城市滨水绿地设计实例

8.5.1 北京元大都城垣遗址公园

北京元大都城垣遗址公园全长 9 km，地跨朝阳和海淀两大区，宽 130～160 m，总占地面积为 113 km²，是北京城最大的带状休闲公园。小月河（旧称土城沟）宽 15 m，贯穿始终，将绿带分为南北两部分。该公园是集历史遗址保护、市民休闲游憩、改善生态环境于一体的大型开放式带状滨水绿地，由土城遗址、绿色景观及历史文化三条主线以及蓟门烟树、银波得月、古城新韵、大都鼎盛和龙泽鱼跃五个重要节点组成，通过点、线的结合，使土城遗址、文化景点与城市的关系得到融合。

1. “土城遗址”主线

土城是市级文物古迹保护单位，保护和整修遗存的土城遗址，全面提升其景观品质，是实现传统文化遗存应有社会价值的必然要求。土城作为元大都重要的历史遗迹，在此项目实施之前已遭到较大的破坏，因此需要强化尊重和保护文物古迹的意识。先由文物部门划定文物保护线并钉桩，后确定土城的保护范围。在保护范围内，设计围栏、台阶、木栈道、木平台及合理穿行的交通路线，避免继续踩踏土城；遍植草木，在坍塌的地方作断面展示及文字说明（图 8.12）。

图 8.12 对土城遗址的典型保护方式

图 8.13 局部临水平台

2. “绿色景观”主线

“绿色景观”主要包括亲水景观和植物景观两部分内容。亲水景观是通过改造护城河实现的，元大都原本的护城河宽窄、深浅不一，新中国成立后改为钢筋混凝土驳岸，并作为城市的排污河。项目尽量恢复原有的野趣及亲水感，并发挥其横向串联、竖向联系的作用，先将原来的河岸降低，布置斜坡绿化；同时结合景点设计将河道局部加宽，并种植芦苇、菖蒲等水生植物，形成郊野氛围；沿河设置多处临水平台和休息广场，加宽的局部可作为码头实现全线通船（图 8.13）。植物景观设计强化季相变化，改善城市密集区的生态环境。该滨水绿地与城市通过长达 9 km 的界面相连，是展现城市景观的重要背景。绿地中设计的四季景观主要有城台叠翠、杏花春雨、蓟草芬菲、紫薇入画、海棠花溪、城垣秋色等，这些植物景观利用带状绿地的优势，形成色彩变化的街景，同时兼有一定的文化内涵。

3. “历史文化”主线

该滨水绿地设计强调尊重历史、强化文脉，同时尊重和满足现实文化生活的需要。已经遗存 700 多年的土城之前一直未引起人们的重视，原因之一是它与最初

16 m 高时的形象已相去甚远，现状感觉非常平淡，缺乏视觉冲击力，很难让人感受到其昔日的辉煌。设计特别注重竖向景观处理，利用雕塑、壁画、城台及各类小品的形象语言产生驻足点，在局部增加竖向吸引人的“点”来打破整体绵延数千米的单调土城，同时表现出元大都的繁荣昌盛、科技发达及尚武骑射的特点。大型雕塑选在拆迁后腾出的大片空地上，材料选用近似黄土的黄花岗岩和黄砂岩，艺术风格粗犷有力，带状巨型群雕将断开的土城连接，群雕仿佛从土城中生长出来一样。大型雕塑景点在海淀区和朝阳区各一处。位于海淀区的雕塑主题为“大都建典”，表现建都时的盛况，如忽必烈骑象辇进京的典故，特别突显元大都规划者刘秉忠的雕像。整个滨水绿地最大的景点是位于朝阳区的“大都鼎盛”，该景点被设计为“露天博物馆”的形式，反映元朝经济文化发达、军事强盛的气势(图 8.14)。主雕加城台高 12 m，台长 60 m，台高 6 m，气势雄伟，人们既可以登高远望，又可与雕塑穿插交流、产生互动。台前文化广场定期举办各类元文化纪念活动，平时作为周边居民的晨练广场。其他的一些文化景点如文化柱(图 8.15)、大汗亭、马面广场等，体量适宜，注重与周边环境的融合。

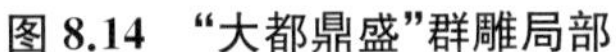

图 8.14 “大都鼎盛”群雕局部

图 8.15 文化柱

8.5.2 广州荔枝湾河涌整治项目

荔枝湾地区位于广州发展历史悠久、承载著名“西关文化”的荔湾区西部，因南汉广植荔枝而被称为“荔枝湾”，荔枝湾一带存留了老广州人对“十里荷香”和“千株荔枝”的集体回忆。20 世纪 80 年代后期，因水体污染严重被覆涌，河涌变为城市道路——荔枝湾路。2010年,借着迎亚运会契机,广州市荔湾区区政府对荔枝湾所在片区制订打造文化休闲区的行动计划,以"融自然与城市风光于一体,以传达本土丰富文化内涵为主旨的文化休闲区"为项目定位,实施了一期项目。而后,为进一步改善人居环境、优化城市结构,逐渐完善更长远的后续规划,二期、三期及远期的规划希望以点、线、面带动旧城有机更新与城市复兴,打造具有岭南特色的广州商贸、文化休闲旅游的重要目的地,促进经济发展转型升级、城市发展转型升级、思想观念转型升级。

1. 一期项目

对荔枝湾路实施"揭盖复涌",掀开整个项目最令人瞩目的一幕。整治工程第一期采取建筑抽疏、拆违建绿、恢复河涌、调水补水、文塔广场恢复整治、建筑立面整饰与景观塑造等措施,重现"一湾溪水绿,两岸荔枝红"的岭南水乡风貌。荔枝湾滨水景观建设模式为打造吸引大量游客的旅游目的地,注重地域性水文化和历史价值的发掘利用,创造出水环境主题的"广州会客厅"。

亚运会前一期工程完工后,荔枝湾与荔湾湖公园连成一片,景色互相资借,形成市区内难得一见的开敞空间(图8.16)。原先藏于街坊内部的陈廉伯公馆(图8.17)、蒋光鼐故居、文塔、梁家祠、小画舫斋等历史建筑错落分布在涌边,并对暴露在涌边的建筑进行了统一的立面整饰,河涌边有了丰富的界面。抽疏建筑以后形成的小广场使河涌沿线增加了若干个节点空间,配合石桥联系两岸,把线状的荔枝湾分成几个有起伏变化的篇章。河涌的堤岸处理采用了复式硬质堤岸,通过标高变化形成多层次的亲水空间。河涌边设埠头若干,游船可通行于整个河涌。复涌之后的荔枝湾融合了荔湾湖自然景观与周边历史人文景观,重现岭南水乡的自然风光和历史风情,完工开放时引来一片赞叹。

图8.16 荔枝湾与荔湾湖公园景色融合

图8.17 展露在荔枝湾的陈廉伯公馆

2. 二期项目

依据服务性质的不同，荔枝湾二期沿线可划分为码头休闲商业区、岭南园林游览区、历史文化体验区、生活风情街区、西关风情时尚街区五大功能片区。

码头休闲商业区结合原有体育设施，发展珠江夜游、休闲商业、旅游服务业，提升用地产业等级，营造珠江入口旅游商业综合服务片区。岭南园林游览区以园林酒店、特色茶馆、餐饮建筑、景观亭廊等，营造出富有岭南园林特色的区域，并融入现有荔湾湖公园景观环境中，借公园氛围增加河涌沿线人气，同时也提升公园本身景观环境与服务档次。历史文化体验区继续优化荔枝湾一期景观环境，对一期中尚未修缮的历史文化建筑进行维护与整修，维持并提升现有历史文化体验功能。生活风情街区沿线为老城区成熟的生活社区，规划将河涌与景观设计融入现状生活氛围中，服务于周边生活居民，同时为外来游客提供融入广州城市生活气氛的场所。西关风情时尚街区沿线历史沉淀丰富，同时连接广州传统商圈——上下九商圈，商业氛围浓厚，规划结合沿线开发地块，延续商业氛围，传承老城区历史文化，营造融风情体验、旅游休闲、商业购物、企业展示于一体，并且富有老广州城市记忆的西关风情时尚街区。

3. 项目园林空间特点

项目建设是西关老城区经济、历史文化、城市景观发展的有力推手。荔枝湾工程成为历史文化保护与延续的纽带，推动了历史街区的保护和更新。该项目将荔湾老城区各历史文化街区通过水网联系成一个整体，形成荔湾老城区历史文化纽带，延续西关传统城区风貌，维持现有街区场所精神，营造传统与现代交汇融合的生活氛围，打造具有广州商旅文化特色的城市名片。

项目在逐步建设过程中为文化活动的开展提供了多样的场所，并以非物质文化遗产延续为切入点，引导设计风格与整体功能布局，提升老城区游览品质及产业结构层次。如今，原先的荔湾湖公园南门成为粤剧私伙局的表演舞台，八和会馆重现粤剧发源地的风采；泮塘西关美食城、宝华西关美食、清平路药膳等多方面展示广州的饮食文化；西关骑楼街、西关古玩、华林玉器市场、清平路医药街等集中展现了广州的传统商业文化。依托水系举行的各种文化活动更是多种多样，如春节期间的水上花市、阴历五月的“龙船鼓”、六月的“红云宴”等，打造了具有荔湾特色的文商旅一体化的系列民俗活动。

荔枝湾河涌沿岸的绿地面积极其有限，几个小广场再现了具有岭南水乡特色的水口文塔、水边祠堂、临河园林等节点空间（图 8.18、图 8.19），绿化多采用花箱、树池等种植方式,但配置的品种和形式有进一步提升的空间。

图 8.18 荔枝湾文塔广场

图 8.19 荔枝湾水边祠堂前广场

8.5.3 深圳湾滨海休闲带

深圳湾滨海休闲带从 2004 年规划设计方案全球招标到 2011 年世界大学生运动会(以下简称"大运会")召开前建成开放,历时 8 年。深圳湾滨海休闲带东起福田红树林鸟类自然保护区,西至深港跨海大桥西侧,北靠滨海大道,南临深圳湾,隔海遥望香港米埔自然保护区,是一条整个长达 15 km 的倒"L"形带状绿地。深圳湾项目沿途有 20 多道"弯",每道"弯"都"弯"出不同的风景,串珠般地把 12 个主题公园串起,又适当分隔这些不同功能的公园,是深圳市民和游客集会休闲、健身运动、旅游观光、文化教育、感受自然的综合活动场所。

在项目规划建设过程中,贯彻"公共舞台""开放连接""生态重塑""边界修复""周期场景"五大理念,在"生态规划""生态种植""气候适宜性""低成本、高效率、本土化"等方面进行了有益的探索和创新。

1. 功能分区

项目由东至西、南分为 A,B,C 三个区域,于 2011 年大运会开幕前陆续向市民开放,面积为 108.07 hm^2。

A 区从红树林海滨生态公园西侧至大沙河河口,面积为 41.62 hm^2,建有中湾阅海广场、海韵公园、白鹭坡、北湾鹭港和小沙山。其中,中湾阅海广场位于深圳湾的中部,是远望整个深圳湾景色的最佳观赏点之一。

B 区从大沙河河口至东滨路立交桥北侧,面积为 10.75 hm^2,建有追风轮滑公园和流花山。其中,追风轮滑公园是专为青少年提供的轮滑天地,一系列圆形轮滑场地由一条连续的轮滑道串联起来,错落有致地沿山体分布,可供青少年朋友们乘风自由滑行。

C 区从东滨路立交桥北侧至深港西部通道大桥西侧，面积为 55.70 hm^2，建有南山内湖溢流坝、弯月山、南山排洪大箱涵蝶状翼墙、日出露天剧场、垂钓栈桥、湿地公园、婚庆公园、海风运动公园和西南口岸广场。其中，婚庆公园是深圳年轻人梦寐以求的婚典胜地，公园中央是圆形的“月光花园”主景广场，广场的两侧是一系列的户外婚庆和聚会空间，尽端为伸入海面的水上婚庆礼堂，聚会空间采用自然材料的软质铺地，树木环绕，并有遮阴休息亭，是人们在婚礼前后聚会庆祝的重要场所。

2. 设计特色分析

1）自然景观

（1）水体。

深圳湾滨海休闲带的水体就是广阔的海。深圳湾区域是咸淡水的汇合点，水源从山林一直流至海域，动植物资源非常丰富。在淡水、海水交汇处的深圳湾，形成了独特的集陆地与海洋生态系统于一体的壮阔景观。

（2）驳岸。

不同于形式太过单一的驳岸，深圳湾滨海休闲带的一大景观特色就是创造性地沿海岸线规划了一系列半岛形的绿地，不仅能最大限度地减少填海面积，还能延长海岸线，丰富海陆的连接以及人与自然的交融。这些半岛形的绿地以及乱石、滩涂等一起构成了亲水性较好的斜坡型驳岸，尽可能地满足游人的亲水要求。游人可以在乱石堆砌而成的驳岸上行走，有时候也可以静静地坐在石头上观看海景，甚至可以赤脚沐浴海水。

（3）植被。

深圳湾滨海休闲带中植物的配置与各个公园的主题契合，突出不同公园的气氛。按主题的不同，深圳湾滨海休闲带组织了榕荫沁爽、葵林倩影、深湾喜雨、紫垣溢彩、凤舞鸾飞、芷草微澜、情海相思、番林簇锦等 9 个植物景观，植物设计各具特色。

B 区建有大运会的火炬塔，体现了当代大学生的青春活力，景观活跃艳丽。以春茧体育馆为背景，火炬塔被五彩缤纷的鲜花围绕，弧形花海沿微地形流动，覆盖了公园内面向大海的缓坡，且每个季节园内都有不同的植物开花，令人赏心悦目。

C 区日出剧场的植物配合日出主题，以红色等朝气蓬勃的色系进行植物设计，设有夏天开红花的凤凰木、冬春季开红花的红花羊蹄甲、秋天有红叶的植物大叶榄仁等。在植物设计方面，婚庆广场选用了苦楝、相思木、连理树、福禄桐(象征福禄多子)、五子茄(象征五代同堂)等，展现了情侣相识、相知、相恋的全过程，表达了对恋人们的美好祝福以及对爱情的憧憬。

(4) 地形地貌。

A区从中湾阅海广场、海韵公园、白鹭坡、北湾鹭港到小沙山，设计了自然流畅、高低起伏的竖向景观，使滨海绿带的竖向空间变得丰富多彩，为游人创造了不同视角的观海空间。

C区临近密集的住宅区，因此在竖向设计时注重结合周边居民休憩活动，设计了弯月山谷、日出剧场、潮汐湿地、婚庆广场、观海栈桥和海风运动花园。弯月山谷与日出剧场分别以不同形式的地形设计营造了开阔的大地景观，为游客营造观日出、赏月、聚会等公共活动的使用空间。潮汐湿地与潮汐巧妙地形成既互通又安全的滨水空间，由一组具有一定高差的跌落水景组成，水景的水位可以随着深圳湾的潮汐变化而变化，较好地满足了人们的亲水需求和愿望。

(5) 动物。

项目东北岸的红树林湿地是东半球国际候鸟通道上非常重要的停歇地，每年有超过10万只候鸟在此地停歇，因此每年在候鸟迁徙的季节都会吸引大批的观鸟及摄影爱好者前来观赏。白鹭坡以及北湾鹭港公园内有许多白鹭，它们有时会在滩涂上觅食，这时便是游人近距离观赏白鹭的好机会。另外，在公园的岸边还设置了望远镜，游客可以通过望远镜看到几百米外飞翔的海鸥。

2) 人工景观

(1) 构筑物。

深圳湾滨海休闲带设置了一些能遮挡风雨的休息凉亭、长廊和棚架等，里面布置大量的座椅，为游人提供了休息、停歇的空间。这些构筑物的形态简洁，彰显现代特色。

(2) 亲水设施。

亲水设施主要包括延伸至海面的望海平台、亲水驳岸以及潮汐湿地的跌落水景。这些亲水设施的可达性较强，但同时必须注意其安全性，特别是滩涂这类自然亲水空间的安全措施。

(3) 游步道。

公园主要的游步道分为两类：一类是比海平面高出1 m左右的自行车道，另一类是比海平面高出2～3 m的人行步道。两种道路宽5～6 m，有足够的空间满足不同的运动形式需求。各游步道之间均为无障碍连接，既方便骑自行车的游客出入自行车道，其设置也使游客能接近水面。由于该公园的游步道一面向海，因此，在夏天或阳光较猛烈时会出现曝晒的情况。

3）人文景观

（1）休闲娱乐活动。

深圳湾滨海休闲带具有平坦宽阔的园路、可以乘凉的凉亭廊架、开阔的大草坪等区域，为游客多样的休闲娱乐活动提供了足够且合适的场地。在工作日中，公园内的游人以跑步、散步、观景为主，服务对象多数也是公园周边的居民，人们可以在一些凉亭内下棋、玩牌、唱歌，或在室外进行跳舞等文娱活动。在非工作日中，则有较多来自较远地区的游客到园内进行自行车骑行、聚会等活动。

（2）地域文化。

深圳曾经拥有绵延的沙滩，但随着城市扩张，深圳湾的海岸边界特征越来越模糊。在大众的集体呼吁和政府的高度重视下，通过填海造湾的方式建成了深圳湾滨海休闲带，重塑了深圳的滨海城市文化。蚝壳柱、地面上关于海滨动物的特色铺装等都体现出深圳的滨海文化。

8.5.4 清远市北江北岸公园

北岸公园（图 8.20）位于广东省清远市燕湖新城凤城大桥至洲心大桥路段，是新城市轴线沿北江展开的重要滨水界面，总占地面积约为 49 hm^2，其中河滩面积约为 31 hm^2，平均宽度约为 69 m，岸线全长约为 3.5 km。北岸公园以北江文化为核心元素，以“花满清远，绿野北江——观花林水岸，赏蒲草江滩”为主题，与南岸绿道隔江呼应。北岸公园强调以生态和自然的方式，打造一个有别于其他滨江活动场地的生态公园。

图 8.20 北岸公园总体鸟瞰图

1. 景观设计

北岸公园的景观设计（图 8.21—图 8.24）有两大亮点：

（1）通过减少硬质的大广场，大面积种植开花乔木，勾勒新城界面，体现新城市中心繁花似锦的景观特色，生态中彰显高端。

(2) 通过还原场地内原有的竹林、蒲苇,打造更亲水、更自然的驳岸。

图 8.21　局部鸟瞰图

图 8.22　滨江泳池景观

图 8.23　沙滩景观

图 8.24　滨江路自然景观

2. 部分工程技术图

北岸公园部分工程技术图如图 8.25—图 8.31 所示。

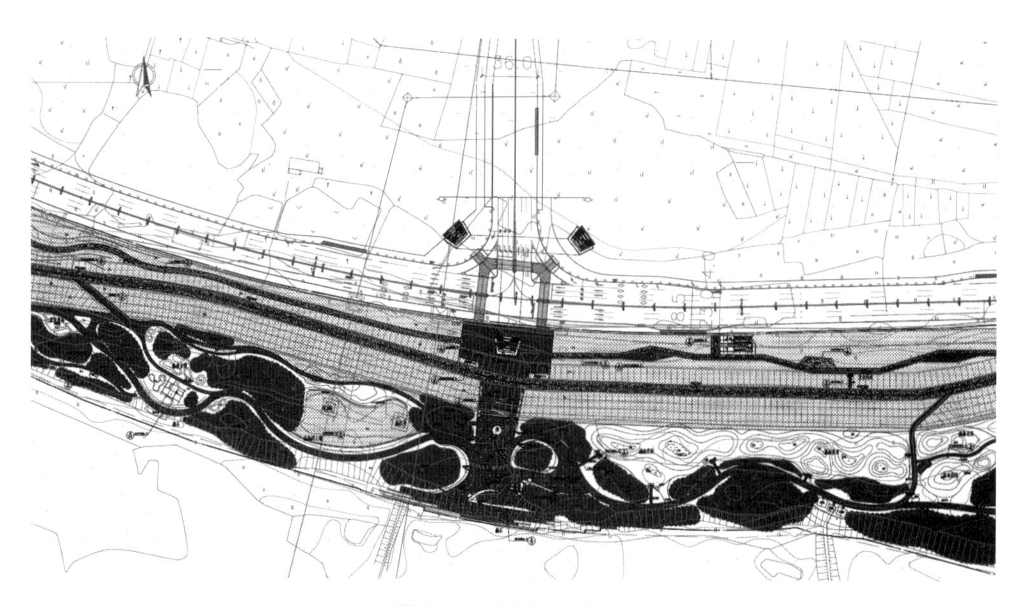

图 8.25　总平面图(一)

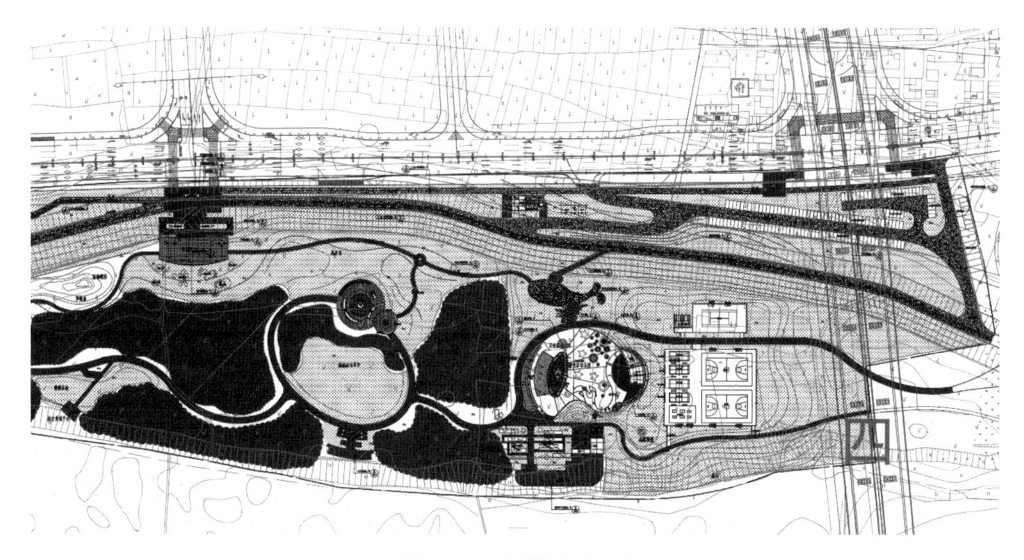

图 8.26 总平面图(二)

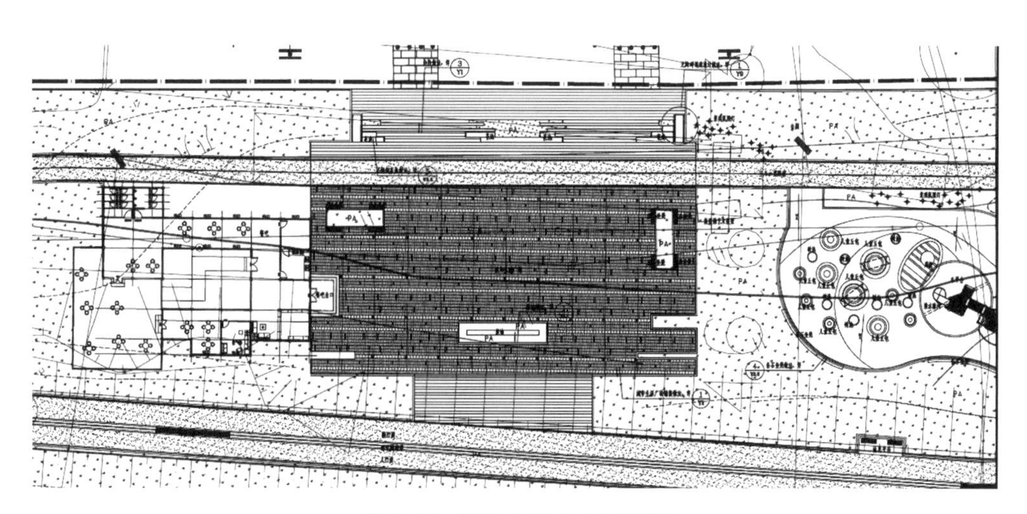

图 8.27 城市生活广场平面图

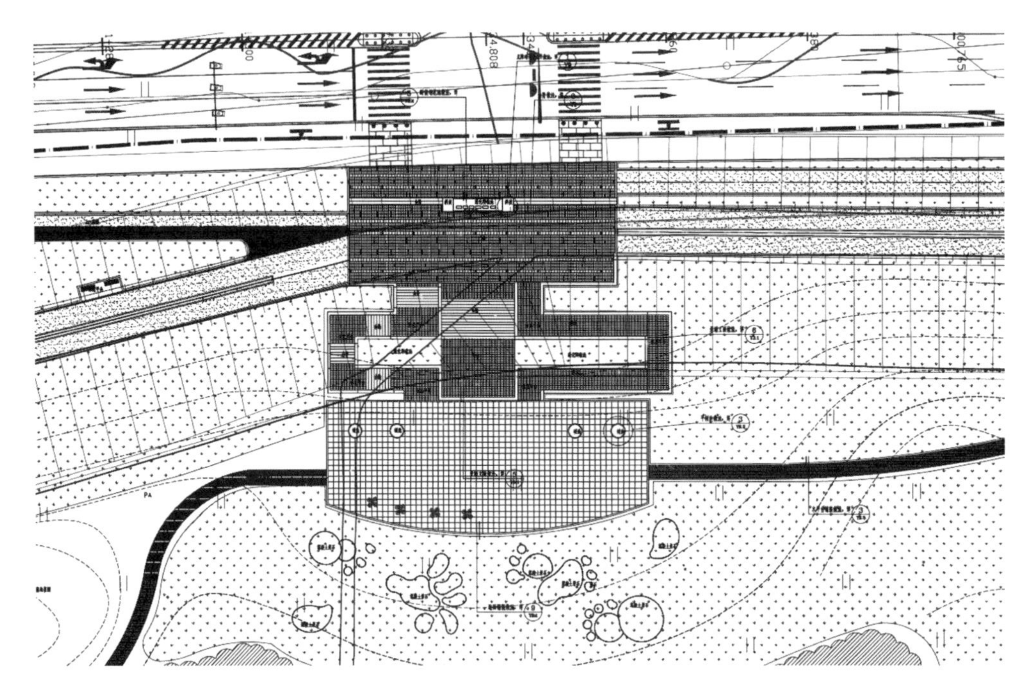

图 8.28　城市生态广场平面图

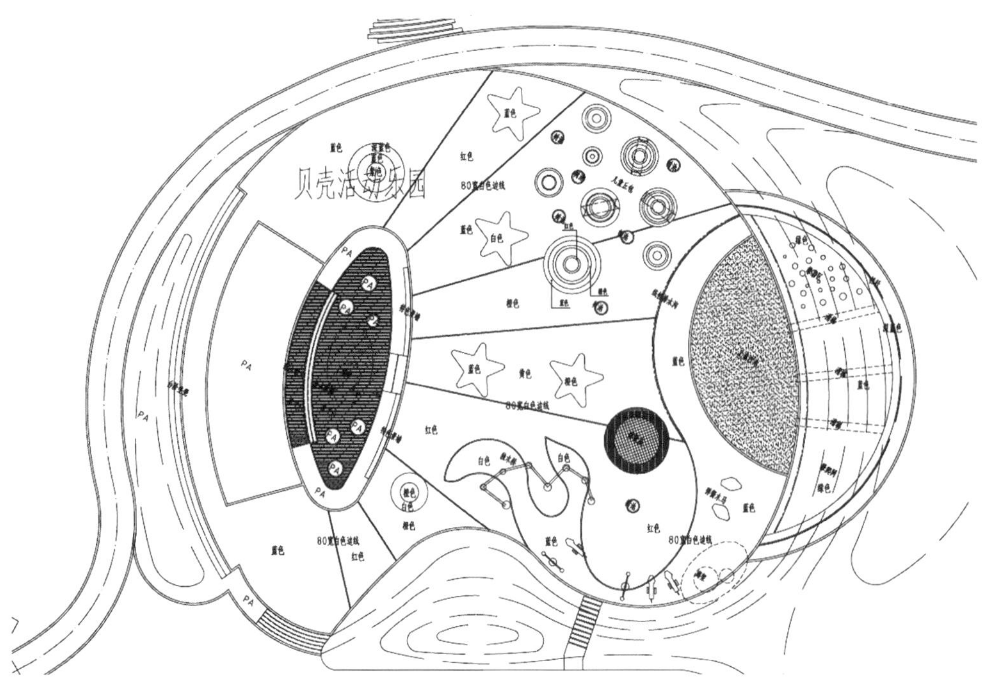

图 8.29　贝壳活动乐园平面图

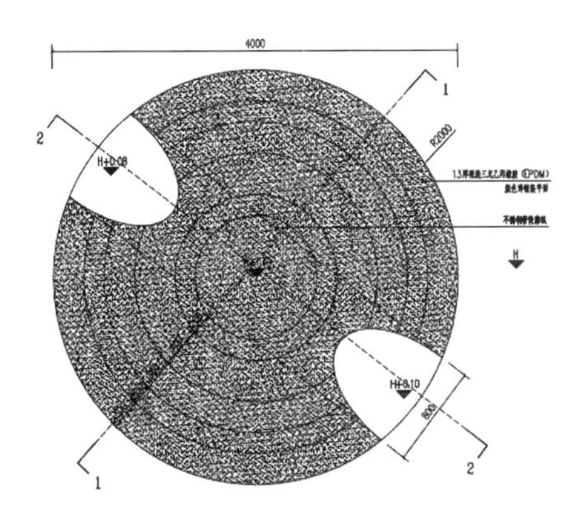

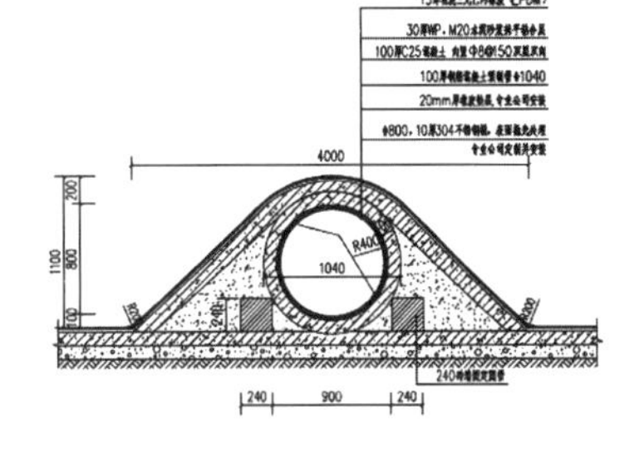

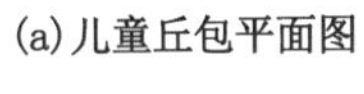

(a)儿童丘包平面图　　(b)儿童丘包剖面图1—1

(c)儿童丘包实景图

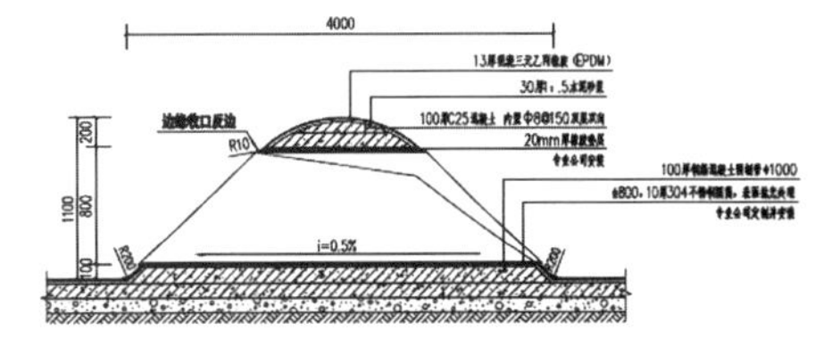

(d)儿童丘包剖面图2—2

图 8.30　儿童丘包

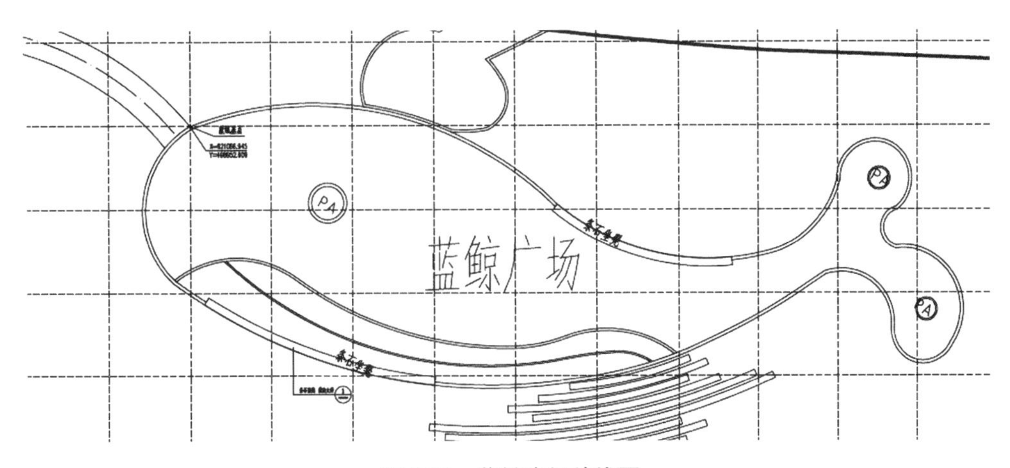

图 8.31　蓝鲸广场放线图

本章小结

本章主要讲述城市滨水绿地的概念、功能、规划原则和设计手法，并通过几个典型案例分析不同类型滨水绿地的特色和设计方法。读者通过本章内容可以理解城市滨水绿地的概念和功能，掌握其分析方法和设计方法，便于理论与实践相结合。

第 3 篇

其他类型园林空间规划设计应用实践

酒家宾馆园林

导读

近年来，随着社会经济发展和生活水平的提高，城市生活压力加大，人们越来越向往大自然、亲近自然，喜爱能享受自然的园林式酒家和宾馆，追求舒适宜人的自然环境，强调休闲娱乐、放松心情、陶冶情操等功能。酒家宾馆园林开辟一个世外桃源，恰好满足当下人们的情感需求，它综合了建筑文化、园林文化、商业文化，注重私密性，追求安静优雅的环境氛围，讲求意境，给人自然与美的享受。本章主要介绍酒家宾馆园林的功能、设计原则与手法等内容。

9.1 酒家宾馆园林概念及功能

9.1.1 酒家宾馆园林的概念

酒家在历史上主要指酒肆、饭馆等，目前酒家主要包括茶楼、酒楼、饭店等餐饮商业空间。宾馆主要指提供住宿、休闲、餐饮、娱乐、会议、购物等综合性服务功能的场所，定位、等级不同，功能也不尽相同，最基本的是满足食宿要求。

酒家宾馆园林即酒家、宾馆等商业环境内的园林。它是园林空间与商业空间、建筑空间结合的一种独特形式。酒家宾馆园林通常存在于建筑的内部(特别是中庭或次庭),也有的在建筑的屋顶花园或其他附属空间(图 9.1、图 9.2)。

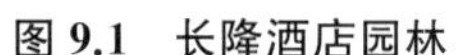

图 9.1　长隆酒店园林

图 9.2　酒店屋顶园林

酒家宾馆园林主要是为了提高商业空间的格调和自然性,提高酒家宾馆的文化品位,增加其文化底蕴,让客人享受美的景观,体验高品质的文化服务。例如,著名的白天鹅宾馆"故乡水",花园酒店"后花园",钓鱼台国宾馆"锦绣园林",香山饭店"庭院园林",等等。

9.1.2　酒家宾馆园林的功能

1. 美化环境功能

美化环境是园林最重要的功能,园林通过地形、构筑物、小品、植物、水体等元素,营造富有视觉美感的景观,丰富空间层次,柔化建筑环境(图 9.3),提升酒家宾馆的空间品质,使客人获得审美的愉悦感和满足感。

2. 亲近自然功能

在如今的城市生活中,人们向往自然,对自然的亲近感更为渴望。酒家宾馆园林极大地满足了人们回归自然的情感需求。酒家宾馆园林处于喧闹繁华的城市中,却拥有自然幽静的环境,让客人在喧闹的都市中感受到大自然的存在,体验四季景色的变化与更替(图 9.4)。赏心悦目的自然景色充分满足人们的精神审美需求,使人们摆脱了一成不变的人工环境所带来的冰冷感,弥补了都市中自然景观稀缺的遗憾,满足人们亲近自然景观的情感需求。

图 9.3　文莱某酒店园林环境

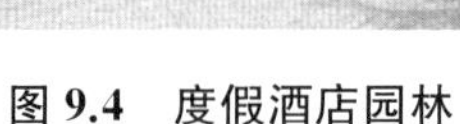

图 9.4 度假酒店园林

图 9.5 文莱某酒店园林

3. 环境生态功能

城市化、工业化的发展带来许多“城市病”，如人口膨胀、交通堵塞、空气污染、城市拥挤、环境恶化等一系列问题。酒家宾馆园林不仅满足人亲近自然的情感需要，而且起到改善小气候、提高空气质量等生态环保作用。首先，园林植物可以改善酒家宾馆的小气候，调节室内温度和湿度，使空间更加舒适宜人；植物还可以净化空气，吸收空气中的二氧化碳、灰尘和一些有毒物质，改善空气质量。其次，园林中的水景也可以调节空间的温度，并提高空气湿度。最后，园林还起到降低噪声的作用，植物可以消耗噪声的能量，起到吸收噪声的效果，而水景中喷泉和流水的声音也可以陶冶性情，掩蔽周围环境嘈杂的声音(图 9.5)。

4. 文化品牌功能

随着生活水平的提高，人们的审美水准不断提升，体验高品位文化的需求越来越强烈，对酒家宾馆的文化内涵也日趋重视。园林设计中的建筑小品、民俗装饰、民间工艺、民间绘画、诗词歌赋等，阐释了当地的文化特色和酒店的品位，具有很好的品牌宣传作用。

9.2 酒家宾馆园林设计原则与设计元素

9.2.1 酒家宾馆园林的设计原则

1. 整体性原则

酒家宾馆园林与建筑、周边环境形成一个完整的有机体，无论是在功能还是空间序列上都是连续和完整的，酒家宾馆园林往往以庭院的方式出现，与建筑空间深浅交错、紧密结合，你中有我、我中有你，不可分割。所以园林设计时要有整体规划和统筹眼光，既要考虑人在酒店内部不同角度观察的效果，也要考虑人从酒店外部观察的效果，不能脱离环境，而是要在整体关系中找到合适的定位，使其与建筑及周围的环境和谐统一。同时，全园的主题和设计风格须保持一致。

2. 地域性原则

地域性表达是要树立一个独特的形象，以浓郁的地域特色园林或者主题园林避免同质化，给宾客留下深刻的印象，从而提高酒家宾馆的竞争力和品牌形象。例如，20 世纪 80 年代建成的白天鹅宾馆中庭园林“故乡水”（图 9.6），就让无数海外游子动情，产生深刻共鸣，找到久违的归属感，给大家留下了深刻的印象，为白天鹅宾馆增色不少。因此，酒家宾馆园林要坚持自然地域特色和人文特色，这是酒家宾馆园林设计和经营管理成功的重要原则。

图 9.6 白天鹅宾馆“故乡水”

3. 以人为本原则

酒家宾馆应当正确处理好人与酒店、人与环境、人与人之间的关系，对人的生理和心理产生积极正面的影响。园林设计应创造一个舒适的人性化场所，尺度宜人，同时照顾到儿童、老人等不同人群的需要，营造一个休闲自在的自然环境和氛围，让客人尽情愉悦身心、陶冶情操，从而产生浓厚的亲切感和归属感。

9.2.2 酒家宾馆园林的设计元素

1. 山石

我国传统园林注重寄情于景、以物比德，人们喜欢将山石赋予人格特征，寓意人生哲理。酒家宾馆园林中运用的置石手法多样，或表现大自然的山体缩影；或转角置石，点缀空间；或以石为主景，营造全园景观高潮。酒家宾馆园林的置石造景，希望通过模仿自然山脉、岩石的特征，给人以力量感。整体而言，酒家宾馆园林置石多与构筑物相结合，少置孤石，以节省空间，营造整体感。山石的种类主要包括太湖石、黄蜡石、英石等，而石头的形态以瘦、透、漏、皱、拙、奇为胜(图9.7)。

图9.7 广州泮溪酒家英石假山

2. 水体

水体在中国传统造园中具有无比重要的地位，所谓“无水不成园”。水给人生机与灵动的感觉，是人与自然和谐相处的纽带。人类具有天然的亲水秉性，所谓“仁者乐山，智者乐水”。水体还是沟通景观内外、上下、前后的重要媒介，墙上晃动的水体反射的光斑、水中婀娜多姿的柳树倒影、水天一色的梦幻景色让人陶醉。水体还可以形成一系列滨水、戏水、观水、亲水等游乐方式，给人带来别样的体验和情境。

水体有天然和人工之分，酒家宾馆园林中水体以人工为主，其形态有规则式、自然式、混合式，并有自然水岸和驳岸之分。从听觉和视觉感受来讲，水体有静态水和动态水之分，静态水平静清澈，偶有几尾锦鲤悠然而过，十分惬意，给人以宁静、悠闲、亲切的感觉；动态水则形式多样，有涓涓细流，有一泻千里的瀑布，有活泼律动的喷泉，形成欢乐、活泼的气氛(图9.8、图9.9)。

图9.8 文莱某酒店水景

图9.9 文莱某酒店流动水池

3. 植物

植物是园林景观构成的基本元素，园无植物则无生气，植物不仅可以美化环境、活跃气氛、增添生气、改善生态、增加舒适度，还可以烘托园林的主题，同时表达人们的思想感情和情感诉求。例如，将梅兰竹菊称为“四君子”，松竹梅为“岁寒三友”(图9.10)，赞美荷花“出淤泥而不染，濯清涟而不妖”，等等。园林常用植物有乔木、灌木、草本等,也可分为观花、观叶、观果等类型。

图 9.10 珠海长隆酒店罗汉松景观

图 9.11 酒店景观亭

4. 景观建筑

景观建筑在园中起着重要作用,往往易成为园中焦点,它既是景点也是观景点,为人们提供休闲和活动的空间,是人气聚集之地。景观建筑一般有景观亭(图 9.11)、景观廊架、楼阁、水榭等,建筑风格通常体现园林的整体风格、烘托园林的整体格调。在材料选择上,园林建筑宜以亲切自然的乡土材料为主。

5. 小品

小品是园林中常用的艺术表达形式,是园林主题思想的载体。其形式多样,有雕塑、家具、盆栽等;材料也多种多样,有木、石、砖、陶瓷、竹等。园林小品或造型精美或古朴自然,富有内涵,常借物移情,缘情发趣,以此奏出无限的弦外之音,令人浮想联翩,印象深刻(图 9.12)。

图 9.12 园林小品

6. 诗画题刻

诗画与题刻是园林中独特的艺术表达形式。园林中常有描绘园景的山水诗,如“枯藤老树昏鸦,小桥流水人家”“空山新雨后,天气晚来秋。明月松间照,清泉石上流。竹喧归浣女,莲动下渔舟”等,创造出“诗中有画、画中有诗”的独特意境。在园林中还常悬挂山水画卷,形成“以画入园,因画成景”的意象,寄托文人雅士对自然山水的深厚感情。园林中书法题刻有多种形式,如匾额(图 9.13)、对联、石刻、书条石等,题字往往反映主题思想,起到画龙点睛、升华情感的作用,强化了整个园林的文化艺术氛围，加深意境营造的深度。

图 9.13 广东新兴禅泉度假酒店入口

7. 照明灯具

根据功能的不同，园林中照明主要分为安全照明、工作照明、景观照明。安全照明主要是为了保证夜间游人在园中行走、观景、休息等的安全，要求灯光连续、均匀、亮度适中（图 9.14）。工作照明主要是为特定活动设置的，例如，园中戏台灯光照明中仅为戏剧表演而安排的灯光，其照度应服从功能需要和整体环境。景观照明是园林照明中最重要、最出彩的部分，其主要功能是艺术装饰和美化环境。景观照明可利用不同强度的灯光对比、不同灯光颜色的渲染，突出人物、山水、岩石、建筑、小品、植物等的优美形态，营造变幻的景观视觉效果和丰富的景观层次（图 9.15）。

图 9.14 安全照明

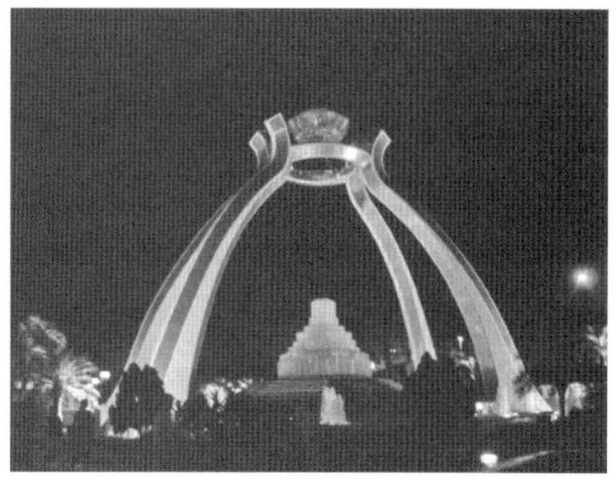

图 9.15 景观照明

照明灯具本身也是园林的装饰元素，应结合不同的主题和风格，选择不同形式的照明灯具，如日式园林的地景灯、中式园林的宫灯、欧式的铁艺壁灯等。

9.3 酒家宾馆园林设计方法

酒家宾馆园林设计一般包括前期的调研分析、主题与格调的确立、整体规划、景观节点设计、植物选择等。

9.3.1 调研分析

1. 场地分析

场地自然条件包括地形、地质土壤、水文气候、植物条件等。设计师要认真勘查现场，挖掘并强化场地特色，尊重原有场地特征是营造“场所精神”的重要前提。场地地形、坡度坡向、水文土壤、植物条件是园林设计的基本依据。地形决定了场地的整体结构，坡度决定了场地的建设适宜性（图 9.16）。当坡度在 0～10%时，能进行各种建设活动；当坡度在 10%～15%时，可建设观景台，但建造费用较大；当坡度大于 25%时，宜结合地形进行植物造景。坡向可以反映场地的日照条件和小气候情况（图 9.17）。水文径流体现场地的水资源情况，如自然水源情况、水量、地表水深度等。地质土壤和现场植物情况，都对植物的选择和配置有指导作用。

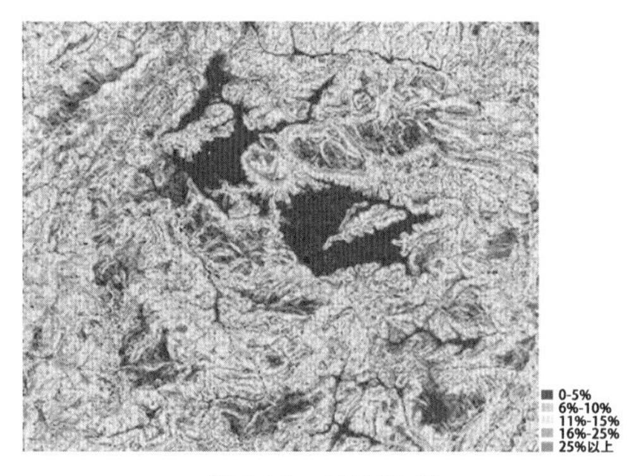

图 9.16 坡度分析

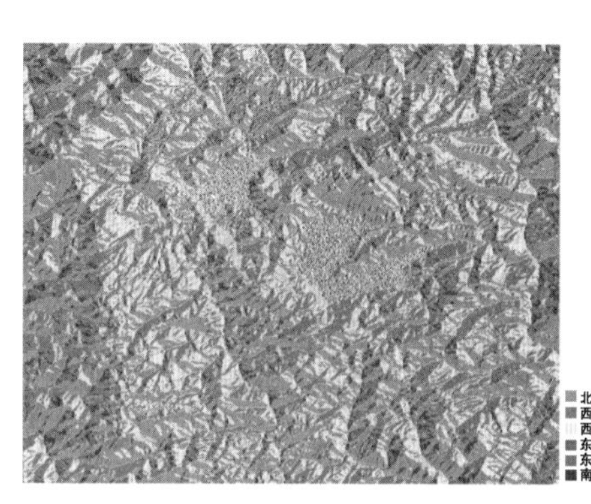

图 9.17 坡向分析

设计应充分利用场地优势。当酒家宾馆建在山坡时，应充分利用高低起伏的地形、秀丽繁茂的植被、清新怡人的空气、开阔豁达的视野，营造山清水秀、宁静清幽、林深怡人的园林，例如广州白云山上的双溪别墅、山庄旅社等。当酒家宾馆依水而建时，需因地制宜，与自然水景相互渗透、相互融合，例如广州白天鹅宾馆、鹿鸣酒家等。

2. 人文分析

文化是一种社会现象，是人们长期创造形成的产物，是一种历史现象，是社会历史的积淀物，是在一定的地域条件和环境下产生的特定物质与精神的总和。设计师要对酒家宾馆所处环境的文化进行深入调研，包括文化传统、历史古迹、民俗风情、民间故事、神话传说等，这些既可以作为园林主题来打造，也可以作为特色景点来塑造，从而突显地域文化，满足宾客对当地文化的好奇和渴望。

3. 景观视线分析

从景观视线的角度，可以将景观空间划分为景观节点、景观轴线、景观区域。景观节点是酒家宾馆园林视觉的关键点，也是游客对园林记忆的重要参考点。景观轴线是景观的主要空间序列，可以通过实体空间体现，如利用植物、水景、铺地形成强烈的视线引导；也可以通过虚空间体现，如利用对景体现景观视线的方向性。景观区域由景观节点和景观轴线共同构成。

在景观视线的分析中，园林与建筑的关系最重要，园林的景观节点和景观轴线应与建筑相呼应，形成一个有机整体，实现园林与建筑的完美融合。对于室外的景观，应尽可能引进来或作为框景、对景，以延伸园林的视觉景深。

4. 交通关系分析

酒家宾馆内的园林藏与露，都必须考虑园林入口与建筑本身的人流组织关系，寻找一个合适的交通出入口。园内道路或曲或直，或自然或人工，都应很好地与建筑空间相融合。同时要结合地形、水文状况，考虑人流游线的特征、方向性、主次性，以及与景观的关系，合理组织交通流线。

9.3.2 主题与格调的确立

中国园林向来讲究意境，自古是文人雅士表达志向和情怀的场所，往往寄托了主人的深刻思想感情，所以主题立意非常重要。园林主题的确立要考虑多方面因素，其一是园林的情感因素，例如，苏州同里的退思园，取意“进思尽忠，退思补过”，以示反思己过，表达忠于君王、效忠朝廷之志；白居易的庐山草堂自然朴素却思想深刻，园中十景处处暗含其品格与思想，充分表达了主人的隐逸思想。其二是实用功能，根据园林具体功能来确定主题，例如各地的迎宾馆，其主题就是迎宾，因此馆内园林设计一般会比较热烈、喜悦、庄重。其三是现状和历史，充分考虑场地现状的特点和优势，并寻找其历史沿革中的发光点，突出个性，提炼主题。

主题一旦确立，园林设计就可以围绕其展开，选择相称的景观格调，例如南方的热带风情、北方的庄重大气、江南的灵巧素雅、法式的对称规整、英式的自然风景等(图 9.18、图 9.19)。

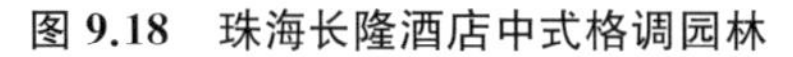

图 9.18　珠海长隆酒店中式格调园林　　**图 9.19　酒店东南亚格调园林**

9.3.3　整体规划

1. 功能分区、整体布局

在园林主题和格调确立后,设计师就可以根据现场调研的数据,结合园林设计的目的和性质进行功能分区。分区应满足园林的功能要求,例如观赏、休憩、游园、戏水等(图 9.20)。规划不同的景点,并在布局中协调各部分的关系,为具有特定要求的内容安排合适的功能分区。景点的设计要体现园林的主题,园林的风格、元素、色彩选择等应符合园林的整体格调。同时,功能布局还应该考虑园中动静分区关系、私密与开放关系,尽可能创作不同的功能空间,满足

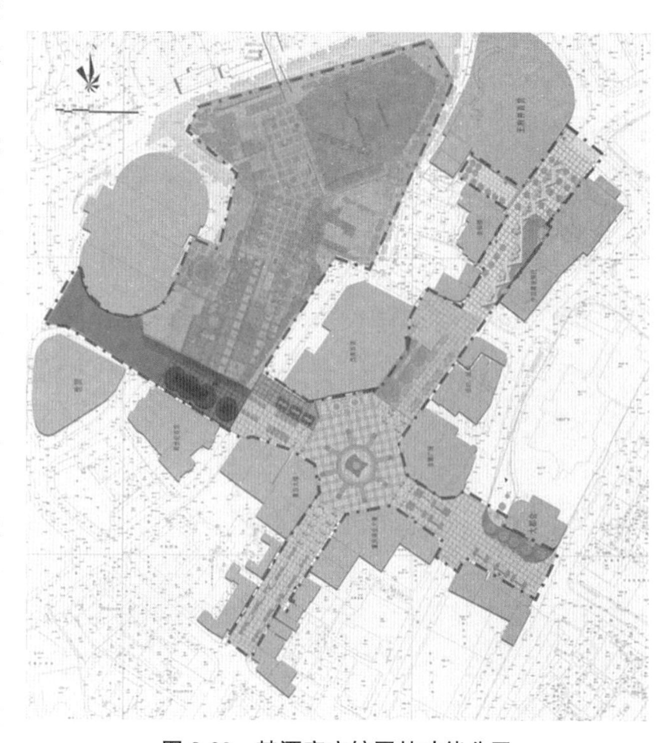

图 9.20　某酒家宾馆园林功能分区

酒店宾馆客人不同的需求。

在规划布局中，要解决改造地形、协调空间和配置植物等问题，使之形成综合的统一整体。园林的功能要求、经济要求、艺术要求这三方面要综合考虑，最终实现主景突出，配景烘托之效，整体景观协调统一。

2. 道路规划

园内道路的规划设计首先要满足两方面的功能要求：一是交通要求，分流和疏导人群；二是游览功能，用于组织游线、参观景点、引导游客。这两种功能有时独立，有时结合。其次，园林道路规划要结合游人的行为规律和视觉特性，例如，从交通角度而言，人们倾向快捷方便，但在中国传统园林中道路设计往往是曲径通幽、喜起伏不喜平坦、喜曲不喜直的，这些都需要结合场地进行综合考量。最后，道路规划设计要与地形、建筑等密切结合，使道路在满足交通的前提下，与周围景观有机联系在一起，使道路和环境一体化(图 9.21)。

图 9.21　三亚亚太会议中心园路

9.3.4　景观节点设计

在功能分区和道路规划确定后，设计师就开始细化景观节点设计，景观节点的数量与场地的面积和功能需要有关，传统园林通常有“十景”“八景”之说。景点设计必然要体现主题，通过山石、水体、建筑、小品、植物等元素，构成一个富有视觉美感、精神内涵的景点，把园林的主题立意充分表达出来。

景观节点设计要有整体规划，每个景点应各有千秋，表达内涵和景观元素应有所区别，或以建筑为主体，设计景亭戏台；或以山石为主体，设置群山奇石；或以小品为主体，设计雕塑壁画；或以水景为主体，设计喷泉瀑布；等等。但每个景点的设计必须服从于园林整体的主题思想，并且景点之间主次分明。同时，还要处理好主景与配景之间的关系以及景物间的比例与尺度关系，做到空间尺度宜人、富有亲切感(图 9.22)。

图 9.22 三亚亚太会议中心园景

9.3.5 植物选择

景观节点设计初步完成后，就要考虑植物的选择和配置。

1. 以功能为指导

植物的选择首先要考虑功能的需要，符合酒店的自身定位，例如，选择高大的乔木体现空间的气势，选择茂密的乔木来遮阳或遮挡室外不良视线。其次，应选择具有良好观赏性的植物，如雪松、金钱松、罗汉松、红豆杉等。再次，主题不同，植物的选择偏重也不同，例如，强调中式传统园林的空间可以选择牡丹、梅花、君子兰、菊花、荷花、蜡梅、玉兰、桂花、水仙、南天竹、银杏等。最后，还要考虑植物的生长及养护问题，例如，在建筑中庭或周边，尽可能选择喜阴、少落叶的植物（图 9.23）。

图 9.23 文莱某酒店周边植物

2. 乡土植物体现地域特色

尽量选取当地的树种，它们能适应当地的地理气候条件，且具有较强的生命力。同时要因地制宜，在地下水位偏高的地区，选用植物时以耐水植物为主，如香樟、柳树、桂花、枫杨等树种，干旱的地区可考虑侧柏、槐树、银杏等。另外，选取乡土植物，突出地方特性，强调地域风格，例如，高耸的椰子树、棕榈树展现了浓郁的热带风情（图 9.24），挺拔的杨树则体现了独特的西北风貌。

3. 各种植物有机组合

植物配置应以四季特色为主，尽可能保证四季或三季常青，并有不同的景色变化。在景观层次上，园林植物有常绿乔木、色叶树种、花灌木、绿化地被等，既可独立成景，亦可相互配合，形成高低错落、层次丰富的景观。

图 9.24 文莱某酒店热带植物

9.4 酒家宾馆园林设计实例

9.4.1 广州泮溪酒家园林

广州泮溪酒家（图 9.25），相连风光旖旎的荔湾湖公园。这里是 1 000 多年前淮南王刘长的御花园“昌华苑”的故地，也是昔日“白荷红荔、五秀飘香”的“荔枝湾”。1947 年，粤人李文伦在这片“古之花坞”上创办了一家充满乡野风情的小酒家。当时，这附近有 5 条小溪，其中一条叫“泮溪”，故小酒家也以“泮溪”命名。

图 9.25 泮溪酒家

图 9.26 泮溪酒家与荔湾湖

1960 年，泮溪酒家由莫伯治院士负责扩建，成为当时面积最大、最负盛名的园林酒家。它荟萃了岭南庭园特色及其装饰艺术的精华：外围粉墙黛瓦、绿榕掩映；内部迂回曲折、层次丰富。整个酒家由假山鱼池、曲廊、湖心半岛餐厅、海鲜舫等组成，布局错落有致，加上荔湾湖的衬托，更显得四处景色如画（图 9.26）。

泮溪酒家的建筑独特，庭院的艺术特色十分浓厚。将厨房、厅堂、山池、别院联系在一起，与荔湾湖风光相互渗透资借，形成岭南建筑庭院绿化、假山水池与厅堂亭榭有机融合的特色。平庭、水庭、游廊、曲桥、璧山、码头，以及湖中绿岛，步移景异，目不暇接(图 9.27、图 9.28)。

图 9.27 泮溪酒家桥廊

图 9.28 泮溪画舫

山池是泮溪酒家的主要园林景点，在桥廊两边，开池架山，以砖石裹铁筋为骨架，然后切贴英石，全座石山长约 30 m，高 6～10 m 不等，峰峦岩洞，造型随意，颇具动感气势。石山与山馆建筑相结合，宾客从桥廊拾级而上，可观楼西荔湾湖，凭廊远眺，烟雾袅袅(图 9.29、图 9.30)。

图 9.29 泮溪酒家庭园瀑布

图 9.30 泮溪酒家桥廊

泮岛是酒家的另一处重要景区，突起于荔湾湖水面，与东面酒舫隔水相望，并用折桥连接。泮岛庭院空间层次丰富，收放有序，建筑参差错落，与林木虚实相生，并点缀花池、景窗、月洞门、美人靠等以衔接空间。泮岛绿化以假山为中心，东、南、西、北四向各植鱼尾葵、鸡冠花、小叶榕、垂柳、凤凰树，沿水边多植水杉、蒲桃、美人蕉，绿树婆娑，时花争艳，体现了浓郁的岭南亚热带植物风光(图 9.31、图 9.32)。

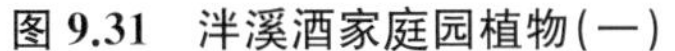

图 9.31 泮溪酒家庭园植物(一)

图 9.32 泮溪酒家庭园植物(二)

9.4.2 白天鹅宾馆中庭

白天鹅宾馆位于广州异域风情浓郁的沙面，由莫伯治院士和佘畯南院士合作主持设计，是中国第一家中外合资的五星级宾馆，现代简约的建筑外观和岭南传统园林相融合。白天鹅宾馆因具有岭南特色的中庭园林“故乡水”(图 9.33)令世界瞩目。“故乡水”采用了我国古典的园林手法，营造出一幅令无数海外游子动情的浓浓故乡情画景，让漂流在外的游子找到了故乡的归属感，同时也让海外宾客感受到中国独特的传统园林文化。

图 9.33 白天鹅宾馆“故乡水”主景

白天鹅宾馆中庭占地 2 000 m^2，高四层，做多层园林设计，形成多层次、高旷深邃的大空间。主景为西侧一座英石假山，岩高 8 m，宽 6 m，山顶立一金瓦小亭(图 9.34)，亭边池水沿飞岩直下，形成两折流水瀑布，瀑布从 6 m 高的位置跌落而下，十分壮观(图 9.35)；瀑布如水帘遮掩其后的洞府，形成水帘洞，布局巧妙。岩石上植物充盈，如龟竹背、天门冬、棕榈等。瀑布山崖石壁上刻有“故乡水”三字点题，景语皆情语。

图 9.34 白天鹅宾馆八角亭

图 9.35 白天鹅宾馆跌级水景

瀑布之下是一东西向狭长的曲折池水，静逸的水面被瀑布卷起层层涟漪。池面上的曲桥为混凝土平桥，桥贴水面，栏杆较矮，桥面中间红两边白，橙色的栏杆、灰黑的英石与绿色的植物形成一幅热闹的画面。宾客站在桥上，抬头可见飞流直下的瀑布，低头可见悠闲自得的游鱼，直视可见水帘之后的洞府，周围尚有垂萝围绕，乔灌木植物层次丰富，高低错落，前后参差，隔而不断，耐人寻味(图 9.36)。

图 9.36 白天鹅宾馆中庭植物

中庭南边为休闲大厅，此处南临“羊城八景”之一的“鹅潭夜色”，中庭采用开放式布局，通过道路、廊桥设计，有意将此景引入参观者的眼帘。中庭东端是一观景台，高度介于一、二层之间，为八角形造型，此处为较佳的观景点，既可远观，又可仰视主景点，是宾客拍照留影的佳处(图 9.37)。

白天鹅宾馆中庭把传统的园林空间和现代建筑的几何空间相融合，既体现了时代的特性和精神，又蕴含了深刻的文化内涵。园林设计手法巧妙，虽然空间有限，却力避一览无遗，在狭小的空间再现自然界的湖、溪、涧、潭、岛、瀑布、植物等景观，藏露得宜，虚实相生，空间关系丰富巧妙(图 9.38)。

图 9.37 白天鹅宾馆八角观景台与曲桥

图 9.38 宾馆中庭空间

9.4.3 钓鱼台国宾馆园林

钓鱼台国宾馆坐落在北京西郊阜成门外的古钓鱼台风景区中，南北长约1 km，东西宽约 0.5 km，总面积为 420 000 m^2。金代章宗皇帝喜在此处垂钓，因而得名“钓鱼台”，清代辟为皇帝行宫，新中国成立之后建成一座接待外宾的国宾馆。钓鱼台国宾馆环境幽雅清宁，楼台亭阁间碧水红花、林木石桥，是中国古典建筑情趣与现代建筑格调的完美融合。

钓鱼台国宾馆园林以水景、植物、建筑小品为主，通过自由曲折的水面，把全园的景观串联起来，形成了一幅幅美不胜收的画面。园区水面面积为 5 万多平方米，给园景增添了无限的生机，沿庭园小溪设有喷泉、瀑布、亭台、游廊、船坞、码头、小桥等，并沿途撒下七八个珍珠般的大小湖泊。钓鱼台中心湖湖水清澈，色如碧玉泽如银光，从湖岸伸出一座红柱绿瓦攒尖顶八角亭，犹如漂浮在水面一般恬静自然，湖中一座五孔玉带桥连接中心湖两岸，岸边郁郁葱葱的乔灌木，以及水中的倒影，构成了中心湖层次立体、富有灵气、令人赏心悦目的水景。

钓鱼台的植物种类繁多，有来自我国南方的苦楝、柘树、木瓜、紫竹、大叶黄杨，有河南梅花、洛阳牡丹、崂山苔草、红河石榴、长白山松树、重庆黄花魁等，还有国外的名树，例如，日本的白桦、榉树，美国的黄金树、香柏等。钓鱼台植物姿色各异，或高耸挺拔，或婀娜多姿，或亭亭玉立，随风飘逸，优美动人，春夏秋冬各领风骚，春有花、夏有荫、秋有果、冬有景，达到了"三季有花，四季常绿"的季相效果。

钓鱼台在乾隆时期就营建了养源斋、清露堂、潇碧轩、澄漪亭、望海楼等园林建筑，养源斋院内回廊围绕，叠石为山，淙淙溪流在斋前汇成一池碧水；清露堂苍松翠竹，清新典雅，景色宜人；潇碧轩轩凡三楹，临池可垂钓。钓鱼台国宾馆园林规模宏大、布局和谐、树木葱郁、水网密集、景色优美，别具一格，兼具皇家园林的气势与江南园林的精巧，是高品质的宾馆园林代表。

9.4.4 珠海长隆横琴酒店园林

长隆横琴酒店(图 9.39)位于珠海横琴湾新区长隆国际海洋度假区的中心位置，占地面积为 70 814 m^2。珠海为典型的南亚热带海洋性季风气候区，酒店环抱于青翠峰峦之中，背山面海，四季皆景。以海洋生态为主题的酒店景观，借用山水意境，巧妙地选用罗汉松作为山水意向素材，将传统园林艺术创作手法与源于西方游乐场的设计结合在一起，旨在创造一个具备中国传统山水意蕴的游乐体验境域。

图 9.39 长隆横琴酒店鸟瞰图

1. 总体规划

珠海长隆横琴酒店总体设计分为前广场入口区域、滨海泳池区域、沙滩区域、火烈鸟养殖及餐厅区域、后场模纹花坛区域等。整体规划设计以游览体验为指导，打造沉浸式的度假酒店场景。图 9.40 为酒店总平面图，图 9.41 为火烈鸟养殖及餐饮区剖面图，图 9.42 为白海豚养殖池区剖面图。

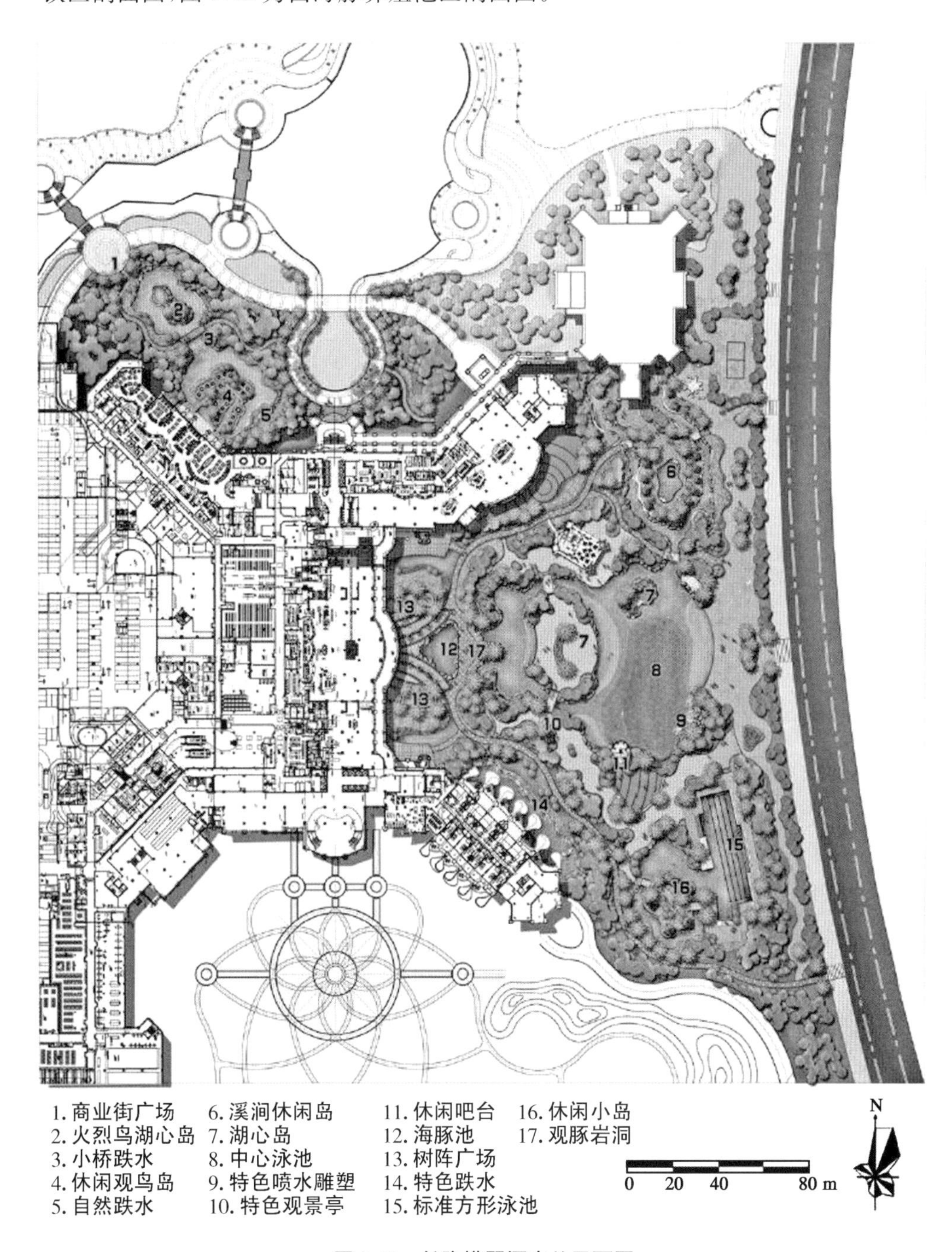

图 9.40 长隆横琴酒店总平面图

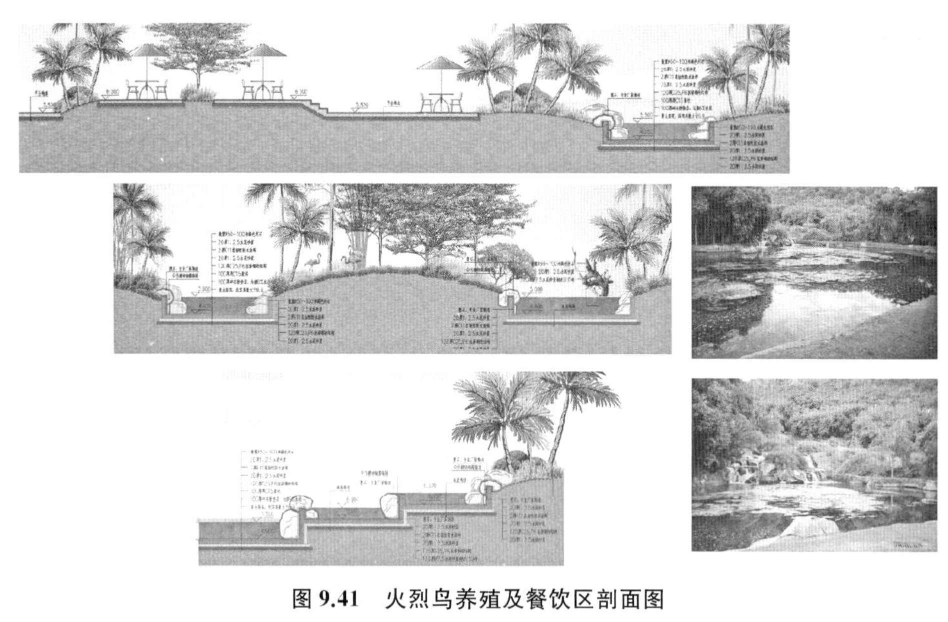

图 9.41 火烈鸟养殖及餐饮区剖面图

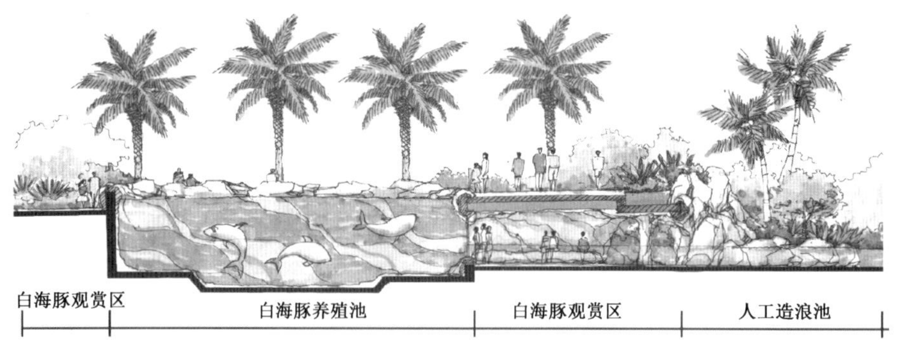

图 9.42 白海豚养殖池区剖面图

2. 空间营造

入口处主景设计以罗汉松组团造型为主，打造风趣活泼的乐园氛围。以“盆景”式的组合手法，营造步移景异的入口效果。通过开合有致的植物造景，将酒店入口掩藏于异域风情的罗汉松组景背后，增加景观的体验性和趣味性（图 9.43）。滨海风情结合模纹花坛的现代欧式设计，凸显滨海度假的氛围。无边际的泳池区域，以热带植物加拿利海枣为主景，与浓郁的滨海度假风情相呼应。

长隆横琴酒店作为国内顶级的海洋生态主题酒店，充分考虑岭南地区气候特点，运用山石、林木、建筑、水体等要素，通过“体宜因借”的手法，布置各类动物雕塑小品、富于异域风情的特色铺装、精品植物景观及奇妙水景，体现海洋动物王国附属酒店主题特色。在小品、铺装中运用海洋动物造型、海浪纹样等海洋元素尤显精

图 9.43 长隆横琴酒店入口

致美观,棕榈科植物颇具热带风情,而酒店南花园将观豚池与泳池结合起来,观光者被湖面吸引而进入花园,如入热带山林,增加了游玩的趣味性,营造了自然休闲的滨海景观。

3. 绿化设计

场地内绿化以具有岭南特色的绿叶植物为主,选择罗汉松、银海枣、加拿利海枣等相对更为抗风、耐盐的树种作为绿化骨干苗木。在色彩植物配置时,考虑季相变化,根据不同植物因时令变化而产生的色、形、态等的不同,将不同花期、不同色相、不同树形的植物协调搭配,使酒店内园林四季有景,丰富景观游赏层次,提高园林生态效益。

罗汉松外形特殊犹如金身罗汉,肉质种托依绿、黄、红、紫红、紫褐、紫黑进行色彩渐变,最后变紫黑色时仿佛一尊披着紫色袈裟正在打坐的虔诚罗汉,因此而得名。《题福源寺罗汉松》云:"历千余载寺再废,此树不改青葱茏。大二十围高难度,攫拿天际如虬龙。"可见,罗汉松在诗词中多以吉祥、长寿、古朴、苍劲的形象被众人广为传颂。同时,罗汉松因造型优美、寿命长、文化底蕴深厚等原因被种植栽培在庭院园林内作为观赏树、招财树。罗汉松古典雅致的树形,可造型成大小盆景,别有一番情趣。罗汉松等作为主调树种,植株葱翠秀雅、苍郁遒劲(图 9.44),其青绿叶色继承了水墨画的清雅素净,与彩色的花团和白砂相映成趣。俯仰生姿的罗汉松结合山石布置,形成错落有致、充满画意匠心的松林组景,虚实相间,引人入胜,融入本土文化,从情感上引起游人的共鸣。酒店内以长卷式植物造景为依据组织流线,从入口到酒店大堂的空间处理曲折生动,每个节点即为一幅画面,客人游赏其间，所观所感皆由景生。酒店内山石、植物等造园材料的运用与空间叙事相结合，景观层次丰富，一步一景，气韵天成(图 9.45)。

图 9.44 酒店园林罗汉松景观(一)

图 9.45 酒店园林罗汉松景观(二)

酒店面海，以 200 多棵银海枣与轴线对称的模纹花坛相配，构成一幅面积达 10 000 m^2 的精美滨海植物画，与具有浓郁欧陆风情的横琴酒店相得益彰(图 9.46)。

图 9.46 加拿利海枣花坛

9.4.5 广州花园酒店园林景观改造

1. 项目概况

花园酒店于 1985 年开业，位于广州市越秀区环市东路商圈，占地面积约 48 000 m^2，其中花园(含空中花园)占地约 21 000 m^2。该酒店以深厚的历史文化底蕴和卓越的服务著称，是国内最具规模、华南地区城市中心最具文化特色、园林面积最大的白金五星级大酒店。

随着城市建设的发展，广州市逐步实施“南拓北优、东进西联”城市空间发展布局战略，经济商圈逐渐向东转移，一批新的旅游酒店崛起，位于老城区商业中心的花园酒店受到同类酒店的冲击。由于建设时间较早，花园酒店的部分功能和景观形态日渐老旧，空间环境质量日趋下降，无法满足新时代下消费者对高端酒店的要求。因此，本项目对花园酒店 13 576 m^2 的花园展开景观改造，整合功能空间，提升绿化效果，传承岭南酒家文化特色，重塑酒店形象，为其发展注入活力与新鲜感，增强其行业竞争力。

2. 园林景观特色

20 世纪 80 年代，广州市提出“花城”的概念，“花园”也成为酒店的设计理念。新时代的景观改造秉持对花园酒店经典品牌的尊重与信赖，紧密围绕其品牌理念“经典非凡，中西合璧，回归自然，贴心服务”展开，重新梳理了功能需求，修复在历史变迁中被掩盖的经典形象，还原花园经典场景。改造的重点是前、后花园，前花园为疏朗明晰的西式庭院，后花园为曲径通幽的中式岭南园林。

1）问题分析及改造策略

前花园的主要问题是交通组织混乱、绿化杂乱、景观主题模糊。原地面停车场位于大堂入口视线正中央，观感较差，且不能满足日益增多的停车需求。入口人行道较宽，绿化种植单一，缺乏仪式感，而中心区域植物种植密集，易遮挡主景喷泉视线。因而重新组织交通，将位于入口处的停车场转移到东、西两侧，保证入口景观的完整性；梳理植物景观，将多余的中层灌木景观及地被植物移植到花园其他区域，保留老木棉，再现经典水景(图 9.47)。

图 9.47　前广场改造前后对比

图 9.48　后花园改造前后对比

后花园的主要问题是空间利用率较低，且受到周边新建筑的干扰。该项目改造更新从功能性出发，拆除了用途不大的原储气罐区，将其设计成草坪空间，作为酒店的户外婚庆广场；结合地形设计和植物设计，尽量减少周边环境对花园的影响，同时将原本被植物部分遮蔽的浮雕壁画重新展现，打造私密、诗意的园林休闲空间(图 9.48)。

2）景观总体设计

花园酒店的整体景观呈现出连贯的画卷感，功能流线清晰，既有经典场景的传承，又有新时代的革新(图 9.49)。前花园采用对称式布局，东西两侧为生态停车场，中部为喷泉水景和草坪地景，展现大气的酒店形象(图 9.50)。后花园以“天涯若比邻”为主题，有大型壁画、假山瀑布、亭台水榭以及青翠草木，各具特色又互相配衬，突出了岭南建筑“轻、巧、通、透”的风格，把建筑和园林艺术融为一体(图 9.51)。

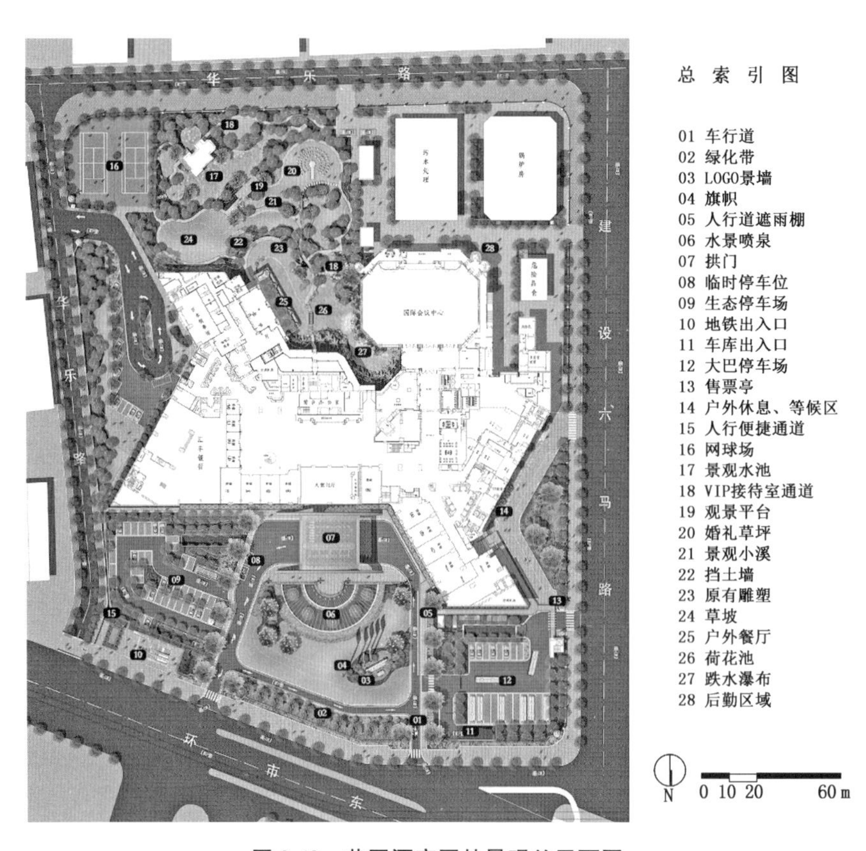

图 9.49 花园酒店园林景观总平面图

图 9.50 前花园景观鸟瞰图

图 9.51 后花园景观鸟瞰图

3）绿化提升设计

植物配置设计强调景观季相变化，并深得“障锦山屏，列千寻之耸翠。虽由人作，宛自天开”之意趣。通过游客观景的视线分析，在主要视线焦点处种植造型优美、观赏价值高的岭南特色名木，如造型罗汉松、造型火山榕等，打造出有岭南风味、美丽精致的景观环境。在空间上也通过调整植物的关系，营造有疏有密、意境深远的园林空间，同时增加了开花植物，让进入花园酒店的宾客和市民都能直观感受到花园的气息。

保留前广场主要的上层苗木，如木棉、红花紫荆等，增加相近大小的红花紫荆，形成一定的韵律感；前广场重点位置利用少量植物品种丰富绿化空间，同时将多余的苗木移植至后院空间，简化绿化搭配。保留后院主要的上层苗木，重新整合中层苗木与前广场多余移植的苗木，丰富整体绿化景观效果（图 9.52—图 9.55）。

3. 部分工程设计图

花园酒店部分工程设计图如图 9.56—图 9.59 所示。

图 9.52 花园酒店植物景观(一)

图 9.53 花园酒店植物景观(二)

图 9.54 花园酒店植物景观(三)

图 9.55 花园酒店植物景观(四)

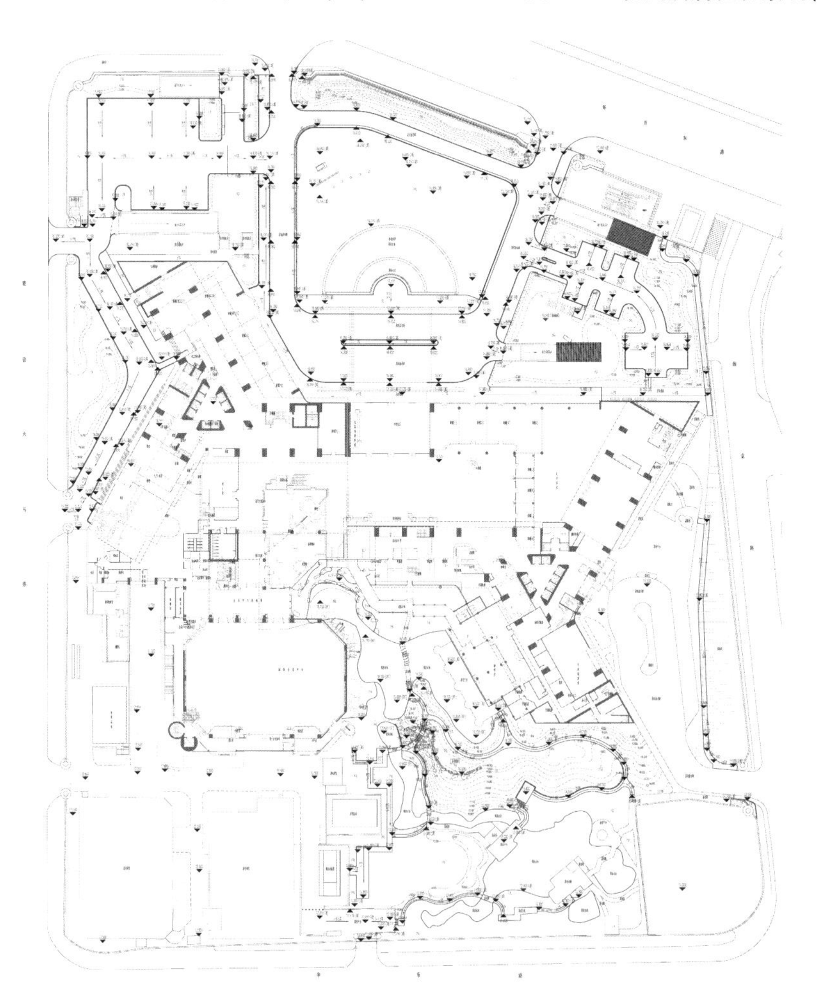

图 9.56 花园酒店改造后竖向设计图

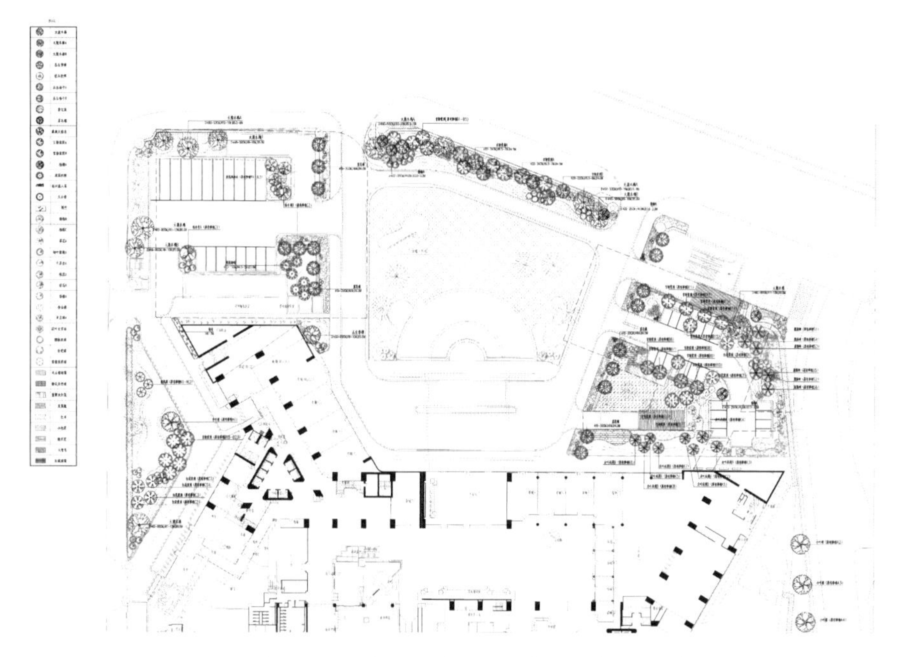

图 9.57 花园酒店乔木种植平面图(前广场)

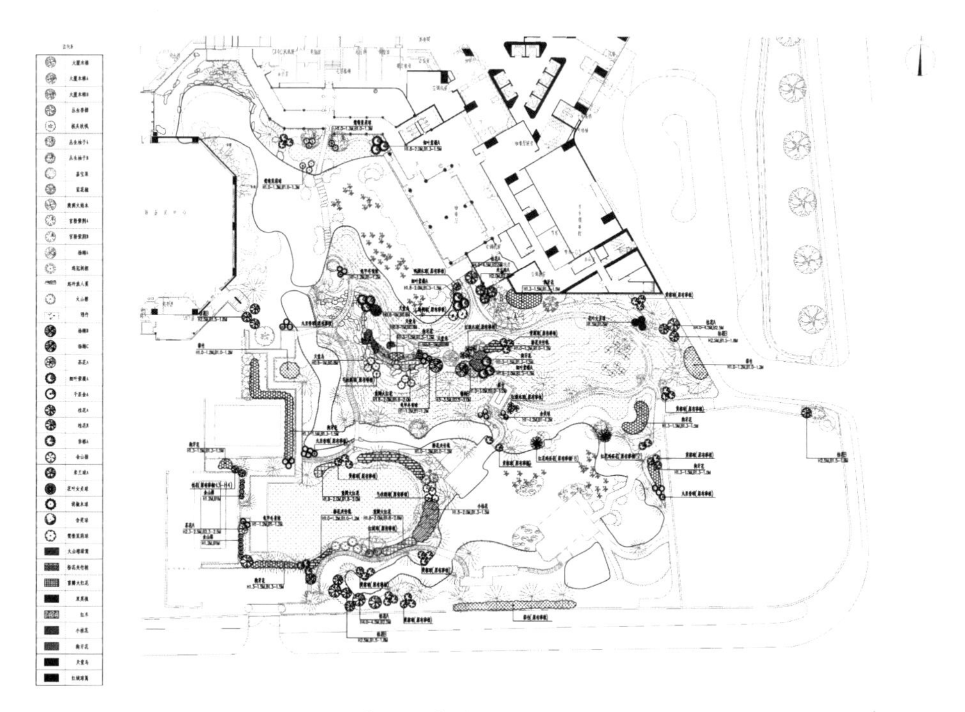

图 9.58 花园酒店灌木种植平面图(后花园)

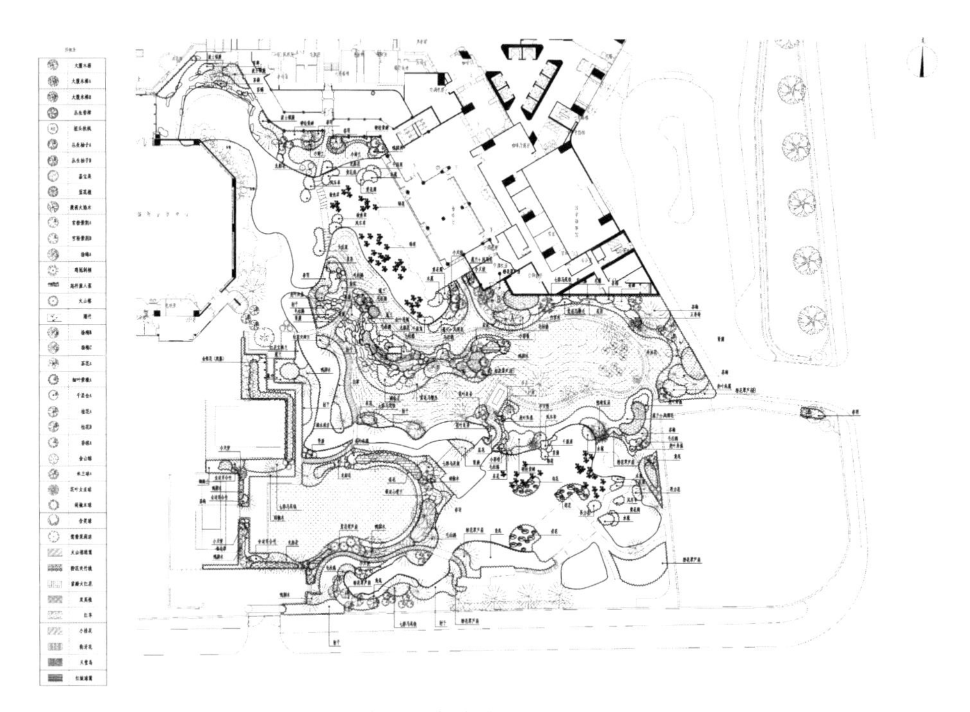

图 9.59　花园酒店地被种植平面图(后花园)

本章小结

本章主要讲述酒家宾馆园林的概念、功能、设计原则及设计方法。通过本章内容,读者可了解酒家宾馆园林作为一种具有独特功能的园林类型,其设计条件、设计目的、设计要求及设计方法都有别于其他类型的园林,从而更好地进行酒家宾馆园林的设计。

10

文化设施园林与商业设施园林

导 读

随着我国经济、文化发展水平的提高，与人们日常生活紧密关联的文化设施和商业设施数量大幅增加、形态日益丰富，它们附属的园林对于文化和商业氛围的形成起到重要作用，这些园林根据发展需要呈现出注重情景交融的意境营造、多重复合的功能组织、生态优先的技术措施等特点。本章先介绍这两类附属园林的概念和功能，再综述这两类园林的设计方法，最后选取典型案例进行具体分析。

10.1 文化设施园林的概念、功能及设计要点

10.1.1 文化设施园林的概念

《中华人民共和国公共文化服务保障法》第二章第十四条规定：公共文化设施是指用于提供公共文化服务的建筑物、场地和设备，主要包括图书馆、博物馆、文化馆（站）、美术馆、科技馆、纪念馆、体育场馆、工人文化宫、青少年宫、妇女儿童活动中心、老年人活动中心、乡镇（街道）和村（社区）基层综合性文化服务中心、农家（职

工）书屋、公共阅报栏（屏）、广播电视播出传输覆盖设施、公共数字文化服务点等。因此，文化设施园林是指公共文化设施基地内除主体建筑外的室外空间，具体指依据文化设施的设计主旨和总体要求对景观内容进行设计构思，满足支持文化服务实施、展现文化特色和形象特征、强化生态服务功能的需求，与建筑有机结合、相辅相成的园林。

10.1.2 文化设施园林的功能

1. 休闲游憩

功能和美观相结合的园林环境可以提高环境品质、调节游客的感知神经，使游客获得体力恢复和精神愉悦。同时，游客在将身心融入自然之时，也增强了对文化设施的亲和性和认同感。

2. 文化教育

具有丰富文化意蕴的园林景观可以对文化设施项目气氛和主题的展现起到重要的促进作用。通过园林与建筑的结合，山水、花木、园林小品、特色铺装和标识系统等让游客感悟园林环境中蕴含的特定文化内涵，获得更多与场所精神的共鸣。

3. 形象特质

大型文化设施建筑一般都是整个城市或街区的标志，可以展示当地的地域文化特色和时代精神。文化设施园林通过与建筑的造型特点、功能特征相结合，创造情景交融的意境，可以提升整个项目的品位、突出文化底蕴，充分展示项目的形象特质。

4. 改善生态

尊重自然规律的景观设计，能减少对城市自然环境的破坏，保护自然循环模式。充分利用场地的生态环境，将绿色节能建筑技术和生态园林技术相结合，挖掘生态文化，采用适宜本地域的生态技术措施，营造生态、经济、和谐的园林空间。

10.1.3 文化设施园林的设计要点

作为文化建筑的附属空间，文化设施园林与其他大型、独立的园林类型相比有一定的特殊性。为满足其功能和特点，设计主要有以下 5 个要点。

1. 重视基地选址

基于文化设施在软、硬环境中的需求，在进行基地选址时应注意满足用地规模适宜、地质条件良好、生态环境优美、交通便利、周边人文氛围浓厚等条件，以保证自身社会、经济和环境效益的充分发挥，带动周边文化与经济的协调发展。

2. 协调基地内外环境

文化设施的园林空间一端通向主体建筑的各出入口，一端通向与项目基地相邻的城市街道，是联系建筑空间与城市空间的纽带。因此，文化设施园林首先应注意展示城市文化，突出城市性格；其次，通过基地内外缓冲空间的景观设计，调节游人情绪，使其逐渐感受到文化建筑所传达的主题氛围；最后，文化设施所展示的地域文化、传统文化等文化内涵，可以通过园林空间放大后传至城市空间，使文化建筑与城市更好地融为一体。以西湖博物馆为例，它处于杭州西湖东岸，半藏于古典建筑之间，项目以探沟和探方的形态寓意探索西湖的历史，将大部分建筑设置于地下，南部以屋顶草坪缓坡的方式将建筑与西湖周边的绿化自然相接。探沟的形态既契合了西湖边西湖博物馆这一特定地点特定建筑的特征，同时也自然地引导了参观路线，使博物馆的前导区开敞通透，纳西湖美景于内，以托展陈之功效，其园林设计自然地使建筑与环境一气呵成，含蓄而又不失个性(图 10.1)。

图 10.1 西湖博物馆外环境

3. 合理组织景观结构

根据文化设施园林的性质与功能来进行分区，以此确定园林的结构并组织游览路线，创造系列构图空间，安排景区、景点，创造意境，是园林布局的核心内容。景观分区在满足建筑与城市的连接、顺应建筑功能分区的基础上进行，通过空间组合和空间节奏的变化，恢复游客的体力并调节其情绪，让游客对空间氛围产生共鸣。在景观游览路线组织方面，注意室内外空间的联系和行走路线的舒适度与丰富度，若园林绿地空间较大、相对分散，可分区组织游览路线并设置连接游步道；若园林绿地空间较小、相对集中，可以一条环形路线为主穿插多条小步道。另外，竖向上注意利用地形、水体、建构筑物和植物配置等景观要素形成变化有致的空间。

4. 突出内涵和特质

文化建筑作为进行文化活动的载体，其园林设计一定是将文化作为景观意蕴的内核。因此，文化设施园林设计应尽可能地利用景观元素的材质、色彩、质感等表现手法来创造与之相适应的艺术空间，展现浓郁的人文气息和文化氛围。其中，围绕设计“主题”，通过雕塑、铺装、指示牌、景观小品、景点名称等不同的设计手法来表达主题思想是重要的设计手法。位于浙江省杭州市余杭区的良渚博物院，主要展出良渚文化时期的玉器、陶器、漆器、石器、墓葬等，其景观设计主要从良渚玉文化中提炼主题和设计依据。博物院内部的中心水景庭院有20多个仿圆形玉璧的小品散置在水面之上，以“玉璧散落水面”的效果呼应建筑“一把玉锥散落地面”的设计理念（图10.2）。景观小品的设计主要从出土文物玉琮、玉璧、玉鸟等器形中取得灵感，简化造型并赋予功能。景观节点结合玉文化诗词命名，如观复台、拾珏坡等。

图10.2 良渚博物院中心水景庭院

5. 重视人性化设计

文化设施是为人服务的场所，景观设计首先应该考虑实用性，以满足参观者的功能需求。通过设计便捷且具有文化主题的通道，使观众可以迅速感受文化建筑的氛围，方便快捷地进入展厅参观。巧妙地运用人性化的交往空间，完善餐饮、休息等公共服务设施，加强道路的引导性，设置无障碍通道，安排文化活动在室外园林环境中进行，将文化产品摆放在优美的室外环境中让游客与之接触，通过扫二维码的方式获取景点信息、参与互动等多元化的手段，让大人和孩子们在园林活动中增长知识，感受参与的乐趣，创造一个为公众服务、强调开放性和参与性的公共文化场所。

 商业设施园林的概念、功能及发展趋势

10.2.1 商业设施园林的概念

本书中所指的商业设施园林主要是指与商业综合体、商业街等现代商业建筑群相配套的室内外园林环境。商业综合体，是包括酒店、写字楼、购物中心、会议中心和公寓的多功能、高效率的综合体，其园林主要分布于外部广场、中庭、边庭和裙

楼的退台、屋顶等部位。商业街的园林则根据总体规划，主要位于入口广场、内街交叉口、街边绿地、商铺的前院、后院、中庭、露台等。

10.2.2　商业设施园林的功能

这些应运而生的新型商业建筑，包含了购物、居住、办公、休闲、娱乐、社交、休憩等各类功能，将原来以单纯销售为主的商业类型和现代复合型的功能空间相互融合，形成多样化的空间环境系统，与之相配套的园林空间表现出集多种功能于一体的特点，共同将以人为本的原则落到细微之处，以吸引人们参与商业活动，增加设施潜在的商业价值，从而加强城市整体的竞争优势。

1. 改善环境

通过植物和水体的降温、减噪以及净化空气的作用，创造自然生态环境，增加商业空间的亲和力和吸引力。

2. 美化街区

园林环境可以弱化硬质的建筑，营造出轻松休闲的商业环境，有利于激发人们的购物欲望，为人们提供互相交往的空间和休闲娱乐的场地，创造出更为人性化的商业交往空间，也给城市带来了生机与活力。

3. 标识引导

造园要素可以划分商业设施空间，增加空间层次感；通过与交通设计的衔接，使人们更高效地利用交通空间。园林环境可以增强功能空间及交通空间的趣味性和可识别性，具有标识引导作用。

4. 创造经济效益

商业设施的园林空间作为展示形象的“窗口”，是吸引都市居民前来购物消费的重要因素。现代商业设施的外部空间常常通过设置临时展台进行商业活动与促销宣传，设置茶座或娱乐设施来丰富空间功能，通过广告设施（如广告、招牌、广播、电子显示屏等）吸引顾客、促进消费，这些功能空间与园林环境的结合提升了商业氛围和人气活力，商业价值也因此得以提升。

10.2.3　商业设施园林的发展趋势

1. 功能综合化

功能综合化是指将多种功能融合在商业设施的园林设计之中。园林设计的功能综合化是由商业设施的功能综合化决定的。大型商业综合体、商业街功能的综合化主要指内容的综合化。现代商业设施的定位根据时代的发展不断进行调整，通常集餐饮、休闲、购物等功能于一体，也时常融入主题性、娱乐性和人文性的文化空间。广州正佳广场开业十多年来，其定位从“亚洲体验之都”“家庭时尚购物体验中心”到如今的“家庭时尚超级体验中心”，缩减了零售面积，开设科技馆、艺术馆、海洋馆等体验区。正佳广场如今不仅仅把购物中心作为一个购物空间、餐饮空间、文化娱乐空间来布置，更把它当作城市文化的传播空间，其中庭园林空间可以作为时装表演、文化展览的场地，打破空间的单一性。从长远来看，这些综合性的服务设施能够吸引更多的消费者，赢取更多的利益。

2. 生态可持续发展

随着人们环境保护意识的增强，未来的商业空间将更趋生态化，实现可持续发展才是生态化的真正内涵。购物中心的户外广场和内部空间可使用绿化、水面、小品等设计元素来创造自然化的景观，充满了树木、花草、水景，甚至还有完整的精品园。它不仅能够为人们提供舒适的绿色休闲空间，也改变了购物中心的场所性，为一些聚会、休息提供场所。这样，购物的概念被游园所代替，从而延长了顾客停留的时间，增加经济效益。位于上海闹市区的 K11 购物艺术中心，获得 LEED 认证（绿色能源与环境设计先锋奖），其庭园式的户外广场设计，遍布本土植物，拥有屋顶及垂直绿化、都市农庄等多维园林景观，积极将绿色建筑设计、可持续发展的思维带到生活社区中。

3. 注重地方特色

保护地方特色文化已经成为人们的共识，本民族的、本地域的传统文化也越来越受到人们的关注，形成了全球性与地域性文化相互交织的局面。因此，未来商业的景观设计也应该追求自身的地域化——注重地域文化的表达，着眼于传统文化的内涵，在商业设施景观设计中反映出地方情调和地域特色。地方特色化绝不是简单地复制传统文化，而是把握文化的内涵，同时结合当代建筑空间的设计方向，做到青出于蓝而胜于蓝。

4. 强调城市共融

现代大型商业设施往往位于城市的中心地段，在城市中起着拉动消费、刺激经济发展的作用，同时对城市的环境、社会、人口都有相当大的影响，因而其与城市空间的关系也愈加密切，商业设施的公共空间也逐渐承担起城市空间的职能。结合城市自然本底环境进行商业设施的园林设计是一个将自然元素有效引入城市生活的方法。大型商业设施的园林空间规划不仅仅是为创造一个成功的商业空间，还应为城市的公共空间优化作出贡献，为市民提供一个舒适宜人的休闲活动空间，实现园林、人、城市的共融。

10.3 文化设施园林与商业设施园林的设计方法

10.3.1　主体景观的打造——植物与水体的设计

植物与水体的结合是文化与商业空间中的园林主体。除地面广场的地栽植物以外，文化设施园林和商业设施园林中的植物也以屋顶绿化、树箱花钵、立体绿化等形式出现。在满足基本需求的基础上，植物景观应以本土植物为主，配置合理的植物群落，以最大限度地发挥其生态功能，改善人居环境。

水体在这两类园林中的运用可分为自然水体和人工水体两大类。自然水体主要指设施内外的自然河流、湖泊等。人工水体多以水池、喷泉、溢泉、瀑布配以多种小品和雕塑构成的特色水体景观形式出现（图 10.3）。不同形态的水体景观可以打造出不同的空间氛围与景观品质：动态的水体给空间带来生机和情趣，成为吸引大量人流汇集的中心；静态的水体可以让人们在喧嚣的氛围中获得片刻的宁静，放松疲惫的身躯。

图 10.3　佛山岭南新天地街头水景

位于广州天河商圈的正佳广场将几个中庭作为内部空间组织的枢纽。中庭以景观水池为中心，以多棵高大挺拔的扇叶糖棕为特色。分别在一楼中庭浅水池旁种植 6 棵、负一层中庭种植 4 棵以及四层中庭种植 4 棵扇叶糖棕，树高 8～15 m；扇叶糖棕旁的喷水浅水池配置了风车草、睡莲等水生植物，周围用白掌、玛丽安、散尾葵等植物装饰；再配以山石、小桥，伴有定时开启的喷泉，以及面向中庭的各楼层的垂直绿化。中庭成为消费者特别是亲子家庭驻足停留观赏的亮点，也是人流汇集的共享空间。图 10.4、图 10.5 分别为正佳广场的中庭绿化及旱喷效果。

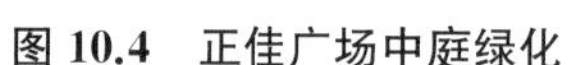

图 10.4　正佳广场中庭绿化

图 10.5　正佳广场中庭旱喷

10.3.2　细节设施的烘托——地面铺装与公共景观小品的映衬

1. 铺装设计

铺装是构成空间底界面的主体，对空间氛围的营造有很大影响。铺装设计主要考虑以下 3 点。

(1) 便捷、舒适及安全性的保障。商业空间人流密集，交通空间应注意无障碍设计，高差、障碍物等应标识清楚，室外铺地应避免使用光面铺装造成雨雪天气行人摔倒。

(2) 划分空间和引导人流。利用不同颜色、材质的铺装来划分不同的功能空间，使整个环境有多样化空间的同时，也起到指示和引导作用。

(3) 赋予空间人文性和艺术性。通过铺装图案、质感、色彩的搭配赋予空间底界面人文性和艺术性，与建筑的风格特征相匹配，使人赏心悦目。

位于广州天河商圈的天河城是较早成形的商业综合体，入口为灰色粗面花岗岩铺装，简单大方(图 10.6)。天河正佳广场北部广场铺装以灰、白、米黄三色粗面花岗岩构成的方形图案为主体，与立面材质和组织肌理相呼应(图 10.7)。天环广场位于天河城和正佳广场中间，其暖灰调的石材使人感觉十分亲切(图 10.8)。位于广州天河商圈的万菱汇，室外广场铺装交替运用灰、白两色的亚光面花岗岩，构成与道路走向平行的流线形图案，与立面的水平线条相协调，与年轻时尚的消费人群定位相适应(图 10.9)；商场部分室外广场大量采用与建筑立面材质相呼应的灰色系粗面花岗岩，形成垂直于道路的线形图案组合，空间感觉平稳大气，引导消费者进入商场。

2. 公共景观设施设计

公共景观设施主要包含公共艺术小品、休憩设施和导引系统等。在园林中引

图 10.6 天河城入口广场铺装

图 10.7 正佳广场入口广场铺装

图 10.8 天环广场入口广场铺装

图 10.9 万菱汇入口广场铺装

入公共艺术，以公共艺术如雕塑来增添空间的艺术氛围、树立场地形象，设置座椅等供人停留、驻足的设施以提供人性化的体验，通过标识引导设施指引方向并营造氛围是目前常用的手法。在现代景观中将这些设施整体化设计的趋势日益明显，例如，利用树池或水池边缘提供座凳功能，艺术雕塑同时作为景观座椅。

北京侨福芳草地购物中心汇集了 41 件西班牙画家萨尔瓦多·达利的雕塑作品，许多中国当代顶尖艺术家的作品也点缀在各角落，以充满魅力的风格为芳草地增添浓厚的人文氛围，就连吊灯、垃圾桶、标识牌等都充满了设计感，整个项目具备了浓重而多元的艺术氛围(图 10.10)。广州天河正佳广场中庭空间利用植物和动物小品、绘画、雕塑、喷泉等多种元素和设计手段，塑造生动、具有活力的空间气氛。

图 10.10 芳草地购物中心中庭空间

10.3.3 物理元素的运用——光影与空间的互动

光环境的设计对于文化与商业设施空间氛围的营造有着非常重要的影响，光影与空间的互动使园林环境呈现出更加丰富的变化。光源可分为自然光和人工光，在营造氛围方面各有特点。自然光变化丰富，可以使室内空间室外化，特别是与室内通高空间相配合可形成非常出色的光影效果，图 10.11 所示为上海恒隆广场中庭空间。人工光可操控性强，通过灯具选择、布灯方式、光色控制等烘托空间氛围，激发消费者购物欲望，特别是对夜间气氛的打造有不可忽视的作用。图 10.12 及图 10.13 所示为广州天环广场夜景。

图 10.11　上海恒隆广场中庭空间

图 10.12　天环入口广场夜景

图 10.13　天环下沉广场夜景

广州太古汇连串椭圆形的中庭采用棕色、浅黄材质，同时室内用光以黄色为主色调，穿越各中庭的天桥采用方格网形的连贯灯槽布置，手扶电梯下方的小灯如繁星排列。白天自然光透过中庭直接洒落各楼层，自然舒适；夜晚室内购物空间温馨雅致，为繁华的都市增添亮色。

10.4 文化设施园林与商业设施园林设计实例

10.4.1 苏州博物馆新馆园林

苏州博物馆新馆东邻太平天国忠王府，北为世界文化遗产拙政园，南与狮子林和苏州民俗博物馆隔路相望，由著名华裔建筑师贝聿铭先生领衔完成项目设计。整个项目按照“中而新，苏而新”的设计思路，采用“园林式”的空间组织方法使室内外空间互相渗透，现代的材料和构造在表达传统苏州建筑风格的同时也呈现出时代特色，使建筑物与其周围特殊的历史环境相协调，更表达出宁静致远而又深远内蓄的江南士风和吴文化。

苏州博物馆新馆的园林包括一个主庭院和若干个小内庭院。参观者进大门，过前院，进入中央大厅后，南向是博物馆入口方向，门楼框景显现一幅苏州老街河巷的画面；北向是主庭院，与拙政园一墙之隔；东、西两个方位是对称的长廊，东面视觉的终端是“紫藤院”，西面为“荷花落水庭”。新馆主庭院东、南、西三面由建筑围合，北面与拙政园相邻，整个主庭院占地面积大约为新馆面积的1/5。主庭院是一座在古典园林元素基础上，精心打造出的创意山水园，由铺满鹅卵石的池塘、片石假山、直曲小桥、八角凉亭、竹林等组成，现代的园林形态却饱含传统的人文气息和神韵。水池的池岸形态采用了对传统园林水岸蜿蜒曲折形态进行提炼的手法，与白墙直接衔接，力图呈现新地域特色的简明现代感。亭的形象植根于传统，用材方面进行了“换骨”，钢骨架的支撑体系加上玻璃顶，使亭有了新的形象和空间效果。而横贯水面的桥，对于传统形态进行适当加长和简化，以突显增加景观层次的作用，并表达造园所追求的“人在景中走，景在人心留”的思想。桥、台、亭的结合提供了“动观与静观”两种游赏方式，突出了景观主题——以白壁为纸而绘假山。通过树、竹、山、桥、亭等多种造园要素，从视觉、触觉、听觉等多方位强化园林对建筑整体氛围感的提升。传统苏州园林里流线、视线、对景等组织，动与静、虚与实、大与小等对比呼应的手法，在苏州博物馆中均得到运用。山水园隔北墙衔接拙政园之补园，水景始于北墙西北角，仿佛由拙政园西引水而出；北墙之下以独创的片石假山为主庭院的重心。此假山“以壁为纸，以石为绘”，在浅窄的空间中表现出山水的远近空间层次，新旧园景笔断意连，仿若平远构图的山水画，实乃大师之笔(图10.14)。

图10.14 苏州博物馆新馆主庭院

沿连廊往两侧走廊行进，

步移景异，散落着的小院与自然光影时而出现，强化着人们熟悉的园林空间感受。东边的“紫藤院”（图 10.15）是茶室的一部分，此处的紫藤是嫁接了拙政园中文徵明手植紫藤上剪下来的枝蔓，以示与拙政园的文脉传承。西面是室内的“荷花落水庭”，利用西部展厅楼梯平台的竖向墙体做了三层高的大型水幕墙，从墙顶注入的水流横向拉伸，沿着横向或斜向凸起的黑石墙面，激起白色的水花，流入下面的荷花池。贝先生解释此处的园林设计意蕴取自唐诗《盛山十二诗·流杯渠》中的“激曲萦飞箭，浮沟泛满卮”。

图 10.15　苏州博物馆新馆紫藤院

苏州博物馆新馆的园林设计根植于传统园林设计理念，用物质的实体表达抽象的诗情画意，但又不被传统的手法所禁锢，表现出了新时代的精神。

10.4.2　广州天环广场园林

广州天环广场是集购物、餐饮、休闲、商务、展览于一体的大型多功能购物中心。天环广场处于商业密度极高的天河路商圈，总建筑面积约为 110 000 m^2，地上两层、地下三层，地面建筑部分以双鱼造型的低层建筑构成东、西两个组团，围绕开放式的园林环境创造一个独具魅力的社交、休闲娱乐场所。

天环广场的园林空间呈立体式布局，主要分为三层，除地面层外，两层下沉空间分别对应建筑的负一层和负二层。首层园林空间设置了大面积的绿化，左、中、右三条绿带延续原址为城市中轴线上开敞绿地的特征；主入口北广场面向天河路横向展开，左右两边设置了两面由黑、白、灰三色石材构成的标识景墙，简洁大方。顺应高差、左右对称布置的植物烘托着处于台阶上部正中名为“Rising Sun”的球形雕塑，银白的“光晕”环绕着炽热的球体，形态流畅，无论白天或夜晚都有非常强的视觉冲击力。雕塑后面的圆形小广场上有自西面流过来的水体，水体斜穿广场并顺着下行的台阶流淌，通过“Lings of Hope”的雕塑瀑布，注入位于负二层广场的圆形水池中。两层的下沉广场以螺旋形的中心汇聚形态设计，有步行台阶、手扶电梯、直行电梯等多种交通联系方式，整体层次丰富，令地下商铺也拥有临街店面的展现效果，为商场的营销活动和市民休闲娱乐活动提供了宽敞的室外空间(图 10.16)。

图 10.16　天环广场多层次的购物空间

园林设计要素方面，天环广场铺装设计整体统一，铺装石材选用与建筑相近色系，浅灰、灰蓝和灰黄三色相间，构成整个场地水平向展开的图案。植物设计部分，一层几个入口主要使用树池内栽种低矮灌木的方式，在分隔空间、疏导人流、提供座凳的同时又不影响商场的展示。垂直绿化在室内外有广泛的应用，室外栏杆采用壁挂花箱的种植方式，室内外墙壁采用大量绿墙，尽可能营造一个绿意盎然的城市公共空间。照明设计是夜间景观环境的点睛之笔。室外空间的主要台阶均埋设鹅黄色灯光带，在增加夜间安全的同时也自成风景；广场铺装中埋设能变色的彩色灯管，不规则的分布增加了行走的趣味性；再加上植物照明、水景照明等的配合，整个园林空间呈现流光溢彩、丰富有趣的效果。图 10.17 及图 10.18 分别为天环广场入口景观及下沉广场夜景。

图 10.17　天环广场入口景观

图 10.18　下沉广场夜景

10.4.3 日本难波公园

难波公园是位于日本第二大城市大阪的传统热闹商业区内的现代建筑,是一个包含购物中心与办公楼的综合体。从远处看去,难波公园为一个斜坡公园,从街道地平面上升至8层楼的高度,层层推进、绿树成荫,仿佛是悬浮于城市之上的自然绿洲,与周围线形建筑的冷酷风格形成强烈对比,成为嘈杂背景下一处生动、温馨的街景(图10.19)。

图10.19 难波公园局部鸟瞰图

难波公园是位于城市中心的商业项目,与周围的公共交通有着很好的融合,同时难波公园的景观设计充分利用了其层层递进的建筑外观,对商业区的屋顶进行了个性化的景观设计,全力打造"森林中的逗留场所"。难波公园采用了层级式的景观设计方法,这种方法最终形成了由点状的屋顶花园和层级的绿化景观组成的大型城市绿化森林。设计者充分利用原有建筑形式,将原先用于连接南北的混凝土通道改造成了人造的峡谷,在"峡谷"设计概念的引导下,打破了室内与室外的空间界限,精心设计和营造出不同的小弯、岩洞、河谷等给人以探险般感受的空间,实现了城市森林中自然化、戏剧化空间场景的塑造,形成内部与外部景观的和谐与相互映衬,为项目营造出神秘新奇的感受。商场店面错落有致,并饰有草木植被和水景;不少餐馆和咖啡的露天位置掩映在植物里,人们可以欣赏成群的大树、岩石、悬崖、草坪、溪流、瀑布池塘等,购物之后在这里享受一份舒适和静谧,相当惬意。登临高处俯视难波公园,人们可以看到开放的空间使公园与城市街道直接相连,斜坡与"山石"形成的层次感使公园与周围的高层办公楼柔和地融为一体,为钢筋混凝土林立的城市带来了一股清新的气息(图10.20、图10.21)。

难波公园打造了全新概念的大型购物中心,运用接近自然的风景和戏剧化的空间造型,很好地做到了内外景观的相互呼应。它不像一般的购物中心那样,将人们压缩集聚到封闭的空间内,迫使人消费,而是将商业区、餐饮区与自然的开放空间完美地融合在一起,以开放的体验化空间吸引人主动游玩、主动消费,让人能够享受在公园中漫步、参观、购物、娱乐的多重乐趣,可谓是集人文、娱乐于一体的自然生态式购物中心杰作(图 10.22)。

图 10.20　难波公园园林空间(一)

图 10.21　难波公园园林空间(二)

图 10.22　难波公园生态环境

10.4.4　广州新世界·云门广场

1. 项目概况

新世界·云门位于广州市白云区百顺北路,是集住宅、文体、酒店、餐饮、购物中心、独栋街区于一体的全新标杆式商业综合体,也是广州首个“MALL + PARK”公园沉浸式多元生活空间。云门广场(图 10.23)占地面积为 21 300 m^2,其中水景占地 450 m^2,作为特色风情街区的入口,发挥了导入人流、展现商业主题风貌的作用,同时为周边市民提供了休闲娱乐的空间。

图 10.23 云门广场鸟瞰图

2. 广场景观特色

云门之“云”取云山珠水之意,传递富氧健康的生活态度;“门”则此处为寓意广州的一扇门户,通过这扇门,人们可以探索新奇有趣的乐活方式。整体项目倡导“放氧生活”理念,因此牺牲了大量的商业面积,还空间于人,希望消费者能在这个新一代氧乐场内释放自己,在休闲娱乐中重获自然生活与自我增值的平衡,探索生活的无限可能。广场景观契合建筑的外立面形态和内部流线,整体呈现活力现代的风貌。

3. 总体设计

云门广场地处广州白云北商圈,周边道路路况错综复杂,人流量大。基于车行流线和人行流线,结合商业广场入口设计了四处各具特色而整体统一的景观。设计以珠江灵动的流线和岭南镬耳屋线条为灵感,呼应并延续建筑的设计线条,以流线铺装喻珠江,以休闲平台、花池为小岛和扁舟,展现视觉层次丰富的商业景观。交通岛和广场入口处的水景则作为视觉重心,结合灯光、雕塑和喷泉装置,吸引游客视线,营造互动场景。图 10.24 为云门广场总平面图。

整体景观呈现开放包容的姿态,人工景观与自然景观有机交织,景观环境与建筑主体协调一致,广场功能性与艺术性完美结合,满足了人们的聚集、通行、休闲、娱乐需求,使人们在购物时也能放松身心。

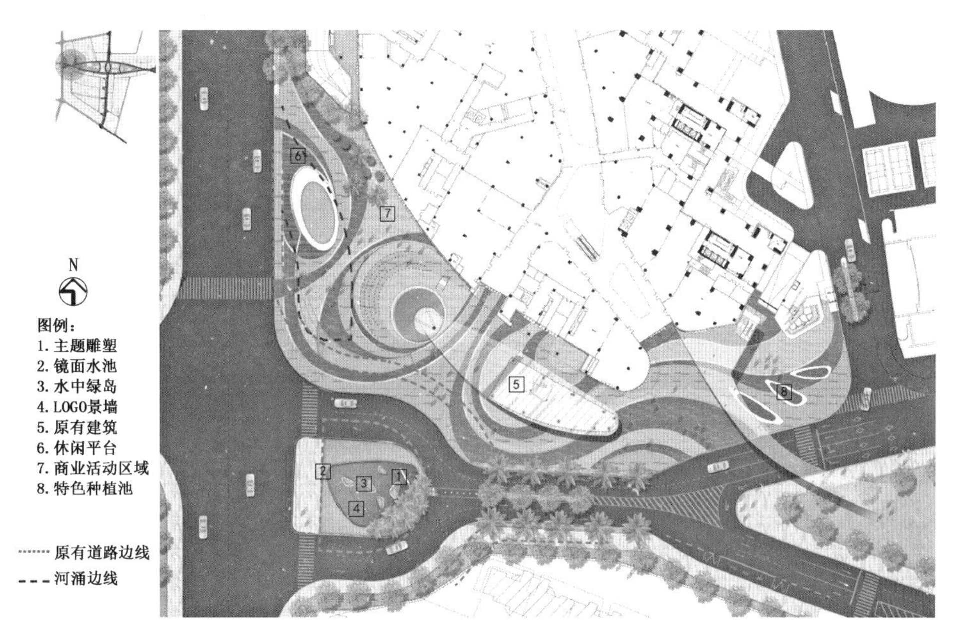

图 10.24　云门广场总平面图

4. 广场节点设计

1）精神堡垒

云门广场的精神堡垒位于城市道路的交通环岛，正对着广场的主入口，以大面积的规整形草地和花境为自然基底，以镜面水池扩大空间界面，以“岭南新世界”的标识进一步凸显地标（图 10.25）。精神堡垒为由多彩棱镜组成的不规则圆环，与建筑形态遥相呼应，表达多元活力的主题（图 10.26）。

图 10.25　云门广场精神堡垒

图 10.26　云门广场精神堡垒与建筑形态的呼应

2）下沉喷泉广场

喷泉广场（图 10.27）临近主入口建筑廊架，以连环的圆弧向主入口聚拢，引导人流。水景设计采用了动静结合的方式，圆弧的重心为黑色镜面水景，结合地灯设计凸显入口空间。圆弧的外侧为地喷水景，通过高低不同的喷泉与人形成互动，儿童可穿梭其中娱乐玩耍（图 10.28）。同时，弧形植被、缓坡台阶丰富了空间形态。

图 10.27　云门广场喷泉广场

图 10.28　喷泉广场的人流

3）休闲平台

休闲平台（图 10.29）临近城市道路，平台外侧以木质铺装划分城市界面，延续弧形曲线设计，向广场内部引入人流；内侧以缓坡、台阶和平台共同形成面向喷泉广场的休憩空间，可作为观赏水景的界面。平台中心雕塑为连续的多边形镂空装置，内置彩灯（图 10.30）。

图 10.29　休闲平台

图 10.30　休闲平台夜景

5. 部分工程设计图

云门广场部分工程的设计图如图 10.31—图 10.33 所示。

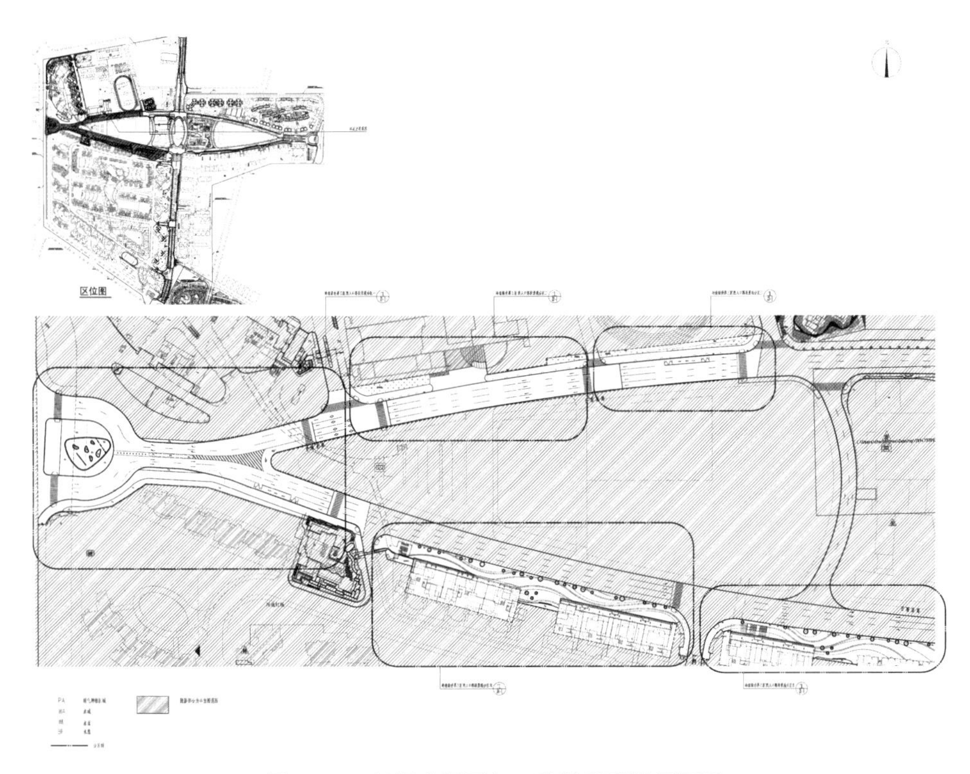

图 10.31　云门广场西入口路段景观总平面图

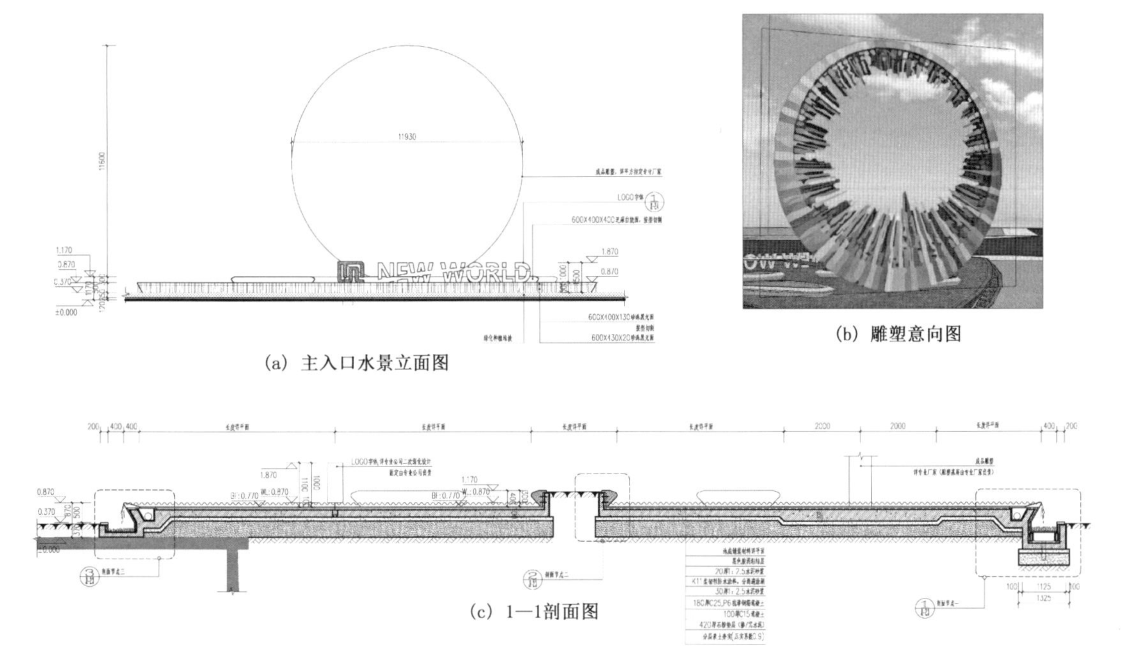

(a) 主入口水景立面图

(b) 雕塑意向图

(c) 1—1剖面图

图 10.32　云门广场主入口水景立面图及剖面图

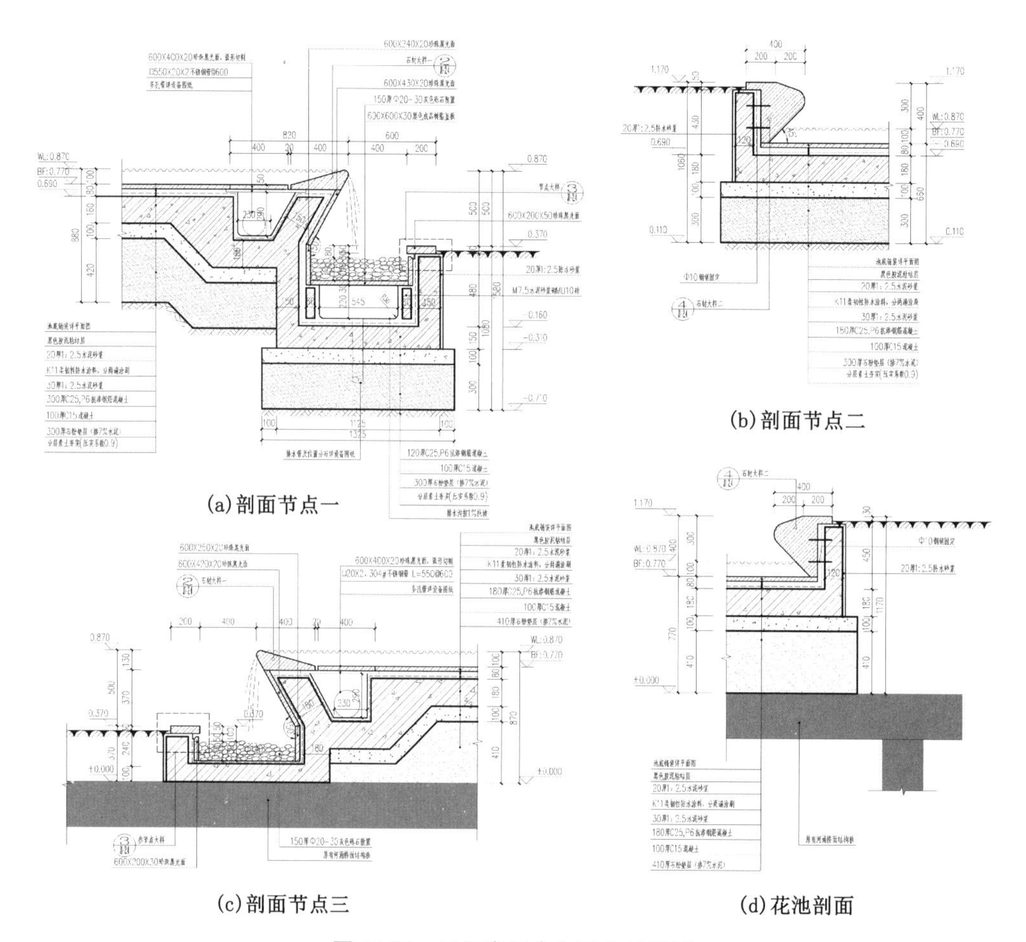

(a)剖面节点一　(b)剖面节点二

(c)剖面节点三　(d)花池剖面

图 10.33　云门广场主入口水景详图

本章小结

本章主要论述文化设施和商业设施园林的概念、功能和设计手法。通过本章内容,读者可了解文化设施和商业设施园林的概念和特点,理解两类附属园林的分析方法和设计方法,将相关知识运用于实践中。

11

城市住区环境

导读

城市离不开人，人居环境是城市发展水平和市民生活水平的体现。人居环境包括人类周围的一切自然要素和社会要素。2000 年 12 月，国务院发布的《中国 21 世纪人口与发展》白皮书在"改善人居生态环境"的内容中指出："增强人口、资源、环境协调发展意识。加强对人口控制、环境保护和资源利用的整体规划，增强人口、资源、环境对经济发展的支撑能力"，"转变生活方式和生产方式。改变过度消耗资源的、高污染的、不可持续的生活方式和生产方式，形成有利于节约资源、保护环境的消费结构和生产方式，促进可持续发展"，"保护重点区域生态环境。重点保护和改善人口与环境资源矛盾尖锐区域的生态环境"。中国改革开放超过 40 年，在改善城市住区环境、提高人民生活水平方面卓有成效。本章就城市住区的类型、特点及如何进行城市住区环境的园林规划设计加以阐述。

11.1 城市住区环境的发展过程

城市住区环境包括建筑、道路、绿化等物质环境和政治、经济、文化等非物质环境。我国地域辽阔、各地经济发展水平存在一定差异,住区环境也不相同。

我国大多数城市居民已经从"居者有其屋"的最低目标发展到了追求"适当、方便、安全、卫生、舒适、优美"的人居环境,可持续发展的观点被普遍接受和广泛应用。以广州为例,广州是中国改革开放的前沿城市,从广州房地产市场的发展过程可看出广州城市居民居住条件及居住环境的变迁,这个过程也大致反映了国内城市居民居住条件及居住环境的变化进程。

(1) 发展初期:关心住房条件的改善程度,对周围环境没有过多要求。在房地产市场兴起的初期阶段,"居者有其屋"成了各楼盘的出发点。大部分楼盘为独立小区,具有独立的配套设施和绿化环境,追求高容积率、高密度发展。多数开发商受经济利益的驱使,往往把容积率摆在规划建设的首位,以求在有限的地块内尽可能地增加建筑面积,依靠高容积率来保障经济效益,广州的五羊新城就较为典型。

(2) 发展中期:居住面积达到一定的标准,人们开始更多地关注小区的园林绿化环境。到了 20 世纪 90 年代,特别是 90 年代末,在满足了基本的居住条件后,人们开始追求舒适的环境。反映在房地产市场中,这个时期的楼盘除了有独立的小区、完善的配套设施外,还扩大了绿化面积。当时各城市销售较好的楼盘很多注重了园林绿化环境的质量,并加强管理,满足了住户对环境舒适度的需求,从一个侧面印证了人们开始关注环境舒适度。这一时期的成功案例有广州丽江花园、华南碧桂园等。

(3) 发展成熟期:住房面积和小区内外环境已经不再是人们选择居所的唯一条件,更高的住区文化品位和更完善的物业管理被摆在极其重要的位置。城市居民开始更加注重小区的综合品位,追求高质量的人居环境,软环境和硬环境并重。在各种楼盘中,快捷、方便、舒适、安逸的居住环境成了人们的向往。

我国作为人口大国,近年来人口老龄化问题日益明显。第七次全国人口普查数据显示,我国人口达 141 178 万人,60 岁以上人口为 26 402 万人,占全国总人口的 18.7%;过去 20 年间,我国老年人口占比增长了 8.4%,未来老年人口数量还将继续增长;预计 2050 年前后,我国老年人将达到 4.87 亿的峰值,占总人口的 34.9%,意味着每 3 个人中就有一个超过 60 岁的老年人,人口老龄化程度进一步加深。就现阶段而言,我国是世界上唯一的老年人口过亿的国家,虽然人口老龄化是全球共同面对的问题,但是相对于其他国家,我国人口老龄化除了具有老年人口规模大、老龄化速度快的特点,还面临着老龄化程度深、健康水平低等问题。《中国发展报告 2020:中国人口老龄化的发展趋势和政策》指出,中国老龄化呈现出一个独特之处，即人口老龄化与城镇化过程相互叠加。未来，中国人口老龄化加速的同时，城镇化同步高速发展。该报告认为，人口老龄化伴随大规模的城乡人口流动，将给城镇发展带来极大挑战。老年社会服务和医疗保障等方面的压力会越来越大，这对城市住区环境也提出了新要求。

11.2 城市住区类型及城市住区环境特点

11.2.1 城市住区类型

城市住区主要是指城市居民集中居住的区域。根据住区的开发性质、政策属性、规模、居住人群类别、住宅户型等因素，城市住区可分为不同类型。

1. 从社会学的角度划分

社会学认为，城市住区是社区的一部分。城市新构建的社区分为单位型社区、小区型社区、板块型社区和功能型社区四种类型。根据《新社会学辞典》，社区一词是指人们的集体，这些人占有一个地理区域，共同从事经济活动和政治活动，基本上形成一个具有某些共同价值标准和相互从属、感情的、自治的社会单位，包括地理区域、互动关系和共同情感三个特征。

(1) 单位型社区指人群主体由本单位职工及家属构成，有独立管辖界限，通常实行封闭式管理。

(2) 小区型社区指整体开发的封闭式小区，功能设施配套齐全，实行独立物业管理。

(3) 板块型社区主要指以三级以上城市道路分块划定的社区，不少位于老城区，是目前城市社区的重要类型。

(4) 功能型社区指除地域管辖因素外，具有特色功能的社区，如商贸、文化、公众等比较集中的区域，但一般没有或很少有常住居民。

2. 根据开发性质、开发属性和居住人群划分

城市中的住区有普通商品房住区、社会福利型住区(即保障房住区)、综合型住区等。

(1) 普通商品房(包括房改房)住区。从法律角度来讲，商品房是指按法律、法规及有关规定可在市场上自由交易，不受政府政策限制的各类商品房屋，包括新建商品房、二手商品房、房改房等。普通商品房居住区是指在市场经济条件下，具有经营资格的房地产开发公司(包括外商投资企业)通过出让方式取得土地使用权后经营的住宅，按市场价出售。目前随着稳定房价要求及政策调控措施的出台，普通商品住房在一定程度上也成为"限套型""限房价"的"限价商品房"。

(2) 社会福利型住区，即保障房住区，包括经济适用房住区、廉租房住区和公租房住区等。

① 经济适用房住区是地方政府推出的由多栋经济适用房组成的住宅区。经济适用房是中国的一项住房保障措施，政府通过土地、税收政策扶持、控制建筑标准、限制利润等手段降低建筑成本，向买不起商品房的城市居民以低于市场的价格销售，适合中等及低收入家庭，是国家为低收入人群解决住房问题所做出的政策性安排。

② 廉租房住区是地方政府推出的由多栋廉租房组成的住宅区。廉租房是中国大陆地区推行的一项旨在解决城市特困人口住房问题的保障措施，是政府以租金补贴或实物配租的方式，向符合保障城镇居民最低生活标准且住房困难的家庭提供社会保障性质的住房。廉租房只租不售，面向城市特困人口出租，只收取象征性的房租。廉租房的福利性特点决定了其与一般商品房的开发与运作有着明显的不同。

③ 公租房住区是政府推出的由多栋公租房组成的住宅区。公租房即公共租赁房，归政府或公共机构所有，以低于市场价或者承租者能承受的价格，向符合一定条件的人群出租，是解决新就业职工等夹心层群体住房困难的一个产品。这部分群体不符合廉租房条件却又买不起经济适用房；不符合购买经济适用房的条件又买不起商品房；或者刚刚毕业，买不起房又租不到便宜、稳定的房。对于这样的夹心阶层，公租房就是一个过渡性的解决方法，旨在解决城市中等偏低收入家庭住房困难。这种由政府建设、以低于市场租金限价出租、能长期稳定居住的保障性住房，成为填补当前住房保障体系空白的一种做法。

(3) 综合型住区指包含普通商品房(包括房改房)和保障房中的两种或以上住宅类型的住区。

3. 根据居民的步行距离及生活方便程度划分

城市住区可以分为十五分钟生活圈居住区、十分钟生活圈居住区、五分钟生活圈居住区及居住街坊四级。

(1) 十五分钟生活圈居住区是以居民步行 15 min(步行距离为 800～1 000 m)可满足其物质与生活文化需求为原则划分的居住区范围；一般由城市干路或用地

边界线所围合，居住人口规模为 50 000～100 000 人(17 000～32 000 套住宅)，配套设施完善。

(2) 十分钟生活圈居住区是以居民步行 10 min(步行距离为 500 m)可满足其基本物质与生活文化需求为原则划分的居住区范围；一般由城市干路、支路或用地边界线所围合，居住人口规模为 15 000～25 000 人(5 000～8 000 套住宅)，配套设施齐全。

(3) 五分钟生活圈居住区是以居民步行 5 min(步行距离为 300 m)可满足其基本生活需求为原则划分的居住区范围；一般由支路及以上级城市道路或用地边界线所围合，居住人口规模为 5 000～12 000 人(1 500～4 000 套住宅)，配建社区服务设施。

(4) 居住街坊是由支路等城市道路或用地边界线围合的住宅用地，是住宅建筑组合形成的居住基本单元；居住人口规模为 1 000～3 000 人(300～1 000 套住宅，用地面积为 2～4 hm^2)，并配建有便民服务设施。

4. 根据住宅标准及户型划分

住区可分为别墅区、公寓区或综合型住区。住宅按高度可分为低层(1～3 层)、多层(4～6 层)、中高层(7～9 层)、小高层(10～12 层)、高层(12 层以上)、超高层(高度 100 m 以上)。通常每个住区由两种或以上类型的住宅组成。

11.2.2 城市住区环境特点

城市住区因其性质不同，总体规划、户型标准及环境设计等要求相距甚远。下面仅对城市住区的环境设计所涉及的内容加以阐述。通常来讲，城市住区环境的特点体现在以下 4 个方面。

1. 功能明确，目的性强

城市住区环境的主要功能就是满足住区内居民生活的物质及精神需要，为居民提供良好的居住环境和活动场所，保障居民身体健康。住区环境主要为居民们提供日常活动的场所，包括跑步、跳舞等健身运动，棋牌类休闲娱乐，老人、幼儿聚集交往，甚至宠物及主人们的欢乐派对等。

2. 服务人群多样化

城市中的住区多种多样，差别很大，住区内的居民文化层次及年龄跨度大，即使是在单位型社区内，这种差异也普遍存在。因此，在城市住区环境设计特别是在城市社会经济发展较快的城市住区环境设计中，更要正视这种差异的普遍存在。

3. 邻里主要社交平台

住区就是居民们的家，特别是对不用上学、上班的人群来讲，其对环境的依赖程度更是如此。现代社区中的人们不像以前的村民或街坊彼此熟悉，很多邻居更是“鸡犬之声相闻，老死不相往来”，因此需要有个亲近的平台供大家相互认识和了解，城市的住区环境就承载了这个功能。

4. 地域性特点

城市住区环境应具有明显的地域特点，不论是环境设计的整体风格，还是设施安排，都应该体现出独特的地方色彩，适合和满足住区居民们的生活需求，充分反映出各地区的历史文化特色和风土人情。

11.3 城市住区环境规划设计要点

城市住区环境规划设计应遵循创新、协调、绿色、开放、共享的发展理念，营造安全、卫生、方便、舒适、美丽、和谐以及多样化的居住生活环境。城市住区环境与城市居民的生活和工作息息相关，因此在规划设计上要从城市规划的总体要求和住区的整体环境加以考虑，统筹庭院、街道、公园及小广场等公共空间，形成连续、完整的公共空间系统。同时，通过建筑布局形成适度围合、尺度适宜的庭院空间；结合配套设施的布局，塑造连续、宜人、有活力的街道空间；构建动静分区合理、边界清晰连续的小游园、小广场；设置景观小品以美化生活环境。在规划设计中，各类型住区环境设计应注意以下 5 个方面的内容。

11.3.1 设计定位

住区环境的规划设计必须先依据社区属性、开发性质和户型标准等多种不同因素准确定位社区，再来确定环境规划设计的设计标准及整体风格。社区的定位不同，其兴建主体、投资力度、运营及管理形式都会产生很大差异。例如对于社会福利型住区来讲，因多属于政府投资，且面向贫困及中、低收入家庭，为保障“居者有其屋”，所以在整体环境设计上就应该依据相关设计规范并配合政府部门的总体规划及投资预算，以实用经济、满足居民的基本生活要求、改善基本生活条件为目的。

11.3.2 设计原则

城市住区环境在规划设计上通常要满足以下原则。

1. 以人为本

“以人为本”是住区环境设计的根本原则。对住区来讲,“以人为本”就是“以居民为本”。从居民的实际生活需求出发,任何环境设施都必须满足居民最基本的日常生活及休闲娱乐需求。例如从实际使用人群看,老人和小孩是最需要被顾及的人群,因此,在环境设计方面需要更多考虑相关场地及设施安全。

2. 安全性

住区环境必须具备安全性,包括交通安全、设施安全及植物安全等方面。交通安全主要指在小区环境内尽量做到人车分流,杜绝人车流线交叉引起的安全隐患;设施安全指住区内的道路、健身器材、幼儿游戏器械、水体等多种设施必须保证居民的身心健康安全;植物的安全性指住区范围内的植物在品种选择上除应注意选用无毒、无刺激性气味的品种外,还应尽量避免植物的花、果、叶等对人体特别是对老人和幼儿造成的潜在危害。

3. 生态优先

住区环境设计应遵循生态优先的原则,特别是在中心绿地、架空层、屋顶花园等处,除满足居民交流、健身、娱乐活动所必需的硬质铺装场地外,尽可能多地设置绿化设施,增加绿化率及绿化覆盖率。在植物品种选择上,尽可能多用乡土植物,并注意植物品种的多样性及层次性,做到乔灌草结合,利用植物的季相变化丰富住区景观。

4. 适用、经济、美观

住区环境设计应满足适用、经济,并尽可能美观的原则。三者中“适用”是第一位的,只有真正满足居民使用要求的设计才是好的设计;“经济”是基础,没有资金保证,再好的设计也无法实现,因此设计师应该在已有的资金保障下实现设计的合理性;“美观”是排在第三位的,在满足适用、经济的前提下,尽可能做到美观。

5. 管理养护投入小

住区环境建设是个长期的过程,建成之后管理养护的好坏程度影响住区环境质量和居民生活质量的高低,因此在规划设计时必须考虑建成后的管理养护成本。例如,对水景来讲,应考虑喷泉、瀑布等景观规模及开启频率,尽量将平时的管理成本降到最低;对绿化来讲,除在重要位置可适当安排特色花卉或整形植物外,其余绿化应尽量选择形态自然、投入成本较少且易于管理养护的品种。

6. 地域性

地域性包括气候因素、人文特征等。住区环境设计必须充分考虑住区所属气候分区,不同区位气候环境差异很大,环境设施在布局方式、材料选择及所适应的相关规范标准也各不相同。地域性原则还包括延续城市的历史文脉、保护历史文化遗产及传统风貌,在环境设计中体现当地的人文特色和深厚的文化底蕴。此外,地域性也增强了住区环境景观的可识别性。

11.3.3 功能分区

城市住区环境功能明确、目的性强,功能分区相对简单,主要包含老人活动区、儿童活动区、体育运动区、休闲观赏区等。根据各住区的定位、所处地理位置及主要使用人群的不同,功能分区还可做相应调整,以顺应时代发展和居民生活素质提高的需求,充分体现其综合性与地域性特点。

根据居民的步行距离及生活方便程度,城市住区可以分为十五分钟生活圈居住区、十分钟生活圈居住区、五分钟生活圈居住区及居住街坊四级。在环境设计上,它们都要求有配套绿地,前三者还要求配置一定规模的公共绿地。"公共绿地"是指用地独立,具有基本的游憩和服务设施,满足规定的日照要求,主要为一定社区范围内居民就近开展日常休闲活动服务的绿地,其用地性质属于城市建设用地中的公园绿地。居住街坊绿地是居住街坊用地内的配建绿地,其用地性质属于居住用地附属绿地。

11.3.4 用地比例

五分钟、十分钟和十五分钟生活圈居住区公共绿地及居住街坊绿地用地指标见表 11.1。各级生活圈居住区公共绿地用地指标根据建筑气候区划及住宅建筑平均层数的变化而变化,具体标准参见《城市居住区规划设计标准》(GB 50180—2018)表 4.0.1-1、表 4.0.1-2 和表 4.0.1-3。当住宅建筑采用低层或多层高密度布局形式时,居住街坊绿地用地指标最小值见《城市居住区规划设计标准》(GB 50180—2018)表 4.0.3 的规定。

表 11.1 居住区公共绿地及居住街坊绿地用地指标

建筑气候区划	居住区公共绿地占比/%			居住街坊绿地占比/%
	十五分钟生活圈	十分钟生活圈	五分钟生活圈	
Ⅰ、Ⅶ	7～16	4～10	2～5	30～35
Ⅱ、Ⅵ				28～35
Ⅲ、Ⅳ、Ⅴ				25～35

注:本表根据《城市居住区规划设计标准》(GB 50180—2018)绘制。

各级生活圈中的社区公园，其绿化、建筑、园路及铺装场地等用地的比例应符合《公园设计规范》(GB 51192—2016)的规定(表 11.2)。

表 11.2 社区公园用地比例

陆地面积 A_1 /hm²	各用地类型占比/%			
	园路及铺装场地	管理建筑	游憩建筑和服务建筑	绿化
$A_1<2$	15～30	<0.5	<2.5	>65
$2\leqslant A_1<5$	15～30	<0.5	<2.5	>65
$5\leqslant A_1<10$	10～25	<0.5	<2.0	>70
$10\leqslant A_1<20$	10～25	<0.5	<1.5	>70
$A_1\geqslant 20$	—	—	—	—

注：1. 本表根据《公园设计规范》(GB 51192—2016)绘制。
2. “—”表示不作规定。

11.3.5 其他应注意的问题

城市住区环境的规划设计除应注意以上要点外，在实际规划设计中还应注意因地制宜，保持水土，做到土方平衡，精心选择植物品种，增加绿化层次，注意防范植物、园路、水体及其他设施引起的安全隐患，以及设计的人性化等问题。

11.4 城市住区环境专项规划设计

11.4.1 道路

1. 规划原则

(1) 居住区内道路的规划设计应遵循安全便捷、尺度适宜、公交优先、步行友好的基本原则，并应符合现行国家标准《城市综合交通体系规划标准》(GB/T 51328—2018)的有关规定。

(2) 根据地形、气候、用地规模、四周环境条件、城市交通系统以及居民的出行方式等，选择经济、便捷的道路系统和道路断面形式。

(3) 居住区内应避免过境车辆的穿行，道路宜通而不畅，避免往返迂回，并适于消防车、救护车、商店货车和垃圾车等的通行。

(4) 居住区内的步行系统应连续、安全、符合无障碍要求,并应便捷地连接公共交通站点;在适宜自行车骑行的地区,应构建连续的非机动车道。

(5) 满足居住区的日照通风和地下工程管线的埋设要求。

(6) 当公共交通线路引入居住区级道路时,应注意减少交通噪声对居民的干扰。

(7) 旧区改建,应保留和利用有历史文化价值的街道、延续原有的城市肌理。

2. 道路间距与宽度

居住区内各级城市道路应突出居住使用功能特征与要求,并应符合下列规定。

(1) 居住区应采取“小街区、密路网”的交通组织方式,路网密度不应小于 8 km/km^2;城市道路间距不应超过 300 m,宜为 150~250 m,并应与居住街坊的布局相结合。

(2) 两侧集中布局了配套设施的道路,应形成尺度宜人的生活性街道;道路两侧建筑退线距离,应与街道尺度相协调。

(3) 支路的红线宽度,宜为 14~20 m,应采取交通稳静化措施,适当控制机动车行驶速度。

(4) 道路断面形式应满足适宜步行及自行车骑行的要求,人行道宽度不应小于 2.5 m。

(5) 居住街坊内附属道路的规划设计应满足消防、救护、搬家等车辆的通达要求,主要附属道路至少应有两个车行出入口连接城市道路,其路面宽度不应小于 4.0 m;人行出口间距不宜超过 200 m;其他附属道路的路面宽度不宜小于 2.5 m。

3. 道路参数

(1) 居住区内道路纵坡控制指标应符合表 11.3 的规定。机动车与非机动车混行的道路,其纵坡宜按非机动车道要求或分段按非机动车道要求控制。

表 11.3 居住区内道路纵坡控制指标

道路类别	最小纵坡坡度/%	最大纵坡坡度/%	
		一般地区	积雪或冰冻地区
机动车道	0.3	8	6
非机动车道	0.3	3	2
步行道	0.3	8	4

注:本表根据《城市居住区规划设计标准》(GB 50180—2018)绘制。

(2) 山区和丘陵地区的道路系统规划设计,应遵循下列原则。

① 车行与人行宜分开设置,自成系统。

② 路网格式应因地制宜。

③ 主要道路宜平缓。

④ 路面可酌情缩窄，但应安排必要的排水边沟和会车位，并应符合当地城市规划行政主管部门的有关规定。

(3) 居住区内道路设置，应符合下列规定。

① 小区内主要道路至少应有两个出入口；居住区内主要道路至少应有两个方向与外围道路相连；机动车道对外出入口间距不应小于 150 m。当沿街建筑物长度超过 150 m 时，应设不小于 4 m×4 m 的消防车通道。人行出入口间距不宜超过 80 m，当建筑物长度超过 80 m 时，应在底层加设人行通道。

② 居住区内道路与城市道路相接时，其交角不宜小于 75°；当居住区内道路坡度较大时，应设缓冲段与城市道路相接。

③ 进入居住街坊的道路，既应方便居民出行并利于消防车、救护车的通行，又应维护院落的完整性并利于治安保卫。

④ 居住区内的公共活动中心应设置无障碍通道。通行轮椅车的坡道宽度不应小于 2.5 m，纵坡不应大于 2.5%。

⑤ 居住区内尽端式道路的长度不宜大于 120 m，并应在尽端设置不小于 12 m× 12 m 的回车场地。

⑥ 当居住区内用地坡度大于 8%时，应辅以梯步解决竖向交通，并宜在梯步旁附设推行自行车或轮椅的坡道。

⑦ 在多雪严寒的山坡地区，居住区内道路路面应考虑防滑措施；在地震设防地区，居住区内的主要道路宜采用柔性路面。

⑧ 居住区内道路边缘至建筑物、构筑物的最小距离，应符合表 11.4 的规定。

表 11.4　道路边缘至建筑物、构筑物最小距离　(单位：m)

与建筑物、构筑物关系		城市道路	附属道路
建筑物面向道路	无出入口	3.0	2.0
	有出入口	5.0	2.5
建筑物山墙面向道路		2.0	1.5
围墙面向道路		1.5	1.5

注：1. 本表根据《城市居住区规划设计标准》(GB 50180—2018)绘制。
2. 对于城市道路，道路边缘是指道路红线。
3. 对于附属道路，当道路断面设有人行道时，道路边缘指人行道的外边线；当道路断面未设人行道时，道路边缘指路面边线。

(4) 居住区应配套设置居民机动车和非机动车停车场(库),并应符合下列规定。

① 机动车停车应根据当地机动化发展水平、居住区所处区位、用地及公共交通条件综合确定,并应符合所在地城市规划的有关规定。

② 地上停车位应优先考虑设置多层停车库或机械式停车设施,地面停车位数量不宜超过住宅总套数的10%。

③ 机动车停车场(库)应设置无障碍机动车位,并应为老年人、残疾人专用车等新型交通工具和辅助工具留有必要的发展余地。

④ 非机动车停车场(库)应设置在方便居民使用的位置。

⑤ 居住街坊应配置临时停车位。

⑥ 新建居住区配建机动车停车位时,应具备充电基础设施安装条件。

11.4.2 竖向

1. 设计内容

设计内容包括地形地貌的利用、确定道路控制高程和地面排水设计等。

2. 竖向设计原则

(1) 合理利用地形地貌,减少土方工程量。

(2) 对外联系道路的高程应与城市道路标高相衔接。

(3) 各种场地的适用坡度根据需要设置,一般最小坡度为0.3%。当自然地形坡度大于8%时,居住区地面连接形式宜选用台地式,台地之间应用挡土墙或护坡连接。

(4) 满足排水管线的埋设要求。

(5) 避免土壤受冲刷。

(6) 有利于建筑布置与空间环境的设计。

(7) 居住区内地面排水系统应根据地形特点设计。在山区和丘陵地区还必须考虑排涝要求。居住区地面水排水通常采用暗沟(管)方式;在埋设地下暗沟(管)极不经济的陡坎、岩石地段,或在山坡冲刷严重、管沟易堵塞的地段,可采用明沟排水。

11.4.3 绿化

居住区内绿地包括居住区公共绿地、居住街坊绿地、配套公建所属绿地和道路绿地。居住区应尽可能利用一切可绿化的用地进行绿化，注重发展垂直绿化，且应达到新区建设绿地率不低于30%、旧区改建绿地率不宜低于25%的要求。居住区内的绿地规划，应根据居住区的规划布局形式、环境特点及用地的具体条件，采用集中与分散相结合，以及点、线、面相结合的绿地系统，并宜保留和利用规划范围内的已有树木和绿地。

1. 总体要求

居住区内绿地的建设及其绿化应遵循适用、美观、经济、安全的原则，并应符合下列规定。

(1) 宜保留并利用已有树木和水体。

(2) 应充分考虑场地及住宅建筑冬季日照和夏季遮阴的需求，种植适宜当地气候和土壤条件、对居民无害的植物。

(3) 适宜绿化的用地均应进行绿化，并可采用乔、灌、草相结合的复层绿化方式丰富景观层次、增加环境绿量。

(4) 有活动设施的绿地应符合无障碍设计要求并与居住区的无障碍系统相衔接。

(5) 居住区公共绿地活动场地、居住街坊附属道路及附属绿地的活动场地的铺装，在符合有关功能性要求的前提下应满足透水性要求。

(6) 绿地应结合场地雨水排放进行设计，并宜采用雨水花园、下凹式绿地、景观水体、干塘、树池、植草沟等具备调蓄雨水功能的绿化方式。

2. 居住区公共绿地

新建各级生活圈居住区应配套规划建设公共绿地，并应集中设置具有一定规模，且能开展休闲、体育活动的居住区公园，形成集中与分散相结合的绿地系统，创造居住区内大小结合、层次丰富的公共活动空间，满足居民不同的日常活动需要。同时，体育设施与该类公园绿地的结合较好地体现了土地混合、集约利用的发展要求。居住区公共绿地控制指标应符合表11.5的规定。

表11.5 居住区公共绿地控制指标

居住区类别	人均公共绿地面积/(m^2·人$^{-1}$)	居住区公园		备注
		最小规模/hm^2	最小宽度/m	
十五分钟生活圈居住区	2.0	5.0	80	不含十分钟生活圈及以下级居住区公共绿地指标

（续表）

居住区类别	人均公共绿地面积/（m^2·人$^{-1}$）	居住区公园		备注
		最小规模/hm^2	最小宽度/m	
十分钟生活圈居住区	1.0	1.0	50	不含五分钟生活圈及以下级居住区公共绿地指标
五分钟生活圈居住区	1.0	0.4	30	不含居住街坊公共绿地指标

注：1. 本表根据《城市居住区规划设计标准》（GB 50180—2018）绘制。
2. 居住区公园中应设置10%～15%的体育活动场地。
3. 当旧区改建确实无法满足以上规定时，可采取多点分布以及立体绿化等方式改善居住环境，但人均公共绿地面积不应低于相应控制指标的70%。

居住区内的公共绿地，应根据居住区不同的规划布局形式，设置相应的中心绿地，老年人、儿童活动场地，以及其他的块状、带状公共绿地等。居住区公园的设置内容见表11.6，具体内容可视公园条件选用或另行增加。

表11.6　各级居住区公园设置内容

类别	设置内容	要求
十五分钟生活圈居住区公园	花木草坪、花坛水面、凉亭雕塑、小卖茶座、老幼设施、各类停车场地和铺装地面等	园内布局应有明确的功能划分
十分钟生活圈居住区公园	花木草坪、花坛水面、凉亭雕塑、儿童设施、自行车停车场地和铺装地面等	园内布局应有基本明确的功能划分
五分钟生活圈居住区公园	花木草坪、花坛水面、桌椅、儿童设施、铺装地面等	园内布局应有一定的功能划分

3. 居住街坊绿地

居住街坊内的绿地应结合住宅建筑布局设置集中绿地和宅旁绿地。居住街坊内集中绿地的规划建设，应符合以下规定：新区建设不应低于0.5 m^2/人，旧区改建不应低于0.35 m^2/人；宽度不应小于8 m；在标准的建筑日照阴影线范围之外的绿地面积不应少于1/3，其中应设置老年人、儿童活动场地。

居住街坊绿地面积的计算方法应符合下列规定。

（1）满足当地植树绿化覆土要求的屋顶绿地可计入绿地。绿地面积计算方法应符合所在城市绿地管理的有关规定。

（2）当绿地边界与城市道路临接时，应算至道路红线；当与居住街坊附属道路临接时，应算至路面边缘；当与建筑物临接时，应算至距房屋墙脚 1.0 m 处；当与围墙、院墙临接时，应算至墙脚。

（3）当集中绿地与城市道路临接时，应算至道路红线；当与居住街坊附属道路临接时，应算至距路面边缘 1.0 m 处；当与建筑物临接时，应算至距房屋墙脚 1.5 m 处。

居住街坊绿地及集中绿地计算规则示意见图 11.1。

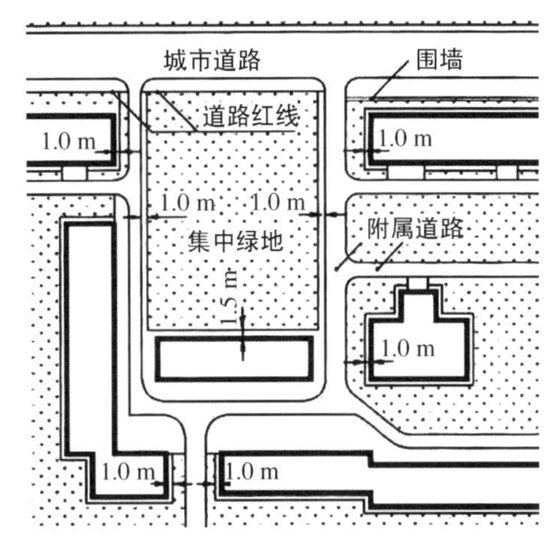

图 11.1 居住街坊绿地及集中绿地计算规则示意

11.5 城市典型住区环境设计

城市住区类型繁多，虽然开发性质、使用人群、生活要求等差异较大，但住区环境的使用功能、环境设施及绿化布置等方面具有一定的共通性，都必须从居住人群的生活、日常休闲与娱乐功能的需求出发，在整体环境设计、设施配套及绿化设计等方面加以综合考虑，以满足住区内居民的多种生理及心理活动需求。

在众多的城市住区中，高档商住型住区、别墅区、廉租及公租房住区、养老社区等类型具有一定的典型性，这些住区的环境设计需要关注更多、更特别的因素。

11.5.1 住区环境设计一般要求

城市住区种类众多，但不论哪种类型都应对整体环境设计、设施配套及绿化设计等方面加以综合考虑，设置必要的体育活动设施、老人及儿童活动场地，以及其他交往空间，以满足区内居民的多种生理及心理活动需求。各类型住区环境设计的一般要求如表 11.7 所示。

11.5.2 典型住区环境设计的特殊要求

城市住区类型甚多，其中高档商住型住区、别墅区、廉租及公租房住区、养老社区等类型更具典型性，在建设性质、投资规模、使用人群等方面都存在一些特定因素及要求。下面简要说明这些典型住区环境设计的特殊要求。

表 11.7 住区环境设计一般要求

功能要求	环境设施要求	绿化要求	其他要求
跑步	区内道路顺畅、安全，最好设置慢行系统	选择适合的行道树，满足不同地理区划的日照或遮阴要求	环境景观优雅
散步	各级道路舒适、安静、安全		
其他健身活动	草坪、室外及架空铺装场地、各类器材	满足不同地理区划的日照或遮阴要求	考虑多种天气情况下的使用，视需要设置游泳池等设施
球类运动	羽毛球、乒乓球场；适当铺装地面		考虑多种天气情况下的使用，网球场及篮球场数量及规格视需要设置
聚会、交流	草坪，大、小广场，休息亭廊，老人活动及儿童游戏设施场地	选择适合的植物品种，满足不同地理区划的日照或遮阴要求	适当设置水池、花坛、座椅等设施，老人及儿童活动场地满足日照要求，考虑多种天气情况下的使用，小卖部、茶座等根据住区规模及需求设置，有条件的住区可设置宠物乐园
其他	适当水面，雕塑，科普设施，注重文化内涵、突出地域特征	绿化比例符合要求，季相变化明显，多采用乡土树种	

1. 高档商住型住区

高档商住型住区主要面向中等以上收入人群，商住楼类型不断发展，目前已有兼具商业、写字楼和住宅的商住楼、酒店式公寓、SOHO（Small Office Home Office，家居办公）公寓等类型。因高档商住型住区兼有商业开发及居住等多种功能，通常位于城市中交通便利、商业气氛较为浓厚的地段，地价较高且地块范围有限，所以此类住区的环境设计必须更多地考虑投入与产出的价值比率，注重经济效益，各种环境设施及绿化布置多以简洁明快为主，体现出现代生活的务实及高效。

2. 别墅区

别墅区的园林环境通常分为两部分：公共园林和私家花园。公共园林环境的规划设计要求与高档商住型住区基本相似，其总体风格及设施配置数量及层次主要依据别墅区的投资规模及建设标准确定。

私家花园作为独栋或联排别墅(现在基本为后者)的配套环境，在整个别墅区的总体环境中占有重要的地位。目前，国内大部分私家花园都具有明确的产权范围，以绿篱或通透式围墙、栏杆围合而成，花园建设通常依据业主的个人喜好及投资额度而定。私家花园的设计风格及小品设施、绿化配置均须考虑别墅的建筑单体及业主的个人喜好，尽量做到室内外空间延续统一，使室外环境与建筑单体浑然一体，满足业主的日常生活及休闲娱乐需求。在内容方面，私家花园根据业主使用要求，可考虑设置游泳池或观鱼池、假山叠水、休息亭廊、雕塑小品、遮阴及观赏植物、休息草坪等。

3. 廉租及公租房住区

廉租及公租房住区面向低收入人群，属政府投资兴建的福利性社区，是城市居民"居者有其屋"的基本保障。因此，廉租及公租房住区环境设计重在保障住区居民的基本生活需求，各项设施及绿化布置以实用、经济为主要目标，兼顾美观。

4. 养老社区

随着我国老年人口所占比例的不断增加，养老社区需求量不断加大。从开发性质来讲，养老社区又分为社会福利型和商业型等，前者以政府投资和社会捐赠为经济来源，后者则是面向社会养老需求的商业行为。随着年龄的增加，老年人的健康状况呈现出抵抗力下降、患病率高、患慢性病概率增加、日常生活能力逐步丧失等特点。因此，养老社区环境的规划设计必须充分考虑这些特点以及因此产生的相关要求。

根据主要功能定位的不同，养老社区可分为疗养型、治疗型和综合型等类型。

(1) 疗养型养老社区以身体基本健康、生活能够自理的老年人群为主。此类住区环境主要考虑老年人正常生活、健身、娱乐及交往需求，以老年人进行各种正常活动的场地为主，可兼顾部分儿童活动场地。

(2) 治疗型养老社区以健康程度较差、生活基本或完全不能自理的老年人群为主。此类住区环境设计更多考虑的是供老年病患者使用的多种康复及治疗设施，并将其作为住区医疗设施的辅助手段。

(3) 综合型养老社区兼顾疗养型和治疗型养老社区的特点与功能。此类住区环境设施根据具体功能需要确定。

典型住区环境的设计除满足表 11.7 所列的一般要求外，还应满足表 11.8 列出的特殊要求。

表 11.8 典型住区环境设计的特殊要求

<table>
<tr><th colspan="2">住区类型</th><th>功能要求</th><th>环境设施要求</th><th>绿化要求</th><th>其他要求</th></tr>
<tr><td colspan="2">高档商住型住区</td><td>休闲娱乐，各种球类运动、游泳、健身等场地宜结合室内场馆设置</td><td>整体环境标准较高，环境景观优雅</td><td>绿化品种、景观要求及种植标准较高</td><td>可适当设置宠物乐园或为养宠物家庭提供交流场所</td></tr>
<tr><td colspan="2">别墅区</td><td>1. 公共部分：休闲娱乐，各种球类运动、游泳、健身等场地宜结合室内场馆设置。
2. 私家花园</td><td>1. 公共部分：整体环境标准较高，环境景观优雅。
2. 私家花园：统一或自愿配置泳池、休息亭廊等设施，满足业主要求</td><td>1. 公共部分：绿化品种、景观要求及种植标准较高。
2. 私家花园：根据业主喜好选择植物品种，并满足景观及使用要求</td><td>1. 公共部分：可适当设置宠物乐园或为养宠物家庭提供交流场所。
2. 私家花园：风格、设施布置及材料选用均满足业主要求，并符合住区的整体要求</td></tr>
<tr><td rowspan="2">社会福利型住区</td><td>廉租房住区</td><td colspan="3" rowspan="2">满足表 11.7 中的设置要求</td><td rowspan="2">设施的数量及材料选用面向区内居民，以实用、经济为主</td></tr>
<tr><td>公租房住区</td></tr>
<tr><td colspan="2">养老社区</td><td>满足老人散步、健身、聚会等正常活动需求</td><td>1. 提供门球、乒乓球、毽球等老人活动场地。
2. 提供疗养及康复治疗辅助设施</td><td>1. 满足不同地理区划的日照或遮阴要求。
2. 避免植物品种对老年人的健康产生危害</td><td>符合养老社区各项设施的相关规范及规章要求</td></tr>
</table>

11.6 城市住区环境设计实例

11.6.1 广东佛山莱福花园

1. 项目概况

佛山莱福花园(图 11.2)地处佛山市三水区,为典型的亚热带季风性湿润气候,具备岭南气候特点——雨量充沛、气候温和,是富饶的鱼米之乡。该项目建于三水区锦堂路与涌南路交汇处,西侧接壤一大型湖泊公园,景观别致优美。总占地面积为 89 630 m^2,总建筑面积为 300 000 m^2,共计 352 户。

图 11.2 莱福花园总体鸟瞰图

2. 园林景观特色

为配合现代欧式建筑风格,园林设计以现代英伦风情式景观为设计风格,优雅的情景空间层次丰富，饰以别致的红砖，精心配置的雕塑、小品等置于场地中，体现人们对生活品位的追求，再现英国贵族式的生活情景。周边优美的湖景和优雅的园景融为一体，充分体现出“骄傲优雅的一抹红”设计主题。

1）总体规划

场地主要位于湖面的东侧，地形较为复杂，自东向西逐渐降低。环境设计充分考虑周边交通及场地内的地形特征，合理规划场内道路，因地制宜地布置泳池、观景平台、登高步道、阳光草坪及树阵广场等，使全园浑然一体，充满英伦风情。图 11.3 为莱福花园总平面图。

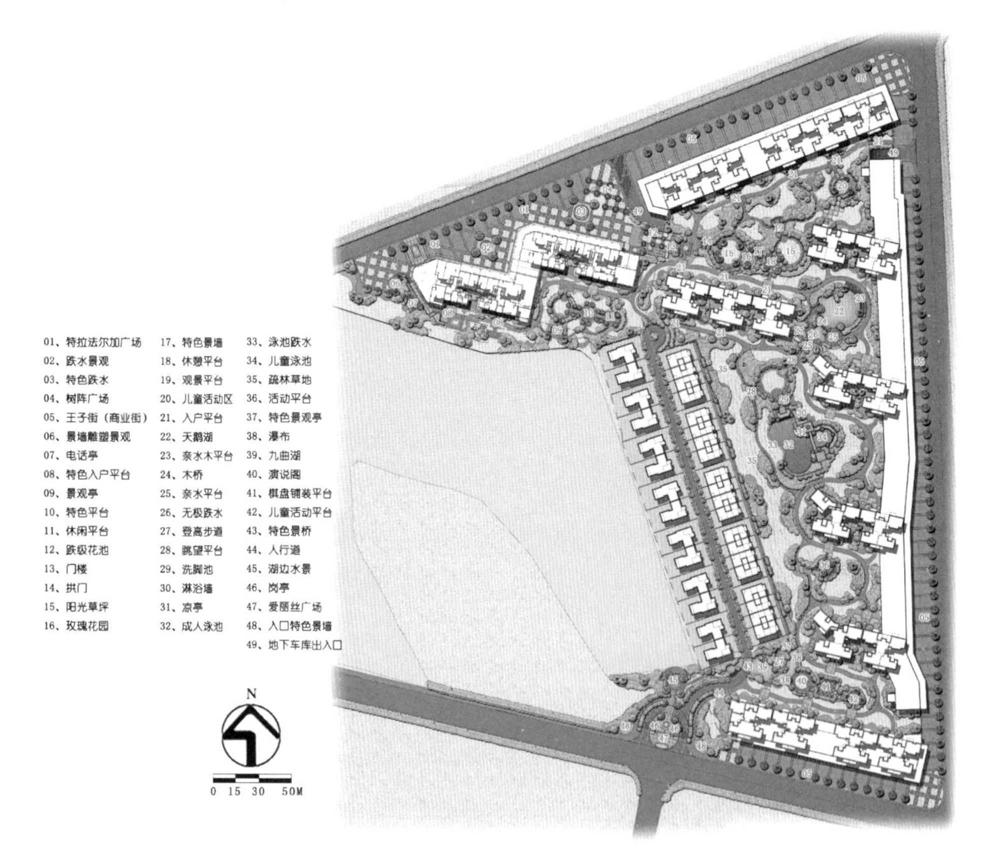

图 11.3 莱福花园总平面图

2）功能分区及景观小品

根据所处地形及空间关系的不同，全区分为温莎花园、唐顿庄园、海德公园、剑桥水岸、特拉法尔加广场和爱丽丝广场六大区域(图 11.4)。各区相对独立，景观特色各异。

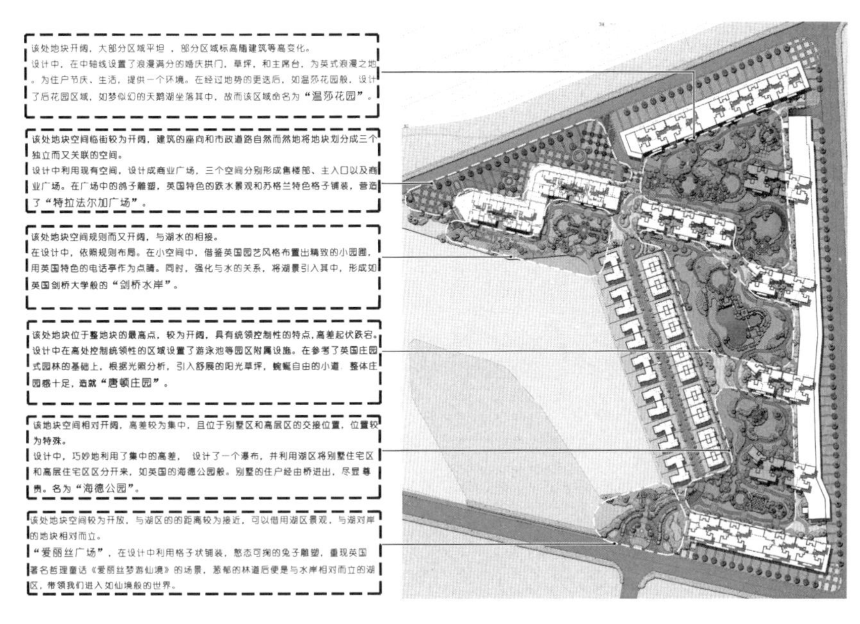

图 11.4 莱福花园景观功能分区

作为主入口的爱丽丝广场以简约欧式的建筑及小品风格，英式风格浓郁的格子状铺装地面，憨态可掬的兔子雕塑，重现《爱丽丝梦游仙境》的童话场景。特拉法尔加广场具有商业广场性质，广场设置了鸽子雕塑、英国特色的跌水景观并铺设苏格兰特色的格子铺装。温莎花园拥有浪漫的婚庆场景。剑桥水岸强化花园与水的关系，将湖景引入其中，精致的英式小园圃，以英国特色的电话亭小品点睛。唐顿庄园占据全区制高点，具有统领地位，设置了诱人的泳池、舒展的阳光草坪，还有蜿蜒的小道。此外，海德公园巧妙利用高差设计瀑布，利用水面将别墅区与高层住宅区分开来，尽显别墅的“尊贵”。图 11.5—图 11.8 为园区环境设计效果。

图 11.5 爱丽丝广场

图 11.6 售楼部入口

图 11.7 剑桥水岸

图 11.8 九曲湖

3）绿化设计

植物品种多选择适应性强、具有一定特色的乡土品种，绿化空间及配置营造阳光草坪、绿意葱茏、花开浪漫的“花园”景观，展现英伦风情。每个组团区域进行微地形处理，打造阳光草坪景观，同时端景位置运用观花、色叶植物进行丰富的绿化组团配置。湖景区域选用亲水植物品种，如水石榕、洋蒲树、水蒲桃、鸡蛋花、水生植物等，湖岸两旁植物顾盼生姿，形成层次丰富、曲径通幽的景观效果。

11.6.2 安徽滁州御景雅苑

1. 项目概况

御景雅苑项目位于安徽省滁州市，地处长江下游北岸，苏皖交汇地区，为北亚热带湿润季风气候，四季分明，温暖湿润。项目建于滁州市扬子路与苏州路交界处，周边有多个大型公园，交通便捷，地理位置优越。项目总占地面积为 72 875 m²，总建筑面积达 247 480 m²，绿化率 34%，总停车数为 1 329 个。

2. 园林景观特色

御景雅苑（图 11.9）的建筑风格与环境设计均为现代风格，通过对场地高差的改造，采用“柔化视线，重构山谷”的设计手法，形成新的山谷形态。

1）总体规划

御景雅苑场地自北向南，高差不断降低，建筑的点式布置遮挡了视线的走向，视线自高往低从楼间间隙穿行。园建构筑布置于视线通道之上，地形的堆叠引导视线方向的不断变换，给人一种在山谷中观景的体验。

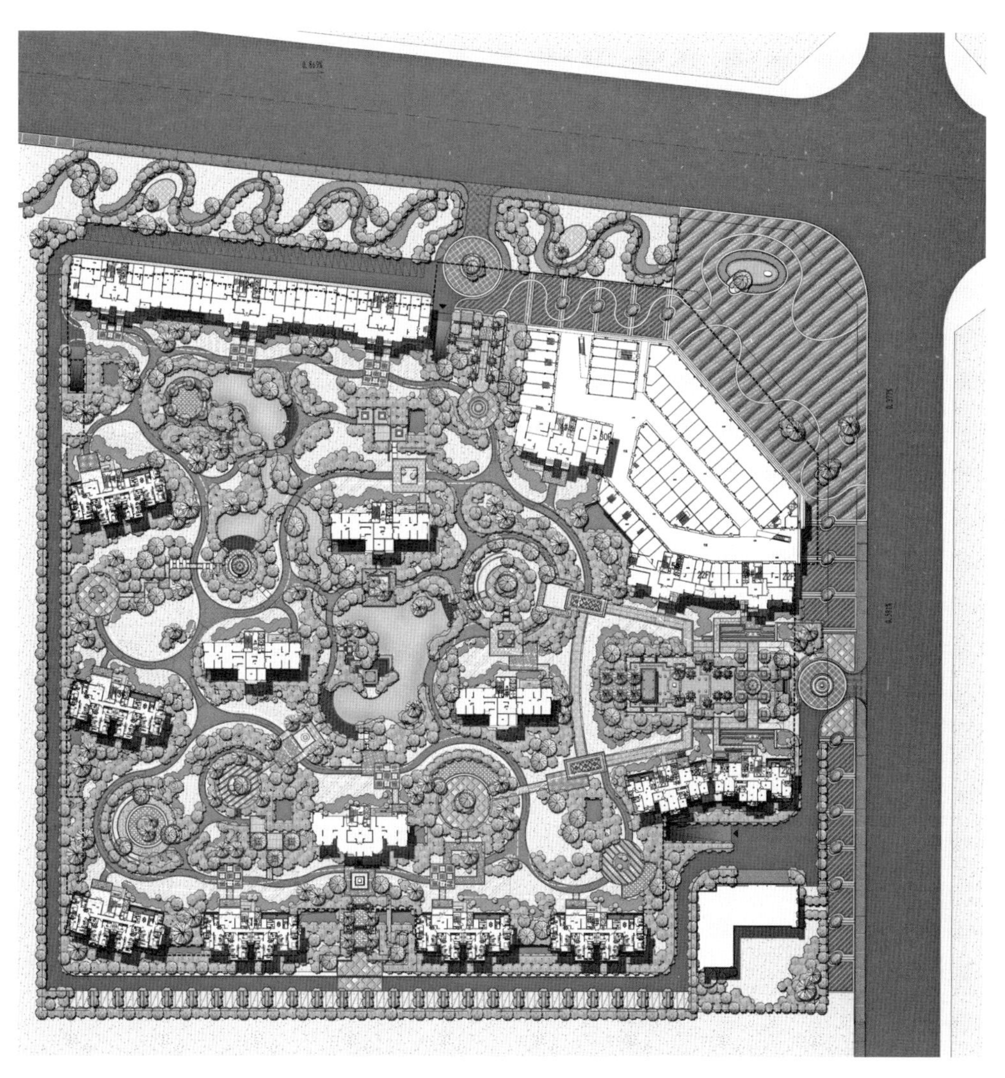

图 11.9　御景雅苑总平面图

2）功能及景观分析

按照所处位置及功能的不同，御景雅苑分为主入口景观区、中心湖景观区、南组团景观区、北组团景观区及商业景观区五大区域（图 11.10）。在进行环境设计时，根据规则式建筑、点式建筑及其围合空间的位置及空间的不同，全区设置了多条主、副景观轴线（图 11.11），主入口中轴对称的主轴线仪式感强最为强烈（图 11.12），中心湖区以自由式的道路环湖分布，以湖区为中心形成多个专属花园（图 11.13—图 11.15）。

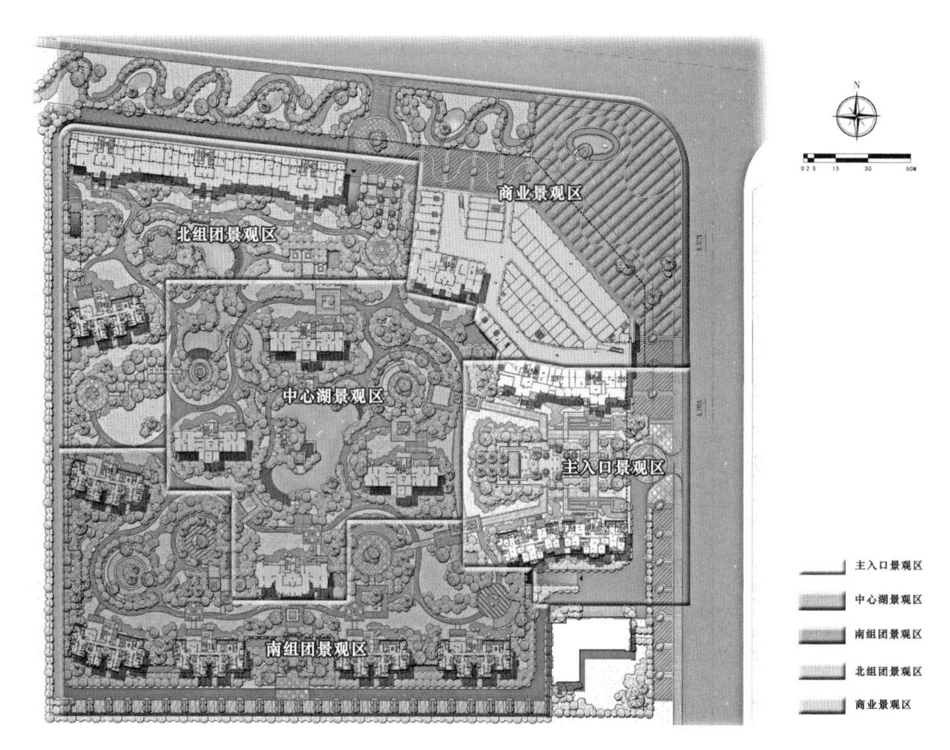

图 11.10 御景雅苑功能分区

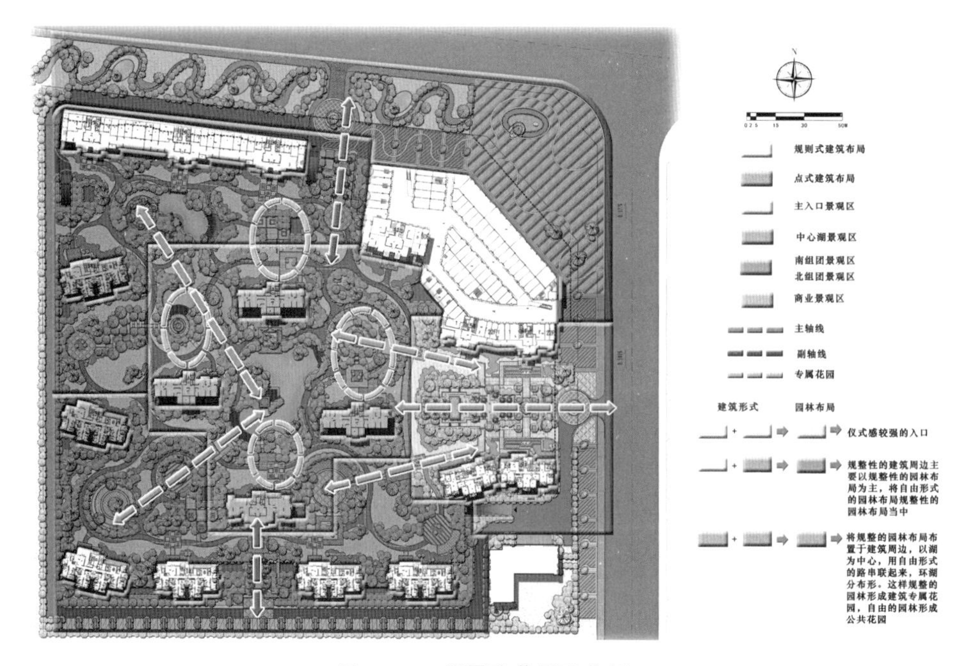

图 11.11 御景雅苑景观分析

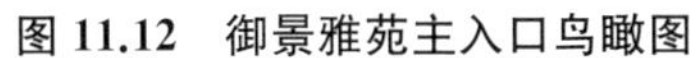

图 11.12 御景雅苑主入口鸟瞰图

图 11.13 温莎花园

图 11.14 中心湖景观(一)

图 11.15 中心湖景观(二)

3）绿化设计

绿化设计注重体现地域性特色，植物大多选择适应性强、具有一定特色的乡土品种。主入口区域两边列植常绿香樟，整齐划一，形成震撼的迎宾氛围；组团区域进行微地形处理，打造阳光草坪景观，同时端景位运用观花植物如广玉兰、合欢、紫荆等，色叶植物如国槐、紫叶李、红枫等，配置丰富的绿化组团；商业街区上层列植高大挺拔的银杏，下层种植开花、色叶灌木如杜鹃、红叶石楠、金叶女贞等。中心湖景区选用鸢尾、菖蒲、再力花等水生植物，湖岸两旁植物相互顾盼，形成层次、色彩丰富的景观效果。

11.6.3 广州大学城“大学小筑”

1. 项目概况

“大学小筑”(图 11.16)位于广州市番禺区小谷围岛大学城南区,南侧紧邻外环路,正对岭南印象园,西临广东工业大学校区,是大学城内有限住宅用地中拥有一线江景资源的地块,楼盘一经推出获得广泛的社会关注及业内同行的认可,先后获得多项荣誉。

图 11.16 “大学小筑”总体效果图

项目总用地面积为 27 060.5 m^2,总建筑面积为 102 229 m^2,容积率为 2.67,总建筑密度为 24.6%,园林景观用地面积为 8 335 m^2,绿地率为 30.8%。小区包括高层住宅、多层别墅、商业公寓及幼儿园,配套建设 686 个机动车泊位和 667 个非机动车泊位。

2. 园林景观特色

园林景观为现代新中式园林风格,采用中式空间设计手法打造曲径通幽、移步换景的现代精致园林。各种植物与水景、石景相得益彰,大树成荫,绿意盎然,体现出宁静致远、高雅低调的岭南园林风格。此外,住宅建筑底层架空,引园入室,彰显住区的品质和文化内涵。

1) 总体规划

“大学小筑”的园林景观在总体规划上注重功能与景观相结合,合理规划游泳池、架空层、幼儿园等环境空间与其他休息空间的功能关系,创造实用性强、地方特色浓厚、景观丰富多变的园林环境。“大学小筑”的园林分为南面展示区、入口景观区、中心水景区、休闲活动区和宅旁绿化区共五大区,图 11.17 为楼盘总平面图。

2) 园林建筑及景观小品

“大学小筑”的园林建筑及小品设计(图 11.18、图 11.19)注重实用性与趣味性相结合,在建筑风格、材料选用、外观设计等方面都充分体现出浓郁的岭南园林特色,并与楼盘住宅建筑的整体风格相协调。在园林建筑及小品的细部设计上,运用

图 11.17　“大学小筑”总平面图

青砖、花岗石等地方材料，融入趟栊门和各种景窗等文化元素，再加上砖雕、石雕这些岭南工艺，塑造出独具特色的岭南园林景观。

图 11.18　主入口广场水石景

图 11.19　景观亭与泳池小品

3）绿化设计

“大学小筑”的绿化设计（图 11.20、图 11.21）注重体现地域性特色，植物大多选择适应性强、具有一定特色的乡土品种，营造四季常青、花开浪漫的植物景观，体现出浓郁的岭南风情和花城特色。植物造景注重品种搭配，营造季相景观，春景有木棉、鸡冠刺桐、细叶紫薇、洋金凤、毛杜鹃等；夏景有荷花玉兰、大花紫薇、黄槐、红花鸡蛋花、野牡丹等；秋景有桂花、鸡蛋花、黄蝉、狗牙花等；冬景有美丽异木棉、宫粉紫荆、红花紫荆等。岭南气候条件优越，除白兰、盆架子、秋枫等常绿树种以及银海枣、蒲葵、苏铁等棕榈科植物外，更有紫锦木、花叶良姜、花八叶、黄金榕、海南洒金榕、彩叶草等多种观叶植物，这些都为园林景观创造了优越的条件。

图 11.20 中心景观区植物景观

图 11.21 幼儿园入口小景

3. 部分工程设计图

“大学小筑”部分工程设计图如图 11.22—图 11.27 所示。

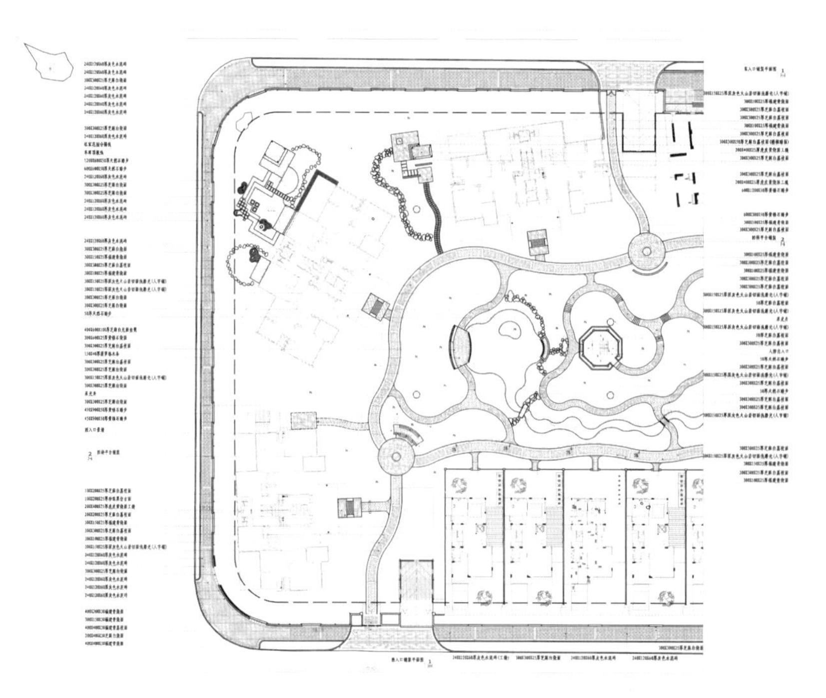

图 11.22 “大学小筑”西区地面铺装

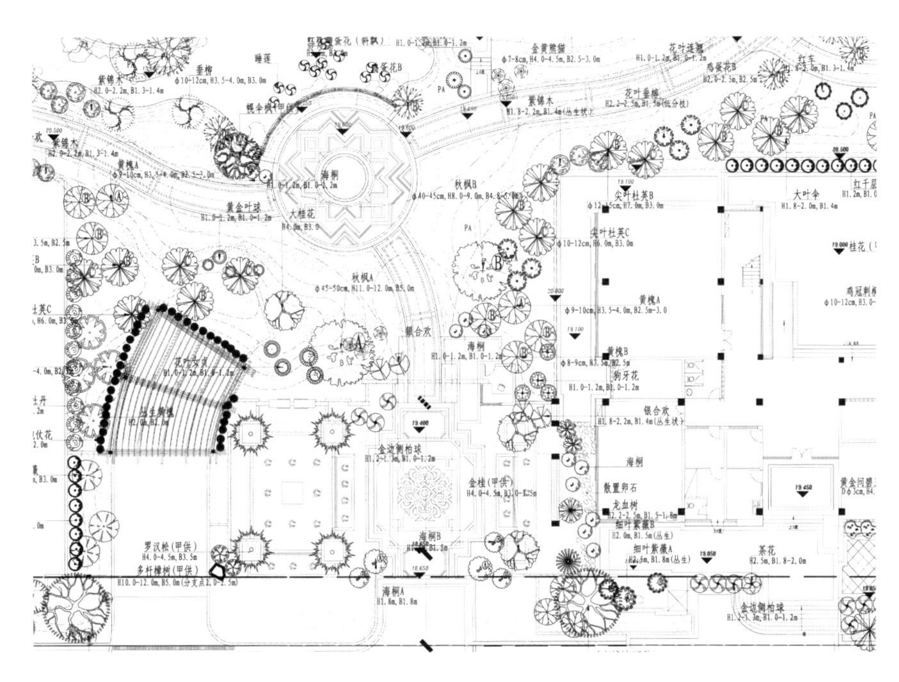

图 11.23 “大学小筑”主入口区植物配置

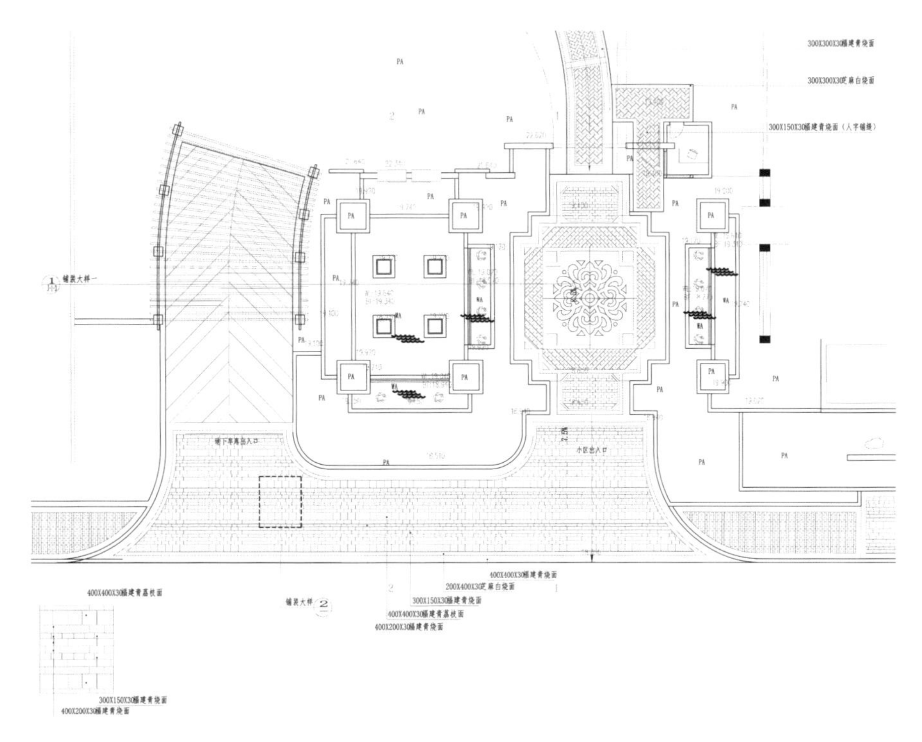

图 11.24 “大学小筑”主入口广场平面图

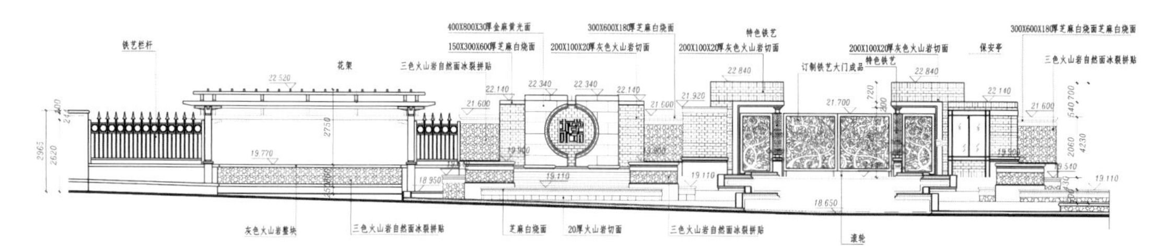

图 11.25 “大学小筑”主入口立面图

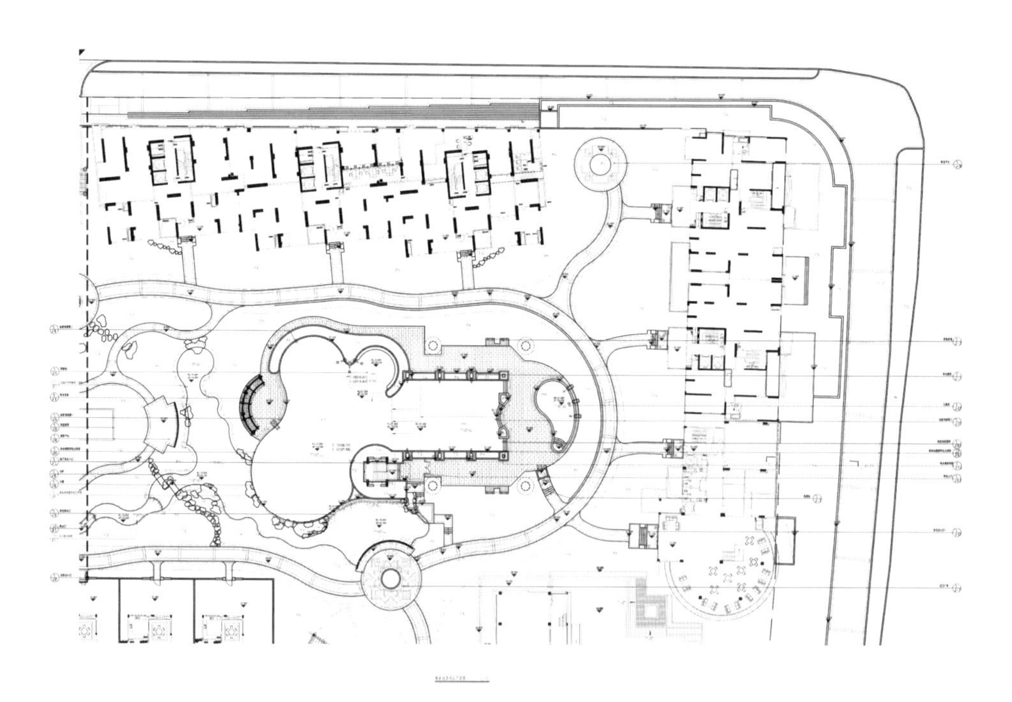

图 11.26 “大学小筑”泳池区平面图

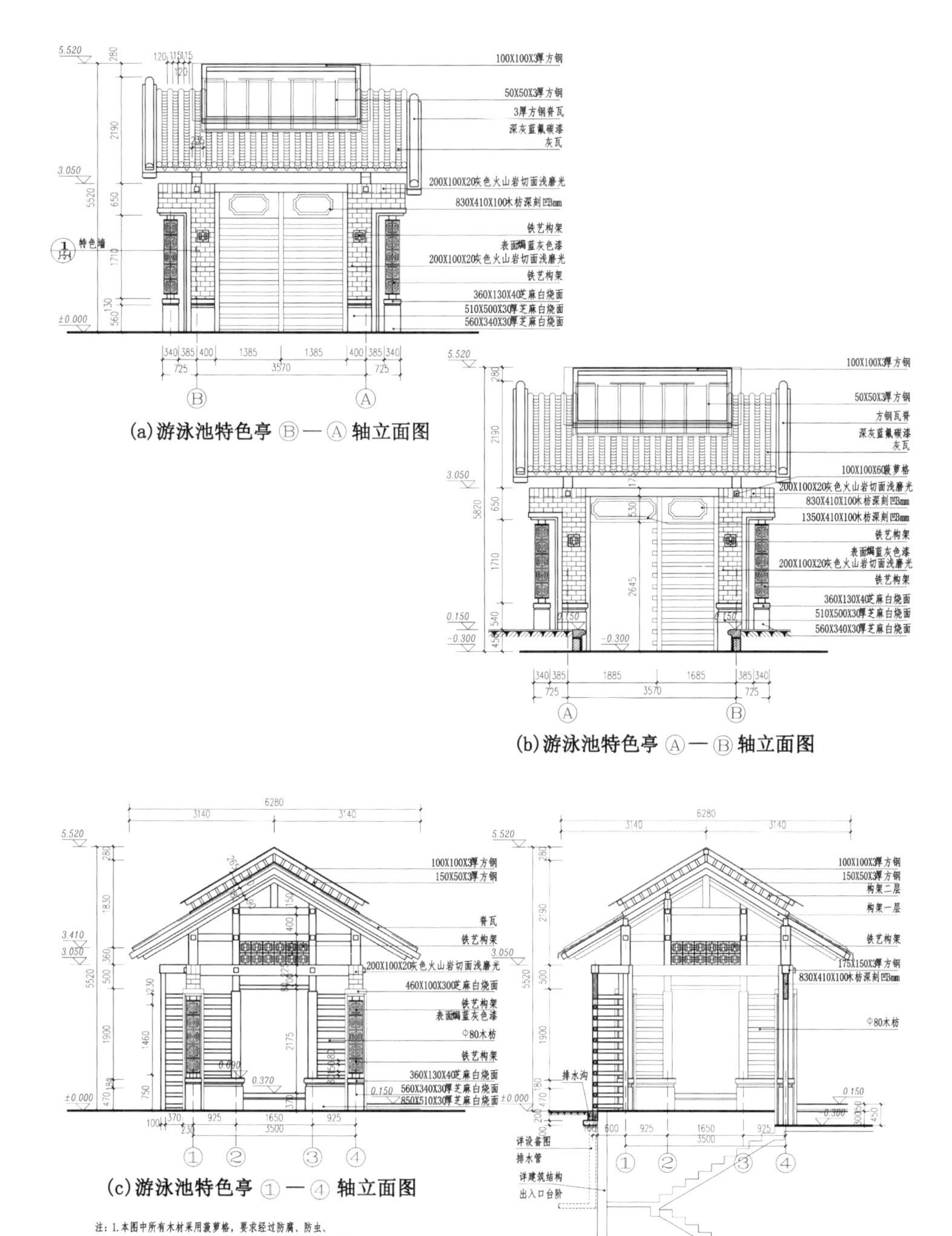

(a)游泳池特色亭 Ⓑ—Ⓐ 轴立面图

(b)游泳池特色亭 Ⓐ—Ⓑ 轴立面图

(c)游泳池特色亭 ①—④ 轴立面图

(d)游泳池特色亭剖面图

注：1. 本图中所有木材采用菠萝格，要求经过防腐、防虫、

2. 除注明外，所有外露钢构件均面油防锈红丹两遍，再烤木色氟碳漆防变形处理，面油the漆清漆八遍，哑光

3. 本图中 ±0.000 相当于绝对标高 21.000.

4. 所有外露铁件热镀锌防腐防锈处理

图 11.27 方亭详图

本章小结

本章主要讲述城市住区的概念、类型、特点及不同类型城市住区在规划设计中的一般性及特殊性要求。通过本章内容，读者可以了解住区类型与特点、不同类型住区环境设计要点，以及住区规划设计所涉及的相关规范等具体内容。

12

展示园林

导 读

展示园林指在各类与园林相关的博览会、展览会或其他场所，以展示园林艺术及工艺等为主要目的而建设的园林。展示园林历史悠久，早在欧洲中世纪的集市交易就出现博览会的雏形，1851 年伦敦万国博览会成为世界上最早的大型国际博览会。如今，全球范围内的博览会种类和数量不断增加，与园林相关的各种展览会也数不胜数，展示性园林被广泛普及，受到人们的青睐和重视。本章就展示园林的概念、类型及设计要点等内容进行探讨。

12.1 展示园林概念及类型

12.1.1 展示园林的概念及特点

展示园林指在各类与园林相关的博览会、展览会或其他场所，以展示园林艺术及工艺等为主要目的而建设的园林。展示园林面积通常不大，且多为短期性质，配合各种博览会或展览会的主题而建设。从近年来众多的博览会和展览会可以看出，展示园林通常具有以下特点。

（1）目的性强，通常以展示、宣传或广告为主，不过分强调园林的实用功能。

（2）对用地范围及环境空间有一定限制，从几十平方米到上千平方米不等。

（3）展出时期短，从几十天到几个月不等，少数可以被长期保存。

12.1.2 展示园林的类型

目前园林类的博览会和展览会多种多样，相应地展示园林也可以分为多种类型。从我国园林行业的情况来看，根据博览会和展览会级别，以及园林的设计风格、表现形式等因素，展示园林可以分为不同类型。

1. 根据博览会(展览会)的级别来划分

1）世界级

世界级博览会主要指世界园艺博览会。世界园艺博览会是由国际园艺生产者协会（AIPH）批准举办的国际性园艺展会，分为综合性和专业性两大类，专业性世界园艺博览会又分为 A1，A2，B1，B2 四个级别。

A1 类：大型国际园艺展览会。此类展览会必须包含园艺业的所有领域，每年举办不超过 1 届。A1 类展览会时间为 3～6 个月，至少有 10 个不同国家的参展者参加。

A2 类：国际园艺展览会。这类展览会每年最多举办 2 届，展期为 8～20 天，至少有 6 个不同的国家参展。

B1 类：国际性园艺展览会。这类展会每年度只能举办 1 届，展期为 3～6 个月。

B2 类：国内专业展示会。

世界园艺博览会被誉为园艺和花卉界的“奥林匹克”盛会。自 1960 年在荷兰鹿特丹举办首次世界园艺博览会以来，全世界至今已举办约 40 届，大多在欧美、日本等发达国家举办。在中国已经举办的几届世界园艺博览会中，1999 年昆明世界园艺博览会和 2019 年北京世界园艺博览会就是世界园艺博览会级别最高的 A1 类。

2010 年 10 月，国际园艺生产者协会在年会上通过表决方式同意支持并与国际风景园林师联合会（International Federation of Landscape Architects，IFLA）和锦州市携手联合举办 2013 年中国锦州世界园艺博览会，开创了园林行业两大组织携手举办世界园艺博览会的先例。

2）国家级

我国的国家级园林博览会主要有中国花卉博览会（简称“花博会”）和中国国际

园林花卉博览会(简称“园博会”)。

花博会始办于1987年,是我国规模最大、档次最高、影响最广的国家级花事盛会,被称为中国花卉界的“奥林匹克”。首届花博会于1987年4月在全国农业展览馆举办,前两届为两年一届,从第三届开始改为四年一届,第五届花博会开始引入竞争机制,通过申办的方式确定举办地点。

园博会创办于1997年,由建设部和地方政府共同举办,是我国园林、花卉行业层次最高、规模最大的国际性博览会。园博会的会期通常为6个月,除国内各直辖市及省级单位外,还有众多国家参展。1997年,第一届园博会在大连市举行。2013年,第九届园博会在北京市丰台区举行,其规模和影响都超过了历届园博会。

3)省、市级及以下

省、市级园林博览会是指由各直辖市或各省、市政府主办的,展示各地园林、花卉行业发展水平的各类园林、花卉博览会,如河北省园林博览会、山东省城市园林绿化博览会、广州园林博览会等。

广州园林博览会是由广州市园林主管部门主办的园林行业博览会,在1993年广州流花公园举办的“异国风情花会”大获成功之后,1994年正式举办了第一届广州园林博览会,至今已举办近30届。广州园林博览会已经成为广州市的特色品牌项目,每年都有多个区级政府机构及园林设计、施工等相关企业参展,展期通常在农历新年,姹紫嫣红,琳琅满目,吸引大量的市民前往参观。此外,省内外园林行业的从业人员也纷纷前往参观交流。因此,广州园林博览会在某种意义上成为广州市、广东省,乃至珠三角区域园林行业的风向标,对国内园林行业的发展也起到了一定的推动作用。

2. 根据展示园林的不同风格来划分

根据规模及主题要求的不同,展示园林的设计及建造呈现出多种多样的风格特征,大致可以分为以下两类。

1)传统园林风格

展示园林常见的传统园林风格有中国古典风格、日本古典风格和西方古典风格。

(1)中国古典风格主要体现在园林总体布局和建筑风格等方面,根据地域特色的不同分为北方园林风格(图12.1)、江南园林风格(图12.2)和岭南园林风格(图12.3)等。

图 12.1　2013 年北京园博会北京园

图 12.2　2013 年北京园博会苏州园

图 12.3　2003 年越秀公园广州园博会展园(一)

(2) 日本古典风格。展示园林中常出现枯山水庭园、山水园及茶庭等日本古典风格展园。图 12.4 为 2003 年越秀公园广州园博会的枯山水风格展园。

(3) 西方古典风格。在展示园林中常出现的西方古典风格以欧式风格居多。图 12.5 为 2003 年广州流花公园异国风情花会的爱尔兰风情园。

图 12.4　2003 年越秀公园广州园博会展园(二)

图 12.5　1993 年广州流花公园爱尔兰风情园

2）现代园林风格

现代园林风格整体上简洁明快，典型代表为新中式风格（图 12.6）和现代西式风格（图 12.7）。

图 12.6　2004 年深圳园博会展园

图 12.7　2003 年越秀公园广州园博会展园（三）

3. 根据展示园林的不同表现形式来划分

1）自然山水园

自然山水园指主要指因地制宜，以自然山水格局来表现的展示园林（图 12.8）。

图 12.8　2005 年越秀公园广州园博会展园

2）植物园

植物园指主要以植物材料来表现的展示园林。根据植物类型所占比例多少又可分为花卉型、草坪型、森林型等。

12.2 展示园林设计要点

展示园林因以展示园林艺术及工艺为主要目的，与其他园林类型相比，在设计上有其独特性，主要体现在以下 5 个方面。

1. 目的性及主题性强

展示园林通常具有较强的目的性及主题性。在不同的园林博览会中，展示园林通常代表参展国、参展省或参展城市，多有一定的主题和寓意，需要反映出参展地的特色，因此多选用参展地最具民族特色与地方风格的风景名胜、历史传说、民俗风情、建设成就或重大事件等作为展出的内容。图 12.9 为 2013 年北京园博会济南园。

图 12.9　2013 年北京园博会济南园

2. 以展示、宣传和广告为主，不过分强调园林的实用功能

展示园林通常起推介和宣传作用，以展示、宣传和广告为主，在设计中会兼顾游览路线、休息场地等内容，但不过分强调园林的休闲、娱乐等实用功能。

3. 空间尺度与游人尺度相当或略小于游人尺度

展示园林的空间及景观设计通常按游人的正常尺度设计，当地块较小时，可以略小于正常尺度，但不同于微缩园林或“小人国”。展示园林的用地范围及环境空间有一定限制，从几十平方米到上千平方米不等。当地块较小（如广州园林博览会展场面积多为 30 m^2 左右）时，游人不进入其中，园林只作为“展品”被人观赏；其余情况下，游客大都可以身临其境，游于其中。

4. 受展出时间及投资控制影响明显

展示园林建成的最终效果受投资控制影响明显。一方面，作为代表参展方的展示性园林，要求园林设计及施工细致精美；另一方面，博览会的展出时间通常有限，从几十天到几个月不等，因此投资额度大小就非常关键，投资额太大过于浪费，太小又不易出效果，最合理的做法是在二者之间找到一个平衡点，既保证园林建成后的总体效果良好，又不至于太浪费。这就要求展示园林的设计者具有丰富的实践经验，广开思路，采用一些效果好又能节省投资的设计材料及施工工艺，使展示园林建成后能达到精致、美观、经济的效果。通常在园林博览会结束后，会有少数展园被保留下来，成为永久性展品，其经济与社会效益就能得到最大化。

5. 园建及植物材料运用的地域性及时效性

园林博览会通常在不同的地点和不同的时间展出，因此，除展品主题、建筑风格等固定内容外，园建、植物设计和材料运用对整体效果至关重要。园林建筑及小品能有效突出展园的整体风格及地域特色，植物设计也必须注意植物品种的地域性和时效性。植物可用于制作大型绿雕，展示主题，园林建筑及小品也能体现参展地的特色，成为视线焦点或区域中心。另外，适当选择展会当地的乡土植物品种，并尽可能多地选用在展会期间最佳的观花、观果或观叶品种，能使展园效果达到最佳。

12.3 展示园林设计实例

12.3.1 芳华园

“芳华园”是我国首次参加大型国际园艺展的参展作品。1983 年，在德国慕尼黑国际园艺博览会中，由中国设计建造的这座占地仅 540 m^2 的中国园林，以其精湛的造园技艺和完美的园林艺术形象在国际上引起了轰动，并荣获“德意志联邦共和国大金奖”和“全德造园家中央理事会大金质奖”两项大奖。图 12.10 为芳华园的总体效果。

图 12.10 芳华园效果图

芳华园继承了我国传统的山水园林形式，构图布局既有江南园林幽静曲折的风格，又有岭南园林开朗明快的特点，灵活巧妙地运用了中国园林因地制宜、小中见大的传统造园手法，在有限的空间里，创造出深远有致的空间效果，达到了“园虽半亩纵横但颇具林壑之势”的艺术境界。图 12.11 所示为芳华园平面图。

该园突出的设计特点是其动态的序列布局。全园以湖为中心，环湖设有“起云”石、临水平台、小桥、“入趣”景门、三叠泉、定舫(图 12.12)、牡丹台、“酌泉漱玉”亭等景点。游览路线沿水而设，将园内各景点贯穿起来，分为起景、发展、高潮、转折、结景，各景点随着游览的顺序逐一展开，起承转合，仿佛一篇引人入胜的文章，一气呵成。

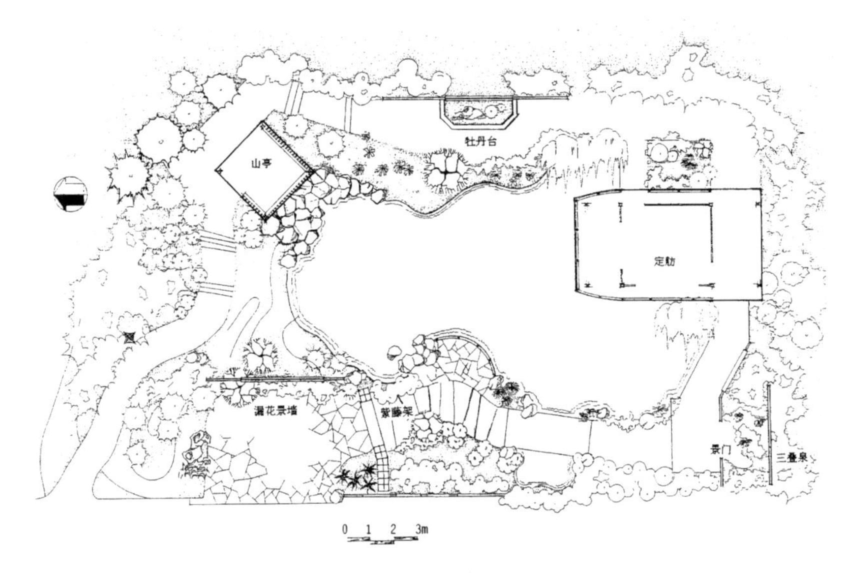

图 12.11　芳华园平面图

图 12.12　芳华园定舫

该园总体构思不落俗套，巧于因借，平面布局东北高，西南低，运用了亭、榭、照壁、景墙、花木、景石小品和绿化等组织景观，力求取得小中见大、咫尺天涯的艺术效果。园林建筑少而精，细部设计精致，特色突出。建筑内选用了广东潮州木雕花罩挂落、刻花玻璃景窗、屏门，园内还采用了石湾陶烧花格、地砖和青砖砖雕等民间工艺，富有岭南地方特色。

芳华园的植物配置考虑了四季景观。为充分展现中国园林风采，所选用的植物主要有松、竹、梅、玉兰、山茶、罗汉松、石榴、紫薇、紫藤、牡丹等富有中国特色和中国园林深远意境的观赏植物。

值得一提的是，当年广州市政府为了保证展园效果，预先在广州兰圃内等比例实景建造芳华园，最终使芳华园在国际展会上大获成功，为国争光。这种一丝不苟的态度和做法在现在看来也实属难得。

12.3.2　我家的园子

艺术园圃是一种展览性小庭园，设计师在一块规定面积的室外园林展览场地上把园林建筑、景观小品和各种花木组合布置，形成具有一定空间布局内容的艺术园景，并且具有一定的主题含义，反映和表达独特的思想内容。世界各地均有这样的展示，其特点就是场地小、主题特色明显，多为临时性展示，其教育性、艺术性、装饰性较为突出。“我家的园子”就是2007年广州园林博览会展出的艺术园圃之一。

“我家的园子”用地长14 m，宽4 m，背靠山坡，加上利用山坡造景的用地，总面积约60 m^2。设计主题为人们对返璞归真生活的向往，通过营造满园瓜果蔬菜，带人们远离喧嚣都市、回归田园生活的美好遐想。该园圃设计的独特之处在于所选取的视角不是风花雪月、诗词歌赋，而是平淡闲适的田园生活，采用的素材不是亭台楼阁、小桥流水，而是瓜棚田垄，植物种类不是以鲜花，而是以瓜果蔬菜为主角。凭借这个特色，“我家的园子”在众多园圃中脱颖而出，受到专家和普通市民观众的赞赏。

园子的主体建筑为一个木花架，花架依院墙而建，架上垂吊观赏小瓜，墙边布置工作台，墙上挂着铁铲等园艺工具，桌上摆放花盆等，仿佛此为园主从事劳作的工作间。花架边上竹篱种植的是菊花、番茄和豆角，前面菜地上整齐地栽种着新鲜的白菜、生菜、芹菜、包菜等，生机勃勃。游人到此，无不驻足欣赏赞美眼前喜人的丰收景象。园子右侧做一水景，逐级跌落的水声给菜园带来了动感，水景前用砖红花盆扎作了一个园丁，手把锄头，一副悠闲的样子，颇为有趣。院门有通向山上的小路，山上装饰性地设一道墙，仿佛有人居住，鲜花透过窗子若隐若现，令人产生无限遐想。图12.13所示为“我家的园子”平面图及立面图。

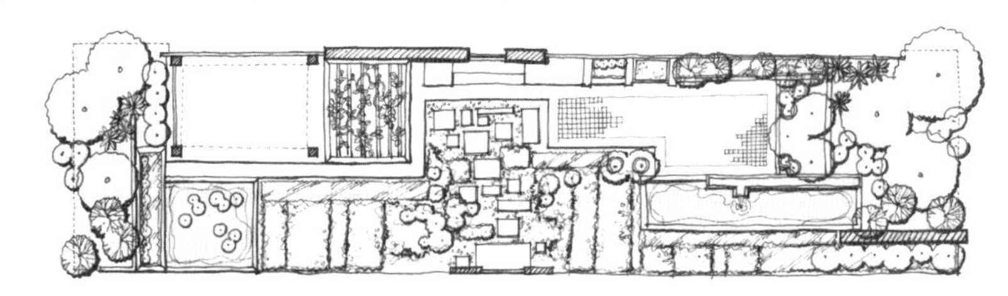

(a) 平面图

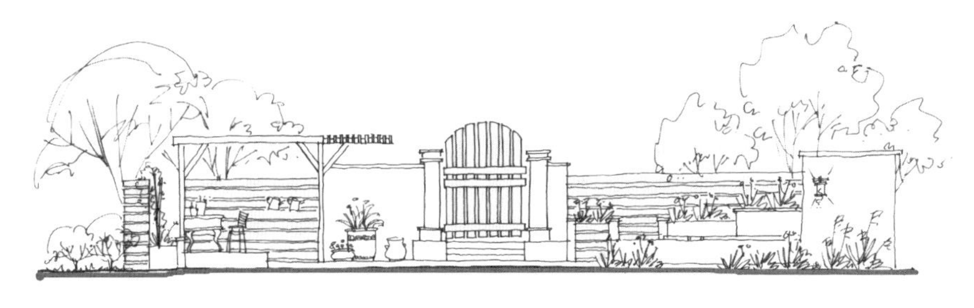

(b) 立面图

图12.13 “我家的园子”平面及立面图

“我家的园子”面积虽不大,但设计和施工精致,选用的材料为岭南乡村特有的红砂岩(从乡村搜集而来)、原木、瓜果蔬菜等,朴实无华,且生机勃勃。在城市化进程快速发展、人们工作压力增加、人际关系日益复杂、环境污染严重的今天,人们对恬静朴实的乡村生活充满无限向往。该设计就是要把田园生活带到庭园,使人们在紧张工作之余,能在“我家的园子”里享受“采菊东篱下,悠然见南山”的田园生活。园子的全景及局部小景分别如图 12.14 和图 12.15 所示。

图 12.14 “我家的园子”全景

图 12.15 “我家的园子”局部

12.3.3 云上人家

第 28 届广州园林博览会于 2021 年 2 月在广州市海心沙举行,展览以“湾区花开”为主题,融合城市记忆、地域文化、人文特色以及园林景观元素,整体布展面积达到 10 万 m^2,包括 11 个精品园林展区、5 个大湾区城市花园展区、“一带一路”5 个国家的东南亚竹态文化展区等,是一个非常综合、全面、立体的园林艺术展览,充分体现博览会的特点。

“云上人家”是第 28 届广州园林博览会的海珠园,位于展区东端转角处,总占地约 543 m^2,深约 8 m,展示面长,视线开阔。设计理念源自广州市海珠区特有的瑶溪二十四景之一的“人外山房”。“人外山房”是普荫道院的闲斋。刘彤喜负幽面野,因以“人外”名之。他亲手种植两株桃树于山房外,并赋诗《人外山房》:“人外得静理,闭门若深山。安得静酬夜,常如栖鹤闲。”设计以此为灵感,将存在于古人画笔下的理想生活用现代的设计手法予以重现,打造“云上梯”“云上溪”“云上亭”和“云上泉”,将人们从城市喧嚣中带进沉静的空间,回到真正属于自己的世界。图 12.16 及图 12.17 分别为“云上人家”的鸟瞰图及总平面图。

图 12.16 “云上人家”鸟瞰图

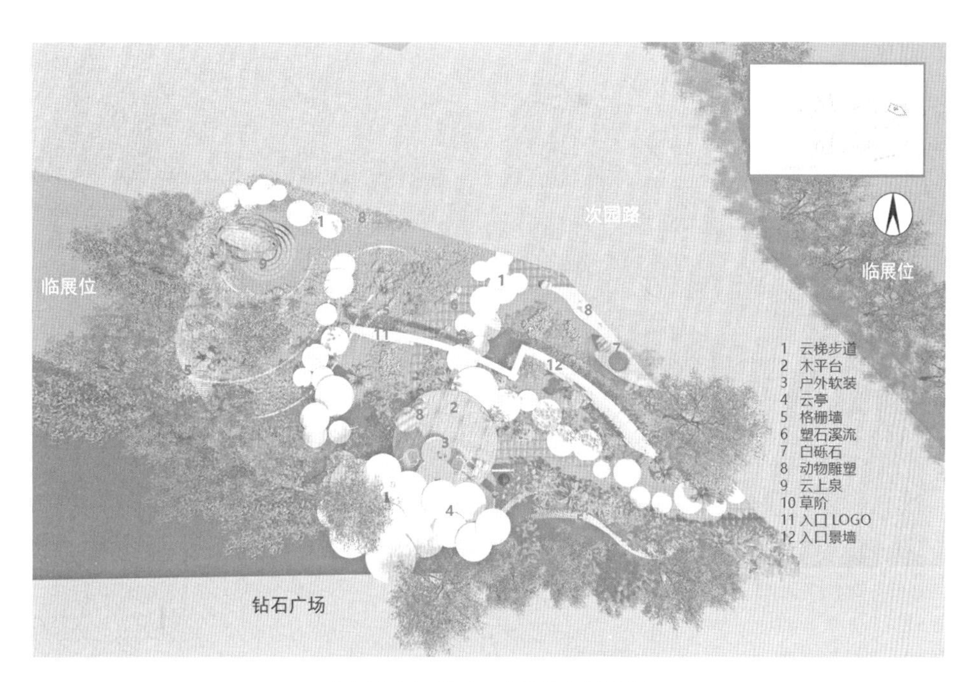

图 12.17 “云上人家”总平面图

“云上人家”以“云上梯”(图 12.18)为入口,一步步抬升,逐渐望见园中物,经蜿蜒的“云上溪”(图 12.19)和跃动的“云上泉”(图 12.20),最后到达最高的“云上亭”(图 12.21),至全园高潮。“云上人家”的中心位置设置云状廊架与木平台,配以动物雕塑与砾石,模拟云上人家悠闲自得的生活。整体设计采用新手法、新文化、新灵感、和新体验,简洁大气,获得该届广州园林博览会艺术园圃银奖。

图 12.18 “云上梯”景观

图 12.19 “云上溪”景观

图 12.20 “云上泉”景观

图 12.21 “云上亭”景观

12.3.4 罗汉松园

1. 项目概况

第 12 届中国(南宁)国际园林博览会于 2018 年在南宁开幕,通过打造“生态、文化、共享”三大特色,让游客“望得见山,看得见水,记得住乡愁”,实现五个“第一”,即第一次在少数民族自治区首府城市举办、第一次在西部欠发达地区举办、第一次面向东盟国家举办、第一次在冬季建成举办、第一次与少数民族自治区成立周年大庆同期举办。

罗汉松园位于园博园入口右侧的一块山林之下,占地面积约为 1.6 hm^2。场地内高差变化丰富,包含密林、崖壁、矿坑等不同场所。秉承“生态、文化、共享”的园博主题，对现状调研分析后，设计师提出对现状密林进行部分移栽和补植；保留现状崖壁，采取生态护坡和山体修复；保留现状矿坑，结合罗汉松打造自然山水园景观，取青松迎客之意，为入园第一景(图 12.22)。

图 12.22 罗汉松园全景鸟瞰图(一)

2. 园林景观特色

园内收集罗汉松种与品种(包括园艺种)达 35 个，主要包括兰屿罗汉松、金钻罗汉松、珍珠罗汉松等，共计 340 余株，是世界上第一个广西本土的罗汉松专类园，第一个与矿坑修复工程相结合建设的罗汉松园，也是中国写意山水园林的新实践。园内汇集松林、庭院、山溪、瀑布、峡谷、峭壁、鲤潭、草甸等元素，主要景点包括古柯留客、林下流芳、松溪别院、明月山溪、集珍谷、仙柏台、披霞亭、俯涧、戏鱼渊、观鱼槛、山外云和白玉坡等。以寓意吉祥长寿、繁荣昌盛的罗汉松为主体，结合矿坑生态修复，融入写意山水、诗意造园的理念，营造喜迎宾客的罗汉松专类园。

1) 总体规划

相地是造园中重要的前提，《园冶》指出“如方如圆，似偏似曲；如长弯而环壁，似偏阔以铺云”，造园要充分利用天然的地势条件，因地制宜地创造园林景观。山林地又是营造自然山水园林最佳的基地，“有高有凹，有曲有深，有峻而悬，有平而坦，自成天然之趣，不烦人事之工”。

罗汉松园因地制宜，将全园分为精品展示区、三合院、溪涧区三个展示区(图 12.23)。精品展示区位于入口处北侧，在平缓的地面上适当堆砌地形，疏密有致地种植精品罗汉松，依托自然景观卧石，编织层次丰富、高低错落的罗汉松景观群落。在景观落脚点处，用细砂石模拟“溪流”景观，描绘清泉石上流的意境。溪涧区充分利用现状崖壁、峡谷、平台，山底设计叠石溪流，在平台上设置观景亭，在崖壁上设置叠水瀑布，在峡谷中设置栈道和雾喷，营造溪流山涧、松雾萦绕的景致。两侧布置园林步道，山间设置涌泉水景，罗汉松错落点缀，景石散落其中，呈现出具有中国山水画意境的景观效果。

图 12.23 罗汉松园总平面图

2）空间营造

罗汉松园的创作是由一幅幅山水意境草图勾勒，到山水园模型的制作，再到实际山水景观营造的过程。

巧于布局。罗汉松园入口采用了“设置悬念，欲扬先抑”的营造手法。为了实现罗汉松园“低调内敛”的定位，营造时借鉴“凡入门处必小委屈”，造园者通过微地形改造加高，达到屏蔽内部空间的效果，将入口经营得曲折幽深，焦点“泰山经文石”藏于转角内处，将现未现，引人入胜。奇巧之物总可引发观者的诗意和情思，群松布局精巧，疏密之间旷奥兼备，游人游历于立体的风景长卷中，转角处的新鲜精致激起游人探索的乐趣(图 12.24)。

图 12.24 罗汉松园全景鸟瞰图(二)

可居可游。古代山水画在画面的山水布局上讲究一种空间推移的演进关系,即对丘壑、溪水、亭台重重山峦层层推衍,一切细节性、情节性的推移把握与表现,让人的视线可随山水营造在山水间穿行自如,目行流畅,达到真正的可观、可行、可居、可游的境界。

3) 绿化设计

植物意境的营造与植物的种类、形态、色彩、意象等密切相关。中国山水画与古典园林中的植物景观常被赋予特殊的意境。植物本身的文化和象征意义是山水画中选择植物的重要依据。罗汉松园的营造选取罗汉松为主要植物材料,罗汉松因为造型优美、寿命长、历史悠久、文化底蕴深厚等原因被广泛种植在庭院园林内作为观赏树、招财树。罗汉松古典雅致的树形,佛意盎然的种子,造型成大小盆景,别有一番情趣。同时,罗汉松是岭南的地带性植物,从生态和人文角度来看,具有地域特色。罗汉松以乔木为骨架,翠帐般的树冠展现罗汉之伟岸,以及造福于人而寓"余荫子孙"之诗意。

在罗汉松园植物景观的配置中,植入山水画论的构图方法:"二株一丛,必一俯一仰,一欹一直,一向左一向右,一有根一无根,一平头一锐头""三株一丛则二株宜近,一株宜远,以示别也。近者宜曲而俯,远者宜直而仰""四树一丛添叶式,此四树一丛,三树相近,一树稍远"。植物组团之间形成相互顾盼,利用植物的遮挡作用形成虚实相生的意境。

此外，画论中涉及的植物设计原则包括：远与近、疏与密、藏与露、虚与实、聚与散等，这些在造园中得到了充分利用。罗汉松园植物景观充分考虑视线因素，植物种植点的布置结合空间的开合、转折、起伏变化，达到步移景异的效果。同时，通过三五丛组团搭配的形式，将形态普通的植物组合在一起，以特殊的植物意境赋予植物更高的观赏和利用价值（图 12.25、图 12.26）。

图 12.25　罗汉松园植物景观（一）

图 12.26　罗汉松园植物景观（二）

4）地形设计

罗汉松园以丰富的地形变化、雾森技术，创造出人们向往的“城市山林”景象。利用山体修复技术，对矿坑、崖壁进行生态景观重塑。借以一种“尊重自然、再现自然山水”的手法，巧用场地内矿坑崖壁等自然条件，营造自然山河的壮丽。采用借景、框景等艺术手法，实景虚构，使咫尺之地的罗汉松园展现出平远、深远和高远的山水画论意境。除此以外，罗汉松园更为游人带来了槃涧深深、渐入佳境的游览体验（图 12.27、图 12.28）。

图 12.27　罗汉松园园景（一）

图 12.28　罗汉松园园景（二）

3. 部分工程技术图

罗汉松园的部分工程技术图如图 12.29—图 12.32 所示。

图 12.29 罗汉松园索引及竖向平面图

图 12.30 罗汉松园水系定位平面图

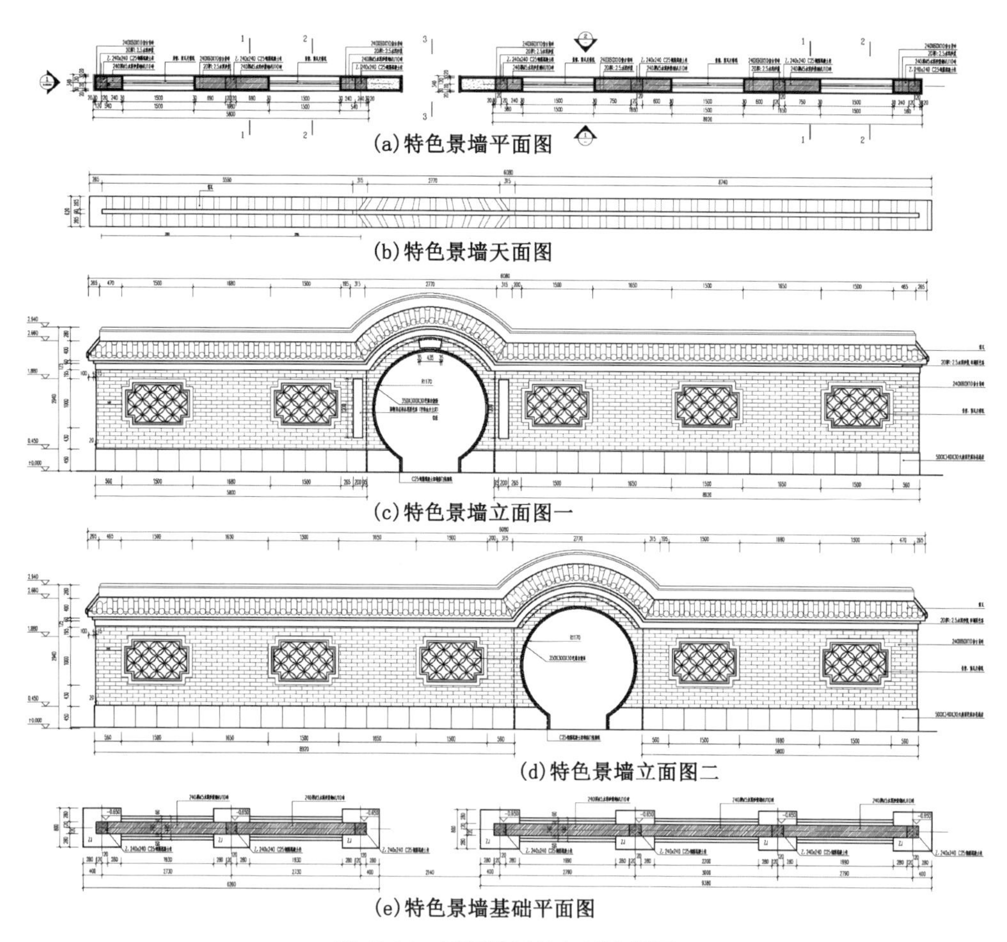

(a)特色景墙平面图

(b)特色景墙天面图

(c)特色景墙立面图一

(d)特色景墙立面图二

(e)特色景墙基础平面图

图 12.31 罗汉松园特色景墙详图

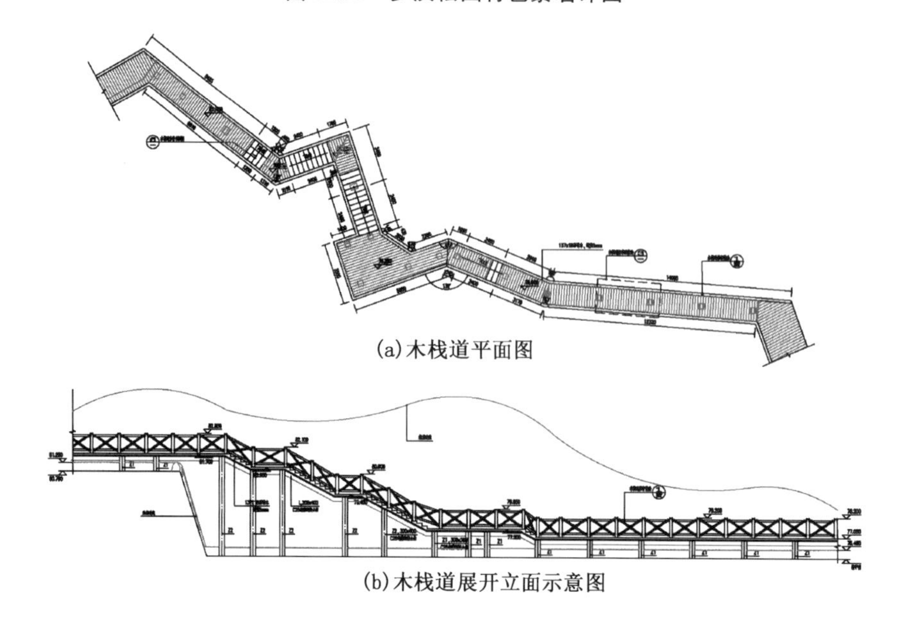

(a)木栈道平面图

(b)木栈道展开立面示意图

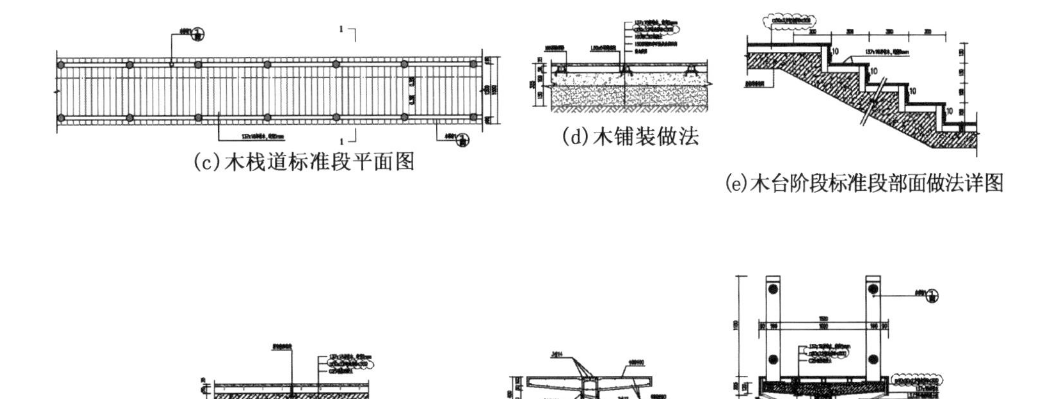

(c)木栈道标准段平面图

(d)木铺装做法

(e)木台阶段标准段部面做法详图

A 1:15

(f)分隔缝做法

(g)木栈道1—1剖面图

图 12.32 罗汉松园木栈道详图

本章小结

本章主要概述展示园林的概念、特点、类型及设计要点。通过本章内容，读者可了解展示园林作为一种具有独特功能的园林类型，其设计条件、设计目的、设计要求及设计方法都有别于其他种类的园林，从而能更好地掌握展示园林的具体设计内容。

参考文献

[1] 泰特，伊顿.城市公园设计（原著第二版）[M].贾培义，陆晗，李春娇，等，译.北京：中国建筑工业出版社，2021.

[2] 陈丛周.说园[M].上海：同济大学出版社，1984.

[3] 齐慧峰，王林申，朱铎，等.《城市居住区规划设计规范》图解[M].北京：机械工业出版，2010.

[4] 陈植.园冶注释[M].北京：中国建筑工业出版社，1988.

[5] 董鉴泓.中国城市建设史[M].北京：中国建筑工业出版社，1989.

[6] 杜汝俭，李思山，刘管平，等.园林建筑设计[M].北京：中国建筑工业出版社，1986.

[7] 胡佳.居住小区景观设计[M].北京：机械工业出版社，2007.

[8] 李敏.广州公园建设[M].北京：中国建筑工业出版社，2005.

[9] 李敏，等.广州艺术园圃[M].北京：中国建筑工业出版社，2001.

[10] 李铮生.城市园林绿地规划与设计（第二版）[M].北京：中国建筑工业出版社，2006.

[11] 胡正凡，林玉莲.环境心理学[M].北京：中国建筑工业出版社，2006.

[12] 刘滨谊.现代景观规划设计（第3版）[M].南京：东南大学出版社，2010.

[13] 刘峰，朱宁嘉.人体工程学[M].沈阳：辽宁美术出版社，2007.

[14] 刘骏，蒲蔚然.城市绿地系统规划与设计[M].北京：中国建筑工业出版社，2004.

[15] 刘永福.景观设计与实训[M].沈阳：辽宁美术出版社，2009.

[16] 卢新海.园林规划设计[M].北京：化学工业出版社，2005.

[17] 罗哲文.中国古园林[M].北京：中国建筑工业出版，1999.

[18] 孟兆祯.风景园林工程[M].北京：中国林业出版社，2012.

[19] 彭一刚.中国古典园林分析[M].北京：中国建筑工业出版社，1986.

[20] 马克辛，卞宏旭.景观设计[M].沈阳：辽宁美术出版社，2007.

[21] 马克辛，李科.现代园林景观设计[M].北京：高等教育出版社，2008.

[22] 唐学山，李雄，曹礼昆.园林设计[M].北京：中国林业出版社，1997.

[23] 田学哲.建筑初步[M].北京：中国建筑工业出版社，1999.

[24] 王晓俊.风景园林设计[M].南京：江苏科学技术出版社，2009.

[25] 韦爽真.景观场地规划设计[M].重庆：西南师范大学出版社，2008.

[26] 文增.环艺设计教程：城市广场设计[M].沈阳：辽宁美术出版社，2005.

[27] 邬建国.景观生态学：格局、过程、尺度与等级[M].北京：高等教育出版社，2007.

[28] 吴志强.城市规划原理[M].北京：中国建筑工业出版社，1991.

[29] 斯塔克，西蒙兹.景观设计学——场地规划与设计手册(第四版)[M].朱强，俞孔坚，郭兰，等，译.北京：中国建筑工业出版社，2009.

[30] 许丽.中西园林艺术比较——中西园林艺术观念与手法比较分析[D].济南：山东师范大学，2009.

[31] 杨赉丽.城市园林绿地规划(第 3 版)[M].北京：中国林业出版社，2013.

[32] 杨任骋.城市广场景观设计及功能[D].太原：山西大学，2007.

[33] 杨希文，宁艳.民用建筑场地设计[M].北京：北京大学出版社，2018.

[34] 杨至德.园林工程(第四版)[M].武汉：华中科技大学出版社，2019.

[35] 蒲爱华，程静波，赵建国.环境·材料·构造[M].重庆：重庆大学出版社，2005.

[36] 周维权.中国古典园林史(第三版)[M].北京：清华大学出版社，2010.

[37] 朱家瑾.居住区规划设计[M].北京：中国建筑工业出版社，2007.

[38] 朱建宁.西方园林史——19 世纪之前(第 2 版)[M].北京：中国林业出版社，2013.

[39] 中华人民共和国住房和城乡建设部.城市绿地分类标准：CJJ/T 85—2017[S].北京：中国建筑工业出版社，2017.

[40] 中华人民共和国住房和城乡建设部.城市居住区规划设计标准：GB 50180—2018[S].北京：中国建筑工业出版社，2018.

[41] 中华人民共和国住房和城乡建设部.风景园林基本术语标准：CJJ/T 91—2017[S].北京：中国建筑工业出版社，2017.

[42] 中华人民共和国住房和城乡建设部.公园设计规范：GB 51192—2016[S].北京：中国建筑工业出版社，2017.

[43] 中华人民共和国住房和城乡建设部.无障碍设计规范：GB 50763—2012[S].北京：中国建筑工业出版社，2012.

后　　记

从2012年年底我们开始着手编写本书，至2022年年底本书定稿，历时十年，在全体编撰者的不懈努力与通力合作下，本书终于即将付印。

风景园林规划设计是风景园林行业设计人员的实践内容，也是高等院校中风景园林专业的传统主干课程，具有一定的综合性和专业性。参与编写本书的人员都是高校的专业教师或设计行业的专业技术人员，教学及实践经验丰富。在长期的专业教学及社会实践中，我们发现已出版的风景园林专业的教材及专著种类并不少，侧重点各有不同。根据当前的专业教学及社会实践要求，我们反复研讨，将风景园林专业设计原理与常见的社会实践类型加以提炼和完善，将全书分为3篇，即风景园林规划设计基本理论、城市公共园林空间规划设计应用实践和其他类型园林空间规划设计应用实践。

本书面向风景园林、环境艺术、建筑学、城乡规划等专业，也可作为风景园林从业人员的参考书籍，因此在深度及广度上都有所考虑，尽量做到广而不泛，深而不晦。本书主要从风景园林规划设计的实用角度出发，对实际项目中基本的或重复概率较高的设计类型进行重点介绍，而略去了专业性及技术性强、设计难度大及设计资质要求高的类型，如风景名胜区及国家公园规划设计等。

另外，值得一提的是，科学在发展，社会也在不断进步，风景园林的设计理论及设计实践也要与时俱进。在当今全球生态环境不断恶化，人类生存质量受到威胁的大环境下，我们对风景园林理论与实践的研究要更注重生态效益与可持续发展。从城市环境角度出发，注重生态效益与可持续发展就是注重对城市的内外生态圈、生态绿洲、生态走廊等方面进行研究探讨，推动风景园林学科发展，使风景园林规划设计真正做到以人为本、为人类服务。

在本书编写过程中，我们还得到家人及朋友们的大力支持，在此表示由衷的感谢。感谢华南理工大学孙卫国老师、北京大学出版社吴迪老师，从我们着手编写本书时起，他们就积极支持、出谋划策，针对本书内容提出了不少宝贵意见；感谢广州大学建筑与城市规划学院李泳老师提供了 GIS 系统应用分析图；感谢广州大学建筑设计研究院有限公司胡小兰总工提供 BIM 应用的专业图；感谢广州市白云山风景名胜区管理局胡汉林总工提供欧美园林实景图；感谢张韵寒女士提供广州天环广场及正佳广场等实景图；感谢宁英芝女士提供的凡尔赛宫苑实景图，以及她的朋友 Alexis Quinones 和 Diki Doleck 提供纽约中央公园实景图、吴凡提供阿尔罕布拉宫实景图、黄杨提供意大利埃斯特庄园实景图、刘真提供英国牛津大学实景图；感谢广州大学建筑与城市规划学院 2019 级研究生陈尔宁、董潇丽、樊漓、冯怡然提供竞赛作品展板文件；感谢华南农业大学城市公园研究课题组提供珠江公园、兰圃公园等平面图及部分珠江公园实景图；感谢广州园林建筑规划设计研究总院有限公司提供广州花城广场、清远北江北岸公园、广州市儿童公园、慕尼黑园博园“芳华园”、广州园博会“云上人家”等案例素材；感谢广州普邦园林股份有限公司提供广州海珠广场、深圳前海运动公园、珠海长隆横琴酒店、广州新世界·云门广场、南宁园博会罗汉松园等工程案例；感谢蓝奕强编辑及广州大学建筑设计研究院冯杰先生为本书出版提供的帮助。

在此，再次向所有给我们提供帮助的朋友们表示衷心的感谢！我们在编写本书时参考了相关法律法规、设计规范、文献资料，以及百度百科等网站资料，一并致谢。最后，在本书完成之际，衷心感谢同济大学出版社的工作人员，他们认真负责、一丝不苟的工作态度让人钦佩，没有他们的大力支持，本书无法与读者见面。

编者

2022 年 10 月